普通高等院校计算机基础教育系列教材

# 大学信息技术基础

## （第2版）

主　编　唐建军

副主编　彭　媛　涂传清　王兴宇

参　编　吴　燕　陈　琦　彭　芳
　　　　黄青云　尤新华　郑　薇

北京理工大学出版社
BEIJING INSTITUTE OF TECHNOLOGY PRESS

## 内 容 简 介

本书以计算思维为导向，包括计算机基础知识、计算机硬件基础、操作系统与办公软件、程序设计基础、数据库技术基础、多媒体技术、计算机网络基础和网络与信息安全等内容。

本书可作为高等院校非计算机相关专业的大学信息技术基础课程教材，也可作为需要系统了解计算机软硬件工作原理的人员的入门书籍。

**图书在版编目（CIP）数据**

大学信息技术基础／唐建军主编. —2版. --北京：
北京理工大学出版社，2022.1（2022.8重印）
　　ISBN 978-7-5763-0916-4

Ⅰ.①大…　Ⅱ.①唐…　Ⅲ.①电子计算机-高等学校
-教材　Ⅳ.①TP3

中国版本图书馆 CIP 数据核字（2022）第 016471 号

出版发行／北京理工大学出版社有限责任公司

社　　址／北京市海淀区中关村南大街5号

邮　　编／100081

电　　话／（010）68914775（总编室）
　　　　　（010）82562903（教材售后服务热线）
　　　　　（010）68944723（其他图书服务热线）

网　　址／http：//www.bitpress.com.cn

经　　销／全国各地新华书店

印　　刷／涿州市新华印刷有限公司

开　　本／787 毫米×1092 毫米　1/16

印　　张／14.75　　　　　　　　　　　　责任编辑／陈莉华

字　　数／340 千字　　　　　　　　　　　文案编辑／陈莉华

版　　次／2022 年 1 月第 2 版　2022 年 8 月第 2 次印刷　　责任校对／刘亚男

定　　价／45.00 元　　　　　　　　　　　责任印制／李志强

# 前　言

21世纪是信息时代，"大学信息技术基础"课程的教学内容和教学目标已经发生重大改变，培养计算思维能力已经成为"大学信息技术基础"课程的核心任务。因此，本书在系统介绍计算机各方面的基础知识的同时，注重计算思维的实际操作和应用，使学生的计算机基础知识和应用能力得到全面培养与提高。

本书内容广泛，选材讲究，可适用于计算机公共基础课程的教学之需，对学生的学习和实践有很好的指导作用。编写过程中参照了教育部基础课程教学委员会提出的"计算机基础课程教学基本要求"的指导意见，并结合计算机公共基础课程的教学改革和发展要求，适应新形势下对计算机知识技能的要求。

本书内容充实，通俗易懂，结构科学合理，以侧重应用，突出实践，强化计算思维能力为目的，同时体现当前课程思政要求，既包括了计算机各个方面的基础知识与基本理论，又密切联系实际，每章还安排了大量的计算思维的实例和大量的习题。本书内容分为8章，包括计算机基础知识、计算机硬件基础、操作系统与办公软件、程序设计基础、数据库技术基础、多媒体技术、计算机网络基础以及网络与信息安全的相关知识。

全书由江西农业大学的唐建军、彭媛、涂传清、王兴宇、吴燕、陈琦、彭芳、黄青云，湖北大学尤新华和沈阳职业技术学院郑薇集体编写完成。其中第1章由涂传清编写，第2章由郑薇、黄青云编写，第3章由尤新华、彭芳编写，第4章由陈琦编写，第5、6章由吴燕、唐建军编写，第7章由王兴宇编写，第8章由彭媛编写，全书由唐建军统稿。

由于编者水平有限，书中不足及疏漏之处敬请读者批评指正。

编者

# 目　　录

# 第 1 章
## 计算机基础知识

  计算机的发明是 20 世纪人类最伟大的创举之一。它的出现为人类社会进入信息时代奠定了坚实的基础，有力地推动了其他学科的发展，对人类社会的发展产生了极其深远的影响。作为新世纪的大学生，在信息化社会里生活、学习和工作，必须要了解和掌握获取信息、加工信息和再生信息的方法和能力。计算机是信息处理的必要工具，计算机技术是 21 世纪每个人都应该掌握的一种科学技术，而计算机基础课程是培养学生计算机基本操作技能和计算思维能力的必修基础课程之一。

## 1.1 计算机科学与计算科学

### 1.1.1 计算机科学

（1）计算机科学

计算机科学（Computer Science）是研究计算机及其周围各种现象和规律的科学，亦即研究计算机系统结构、程序系统、人工智能以及计算本身的性质和问题的学科。

计算机科学研究包含各种与计算和信息处理相关主题的系统学科，从抽象的算法分析、形式化语法，到更具体的主题如编程语言、程序设计、软件和硬件等。作为一门学科，它与数学、计算机程序设计、软件工程和计算机工程有显著的不同，尽管这些学科之间存在不同程度的交叉和覆盖，却通常被混淆。

计算机科学研究包括软件、硬件等计算系统的设计和建造，发现并提出新的问题求解策略、新的问题求解算法，在硬件、软件、互联网方面发现并设计使用计算机的新方式和新方法等。简单而言，计算机科学围绕着"构造各种计算机器"和"应用各种计算机器"进行研究。

（2）计算机科学的研究范畴

计算机科学的研究范畴主要包含以下 12 个方面。

①计算理论。

计算机科学最根本的问题是"什么能够被有效地自动化"。计算理论的研究就是专注于回答这个根本问题，研究关于什么能够被计算，去实施这些计算又需要用到多少资源。为了试图回答"什么能够被有效地自动化"这个问题，递归论检验在多种理论计算模型中哪些计算问题是可解的。而计算复杂性理论则被用于回答"实施计算需要用到多少资源"这个问题，研究解决一个不同目的的计算问题的时间复杂度和空间复杂度。

②信息与编码理论。

信息论与信息量化相关，由美国数学家申农（Claude E. Shannon）创建，用于寻找信号处理操作的极限，比如压缩数据和可靠的数据存储与通信。编码理论是对编码以及它们适用的特定应用性质的研究。编码（Code）被用于数据压缩、密码学和前向纠错中，近期也被用于网络编码中。研究编码的目的在于设计更高效、可靠的数据传输方法。

③算法。

算法指定义良好的计算过程，它取一个或一组值作为输入，经过一系列定义好的计算过程，得到一个或一组输出。算法是计算科学研究的一个重要领域，也是许多其他计算机科学技术的基础。算法主要包括数据结构、计算几何和图论等。除此之外，算法还包括许多杂项，如模式匹配和数论等。

④程序设计语言理论。

程序设计语言理论是计算机科学的一个分支，主要处理程序设计语言的设计、实现、分析、描述和分类，以及它们的个体特性。它属于计算机科学学科，既受数学、软件工程和语言学影响，也影响着这些学科。它是公认的计算机科学分支，同时也是活跃的研究领域，研究成果被发表在众多学术期刊、计算机科学和工程出版物上。

⑤形式化方法。

形式化方法是一种基于数学的特别技术，用于软件和硬件系统的形式规范、开发，以及形式验证。在软件和硬件设计方面，形式化方法的使用动机如同其他工程学科，是通过适当的数学分析以助于设计的可靠性和健壮性。但是，使用形式化方法成本很高，这意味着它们通常只用于高可靠性系统，这种系统中安全或保密（Security）是最重要的。对于形式化方法的最佳形容是，它是各种理论计算机科学基础种类的应用，特别是计算机逻辑演算、形式语言、自动机理论和形式语义学，此外还有类型系统、代数数据类型、软硬件规范和验证中的一些问题。

⑥人工智能。

人工智能这个计算机科学分支旨在创造可以解决计算问题，像动物和人类一样思考与交流的人造系统。无论是在理论还是应用上，都要求研究者在多个学科领域具备细致的、综合的专长，比如应用数学、逻辑、符号学、电机工程学、精神哲学、神经生物学和社会智力，用于推动智能研究领域，或者被应用到其他需要计算理解与建模的学科领域，如金融、物理科学等。

⑦并发、并行和分布式系统。

并行性是系统的一种性质，这类系统可以同时执行多个可能相互交互的计算。一些数学模型，如 Petri 网、进程演算和 PRAM 模型被创建，以用于通用并发计算。分布式系统将并行性的思想扩展到了多台由网络连接的计算机。同一分布式系统中的计算机拥有自己的私有内存，它们之间经常交换信息以达到一个共同的目的。

⑧数据库和信息检索。

数据库是为了更容易地组织、存储和检索大量数据。数据库由数据库管理系统管理，通过数据库模型和查询语言来存储、创建、维护和搜索数据。

⑨计算机图像学。

计算机图像学是对于数字视觉内容的研究，涉及图像数据的合成和操作。它与计算机科学的许多其他领域密切相关，包括计算机视觉、图像处理和计算几何，同时也被大量运用在特效和电子游戏中。

⑩计算机安全和密码学。

计算机安全是计算机技术的一个分支，其目标包括保护信息免受未经授权的访问、中断和修改，同时为系统的预期用户保持系统的可访问性和可用性。密码学是对隐藏（加密）和破译（解密）信息的实践与研究。现代密码学主要与计算机科学相关，很多加密和解密算法都是基于它们的计算复杂性。

⑪计算机体系结构与工程。

计算机系统结构，或数字计算机组织，是一个计算机系统的概念设计和根本运作结构。它主要侧重于中央处理器（CPU）的内部执行和内存访问。这个领域经常涉及计算机工程和电子工程学科，选择和互连硬件组件以创造满足功能、性能和成本目标的计算机。

⑫软件工程。

软件工程是对设计、实现和修改软件的研究，以确保软件的高质量、适中的价格、可维护性，以及能够快速构建。软件工程是一个系统的软件设计方法，涉及工程实践到软件的应用。

### 1.1.2 计算科学

尽管计算机科学的名字里包含计算机这几个字，但实际上计算机科学相当数量的领域都不涉及计算机本身的研究。因此，一些新的名字被提出来。某些计算机专家倾向于用术语——计算科学（Computing Science），以精确强调两者之间的不同。

当前计算手段已发展为与理论手段和实验手段并存的科学研究的第三种手段。理论手段是指以数学学科为代表，以推理和演绎为特征的手段，科学家通过构建分析模型和理论推导进行规律预测和发现。实验手段是指以物理学科为代表，以实验、观察和总结为特征的手段，科学家通过直接的观察获取数据，进行规律的发现。计算手段则是以计算机学科为代表，以设计和构造为特征的手段，科学家通过建立仿真的分析模型和有效的算法，利用计算工具来进行规律预测和发现。

技术进步已经使得现实世界的各种事物都可感知、可度量，进而形成数量庞大的数据或数据群，使得基于庞大数据形成仿真系统成为可能，因此依靠计算手段发现和预测规律成为不同学科的科学家进行研究的重要手段。例如，生物学家利用计算手段研究生命体特征，化学家利用计算手段研究化学反应的机理，经济学家和社会学家利用计算手段研究社会群体网络的特性等。由此，计算手段与各学科结合形成了所谓的计算科学。

## 1.2 计算机的产生与发展

### 1.2.1 计算机的发展历史

20世纪以来人类最大的科技发明当数电子计算机。计算机改变了人们传统的工作和生活方式。现在我们来回顾一下计算机的发展历史。

**1. 早期的计算工具**

人类对计算的需要从远古时代就产生了。最早的计算方式便是使用自己的手，然而当数字超过十个手指时，人们便开始探索新的计数方法，比如借助石子、结绳等进行计数。早在2 000多年前的春秋战国时代，古代中国人发明的算筹是世界上最早的计算工具，如图1-1所示。公元前5世纪，中国人发明了算盘，它靠一套珠算口诀来控制算盘操作，这种口诀相当于今天控制计算机运行的指令。真正会打算盘的人，都不是靠心算的，而只是根据背熟了的珠算口诀拨动算盘珠子而已，人所提供的不过是机械动能，而非运算能力。计算则是算盘在口诀指令的控制下完成的机械运动，和图灵机所描述的机械运动相一致。因此，中国算盘也被看作是最早的计算机，陈列在硅谷的计算机历史博物馆里，如图1-2所示。

由于算盘对计算非常大的数或者非常小而且还带有复杂小数的数无能为力，因此，人们又发明了新的计数工具，典型的有拉皮尔算筹、对数计算尺等手动计算工具。但这些工具对于当时的科学研究，特别是天文学和航海中大量的繁杂计算都已不堪重任，人们迫切需要能够自动计算的机器。得益于当时的钟表业，特别是齿轮传动装置技术的发展，机械式计算机应运而生了。

图 1-1 算筹

图 1-2 算盘

### 2. 机械式计算机

第一台机械式计算机是法国物理学家帕斯卡于 1642 年发明的，如图 1-3 所示。这台加法机利用齿轮传动原理实现加、减运算。机器中有一组轮子，分别刻着从 0 到 9 的 10 个数字。该加法机在两数相加时，先在加法机的轮子上拨出一个数，再按照第二个数在相应的轮子上转动对应的数字，然后得到这两个数的和。它采用棘轮装置实现"逢十进一"，当齿轮朝 9 转动时，棘轮逐渐升高；当齿轮转到 0 时，棘轮就"咔嚓"一声跌落下来，推动十位数的齿轮前进一挡。该加法机的设计原理对其后的计算机械产生了深远的影响。

图 1-3 第一台机械式计算机

然而，帕斯卡加法器还无法让机器"自动"进行运算。1801 年，法国纺织机械师杰卡德（J. Jacquard）发明了"自动提花编织机"，把图案事先制成穿孔卡片，编织机按照穿孔卡片的"指示"提起不同的经线编织图案。杰卡德编织机启发了计算机的程序设计思想。

1819 年，英国科学家巴贝奇设计了"差分机"，如图 1-4 所示，并于 1822 年制造出可动模型。这台机器能提高乘法速度和改进对数表等数字表的精确度。它有 3 个齿轮式的寄存器，可以保存 3 个 5 位数字，计算精度可以达到 6 位小数，能计算平方等多种函数表。受差分机的鼓舞，巴贝奇又设想制造出分析机，如图 1-5 所示。分析机是以蒸汽机为动力，由齿轮式存储仓库（可存储 1 000 个 50 位数）专门进行运算和根据穿孔卡片上的"0"和"1"对运算顺序进行控制的装置。另外，巴贝奇还设想出了输入和输出数据的装置。所以分析机实际上已具备了现代计算机逻辑结构的五大部件（存储器、运算器、控制器、输入设备和输出设备）的雏形。

与此同时，英国女数学家爱达·奥古斯塔为分析机编写了一系列计算不同函数的穿孔卡片，使分析机可以按照设计者的意图自动完成连续的运算，这就是最早的计算机程序设计。然而，由于当时的技术水平限制，巴贝奇和爱达·奥古斯塔最终没有完成分析机的制造，但巴贝奇仍然是现代计算机设计思想的奠基人。

5

图1-4 巴贝奇差分机

图1-5 巴贝奇分析机

### 3. 机电式计算机

19世纪末，随着电学技术的发展，人们开始设计电气控制的自动计算工具。典型的代表有1888年美国人赫尔曼·霍列瑞斯发明的制表机，如图1-6所示。它采用穿孔卡片表示数据的是与非。该机器被成功应用于1890年的美国人口普查。此外，还有1944年的马克1号（MARK Ⅰ）计算机，如图1-7所示，它在哈佛大学投入运行。它是全机电式的计算机，采用了数千枚继电器代替齿轮传动，总长15米，高2.4米，重达31.5吨，仍然采用十进制，是世界上第一台通用程序控制计算机。1949年，艾肯研制出使用电子管和继电器的马克3号计算机，如图1-8所示，首次使用磁鼓作为数据和指令的存储器，从此磁鼓成为第一代电子管计算机中广泛使用的存储器。

图1-6 赫尔曼·霍列瑞斯发明的制表机

图1-7 马克1号计算机

图1-8 马克3号计算机

### 4. 电子计算机

在现代计算机的发展史上，阿兰·麦席森·图灵（A. M. Turing，图1-9）和冯·诺依曼（J. V. Neumann，图1-10）是两位最具影响力的人物。

阿兰·麦席森·图灵在计算机科学方面的主要贡献有两个：一是建立图灵机（Turing Machine，TM）模型，奠定了可计算理论的基础；二是提出图灵测试，阐述了机器智能的概念。

图灵机的基本思想是用机器来模拟人们用纸笔进行数学运算的过程，图灵把"计算"

6

这一过程分解成以下步骤：

①根据眼睛看到纸上的符号，脑中思考相应的法则；

②指示手中的笔在纸上写上或擦去一些符号；

③再改变眼中所看到的范围；

④如此继续，直到认为计算结束为止。

图1-9 阿兰·麦席森·图灵

图1-10 冯·诺依曼

用来模拟"计算"过程的图灵机模型由以下几个部分组成：一条两端可以无限延长的带子、一个读写头以及含有一组控制读写头工作命令的控制器（含计算功能），如图1-11所示。图灵机的带子被划分为一系列均匀的方格，读写头可以沿带子方向左右移动，并可以在每个方格上读写，一步一步地改变纸带上的1或0，经过有限步后图灵机在停机控制指令的控制下停止移动，最后纸带上的内容就是预先设计的计算结果。

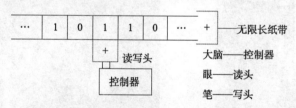
图1-11 图灵机示意图

图灵机的概念是现代可计算性理论的基础。图灵证明，只有TM能解决的计算问题，实际计算机才能解决；如果TM不能解决的计算问题，则实际计算机也无法解决。TM的能力概括了数字计算机的计算能力。因此，图灵机对计算机的一般结构、可实现性和局限性都产生了深远的影响。1950年10月图灵在哲学期刊《Mind》上又发表了一篇著名论文"Computing Machinery and Intelligence"（计算机器与智能）。他指出如果一台机器对质问的响应与人类做出的响应完全无法区别，那么这台机器就具有智能。今天人们把这个论断称为图灵测试（Turing Test），它奠定了人工智能的理论基础。

为纪念图灵对计算机的贡献，美国计算机学会（ACM）于1966年创立了"图灵奖"，每年颁发给在计算机科学领域的领先研究人员，被称为计算机产业界和学术界的诺贝尔奖。

冯·诺依曼的最大贡献则是提出一个全新的存储程序通用电子计算机方案，方案明确规定，新机器有五个组成部分：运算器、控制器、存储器、输出和输入。此外，新方案还有两点重大改进，一是采用二进数制，简化了计算机结构；二是建立存储程序，将指令和数据放进存储器，加快了运算速度。新机器 EDVAC 于 1952 年研制成功。冯·诺依曼概念被认为是计算机发展史上的一个里程碑，它标志着电子计算机时代的真正开始。以此概念为基础的各类计算机统称为冯·诺依曼机。50 多年来，虽然计算机系统从性能指标、运算速度、工作方式、应用领域等方面与当时的计算机有很大差别，但基本结构没有变，都属于冯·诺依曼计算机。但是，冯·诺依曼自己也承认，他的关于计算机"存储程序"的想法都来自图灵。

### 1.2.2 电子计算机的发展

大家公认的第一台电子数字计算机是 1946 年 2 月在美国宾夕法尼亚大学莫尔电工学院研制成功的"埃尼阿克"（ENIAC），如图 1-12 所示。这台由美国陆军军械署资助完成的计算机共用了 18 800 个电子管、70 000 个电阻器、10 000 个电容器、1 500 个继电器，占地约 167 平方米，重约 30 吨，耗电 150 千瓦。这个庞大的计算机每秒能进行 5 000 次加法，或者 400 次乘法，比机械式的继电器计算机快 1 000 倍。至今人们公认，ENIAC 机的问世，表明了电子计算机时代的到来，具有划时代意义。

然而 ENIAC 最致命的缺陷是没有存储程序，指挥计算的程序指令被存放在外部接线板上，需要计算前，必须由人工花费几小时甚至几天的时间把数百条线路正确地接通，才能进行几分钟的运算。所以 ENIAC 并没有对以后的计算机结构和工作原理产生什么影响。1950 年，冯·诺依曼等人研制成功 EDVAC，如图 1-13 所示。它首次实现了冯·诺依曼的"存储程序"思想和采用了二进制，是真正意义上的现代电子数字计算机。

图 1-12　ENIAC

图 1-13　EDVAC

从第一台电子计算机 ENIAC 诞生到现在短短的近 70 多年中，计算机的发展日新月异，特别是电子元器件的发展有力地推动了计算机的发展。根据计算机采用的电子元器件的不同，将计算机的发展划分为四个阶段。

**1. 第一代计算机（1946—1957 年）**

第一代计算机是电子管计算机。其基本元件是电子管，如图 1-14（a）所示。内存储器采用水银延迟线，外存储器有纸带、卡片、磁带和磁鼓等。由于当时电子技术的限制，运算速度为每秒几千次到几万次，而且内存储器容量也非常小，只有 1 000~4 000 字节。

此时的计算机已经用二进制代替了十进制，所有的数据和指令都用若干个 0 和 1 表示，这很容易对应于电子元件的"导通"和"截止"。计算机程序设计语言还处于最低阶段，要用二进制代码表示的机器语言进行编程，工作十分烦琐。直到 20 世纪 50 年代末才出现了稍微方便一点的汇编语言。

UNIVAC（Universal Automatic Computer）是第一代计算机的典型代表，1951 年，第一台产品交付美国人口统计局使用。它的交付使用标志着计算机从实验室进入了市场，从军事应用领域转入数据处理领域。其他代表性的新机型有 IBM 650、IBM 709。

第一代计算机体积庞大，造价昂贵，因此基本上还是局限于军事研究领域应用的狭小天地。

### 2. 第二代计算机（1958—1964 年）

1948 年，贝尔实验室发明了晶体管，如图 1-14（b）所示。晶体管是一种开关元件，具有体积小、重量轻、开关速度快、工作温度低、稳定性好等特点，所以第二代计算机以晶体管为主要元件。此时，内存储器大量使用磁性材料制成的磁芯，每个小米粒大小的磁芯可存一位二进制代码；外存储器有磁盘、磁带。随着外部设备种类的增加，运算速度从每秒几万次提高到几十万次，内存储器容量扩大到几十万字节。

计算机软件方面也有了较大的发展，出现了监控程序并发展成为后来的操作系统；另外，BASIC、FORTRAN 和 COBOL 等高级程序设计语言相继推出，使编写程序的工作变得更为方便并实现了程序兼容。这样，计算机工作的效率大大提高。

第二代计算机与第一代计算机相比较，第二代计算机体积小、成本低、重量轻、功耗小、速度高、功能强且可靠性高。使用范围也由单一的科学计算扩展到数据处理和事务管理等其他领域中。IBM 7000 系列机是第二代计算机的典型代表。

### 3. 第三代计算机（1965—1970 年）

1958 年第一块集成电路（图 1-14（c））诞生以后，集成电路技术的发展日臻成熟。集成电路的问世催生了微电子产业，第三代计算机的主要元件采用小规模集成电路（Small Scale Integrated Circuits，SSI）和中规模集成电路（Medium Scale Integrated Circuits，MSI）。集成电路是用特殊的工艺将大量完整的电子线路做在一个硅片上，与晶体管电路相比，集成电路计算机的体积、重量、功耗都进一步减小，运算速度、逻辑运算功能和可靠性都进一步提高。

软件在这个时期形成了产业，操作系统在种类、规模和功能上发展很快。通过分时操作系统，用户可以共享计算机的资源。结构化、模块化的程序设计思想被提出，而且出现了结构化的程序设计语言 PASCAL。第三代计算机广泛应用于数据处理、过程控制和教育等各方面。IBM 360 系列是最早采用集成电路的通用计算机，也是影响最大的第三代计算机。

（a）　　　　　　　　　　（b）　　　　　　　　　　（c）

图 1-14　基本电子元器件

（a）电子管；（b）晶体管；（c）集成电路

#### 4. 第四代计算机（1971 年—至今）

随着集成电路技术的不断发展，单个硅片可容纳电子线路的数目也在迅速增加。20世纪 70 年代初期出现了可容纳数千个至数万个晶体管的大规模集成电路（Large Scale Integrated Circuits，LSI），70 年代末又出现了一个芯片上可容纳几万个到几十万个晶体管的超大规模集成电路（Vary Large Scale Integrated Circuits，VLSI）。VLSI 能把计算机的核心部件甚至整个计算机都做在一个硅片上。

第四代计算机的主要元件是大规模集成电路（LSI）和超大规模集成电路（VLSI）。集成度很高的半导体存储器完全代替了使用达 20 年之久的磁芯存储器，外存磁盘的存取速度和存储容量大幅度上升。第四代计算机的速度可达每秒几百万次至上亿次，体积、重量和耗电量进一步减少，计算机的性价比基本上以每 18 个月翻一番的速度上升（即著名的 More 定律）。

软件工程的概念开始提出，操作系统向虚拟操作系统发展，各种应用软件丰富多彩，在各行业中都有应用，大大扩展了计算机的应用领域。IBM 4300 系列、3080 系列、3090系列和 9000 系列是这一时期的主流产品。

综上所述，计算机的发展历程见表 1-1。

表 1-1　计算机的发展历程

|  | 基本元件 | 运算速度 | 内存储器 | 外存储器 | 相应软件 | 应用领域 |
|---|---|---|---|---|---|---|
| 第一代计算机 | 电子管 | 几千~几万次/秒 | 水银延迟线 | 卡片、磁带、磁鼓等 | 机器语言程序 | 主要用于军事领域 |
| 第二代计算机 | 晶体管 | 几十万次/秒 | 磁芯 | 磁盘、磁带 | 监控程序、高级语言 | 科学计算、数据处理、事务处理 |
| 第三代计算机 | 中、小规模集成电路 | 几十万~几百万次/秒 | 磁芯 | 磁盘、磁带 | 分时操作系统、结构化程序设计 | 各种领域 |
| 第四代计算机 | 大规模、超大规模集成电路 | 几百万次~上亿次/秒 | 半导体存储器 | 磁盘、光盘等 | 多种多样 | 各种领域 |

#### 5. 新一代计算机

为了争夺世界范围内信息技术的制高点，20 世纪 80 年代初期，各国展开了研制第五代计算机的激烈竞争。第五代计算机的研制推动了专家系统、知识工程、语言合成与语音识别、自然语言理解、自动推理和智能机器人等方面的研究，取得了大批成果。

①生物计算机。微电子技术和生物工程这两项高科技的互相渗透，为研制生物计算机提供了可能。20 世纪 70 年代以来，人们发现脱氧核糖核酸（DNA）处在不同的状态下，可产生有信息和无信息的变化。联想到逻辑电路中的 0 与 1、晶体管的导通或截止、电压的高或低、脉冲信号的有或无等，激发了科学家们研制生物元件的灵感。1995 年，来自各国的 200 多位有关专家共同探讨了 DNA 计算机的可行性，认为生物计算机是以生物电子元件构建的计算机，而不是模仿生物大脑和神经系统中信息传递、处理等相关原理来设计的计算机。生物电子元件是利用蛋白质具有的开关特性，用蛋白质分子制作成集成电路，形成蛋白质芯片、红血素芯片等。利用 DNA 化学反应，通过和酶的相互作用可以将某基

因代码通过生物化学的反应转变为另一种基因代码，转变前的基因代码可以作为输入数据，反应后的基因代码可以作为运算结果。利用这一过程可以制成新型的生物计算机。但科学家们认为生物计算机的发展可能还要经历一个较长的过程。

②光子计算机。光子计算机是一种用光信号进行数字运算、信息存储和处理的新型计算机。运用集成光路技术，把光开关、光存储器等集成在一块芯片上，再用光导纤维连接成计算机。1990年1月底，贝尔实验室研制成第一台光计算机，尽管它的装置很粗糙，由激光器、透镜、棱镜等组成，只能用来计算。但是，它毕竟是光计算机领域中的一大突破。正像电子计算机的发展依赖于电子器件，尤其是集成电路一样，光计算机的发展也主要取决于光逻辑元件和光存储元件，即集成光路的突破。近年来 CD-ROM 光盘、VCD 光盘和 DVD 光盘的接踵出现，是光存储研究的巨大进展。网络技术中的光纤信道和光转接器技术也已相当成熟。光计算机的关键技术，即光存储技术、光互联技术、光集成器件等方面的研究都已取得突破性的进展，为光计算机的研制、开发和应用奠定了基础。现在，全世界除贝尔实验室外，日本和德国的其他公司也都投入巨资研制光子计算机，预计在21世纪将出现更加先进的光子计算机。

③超导计算机。1911 年昂尼斯发现纯汞在 4.2 K 低温下电阻变为零的超导现象。超导线圈中的电流可以无损耗地流动。在计算机诞生之后，超导技术的发展使科学家们想到用超导材料来替代半导体制造计算机。早期的工作主要是延续传统的半导体计算机的设计思路，只不过是将半导体材料的逻辑门电路改为用超导体材料的逻辑门电路。从本质上讲并没有突破传统计算机的设计构架，而且，在 20 世纪 80 年代中期以前，超导材料的超导临界温度仅在液氦温区，实施超导计算机的计划费用昂贵。然而，在 1986 年左右出现重大转机，高温超导体的发现使人们可以在液氮温区获得新型超导材料，于是超导计算机的研究又获得了各方面的广泛重视。超导计算机具有超导逻辑电路和超导存储器，运算速度是传统计算机无法比拟的。所以，世界各国科学家都在研究超导计算机，但还有许多技术难关有待突破。

④量子计算机。现在放在我们面前的高速现代化的计算机与计算机的祖先"ENIAC"相比并没有什么本质的区别，尽管计算机体积已经变得更加小巧，而且执行速度也非常快，但是计算机的任务却并没有改变，即对二进制位 0 和 1 的编码进行处理并解释为计算结果。每个位的物理实现是通过一个肉眼可见的物理系统完成的，例如从数字和字母到我们所用的鼠标或调制解调器的状态等都可以用一系列 0 和 1 的组合来代表。传统计算机与量子计算机之间的区别是传统计算机遵循着众所周知的经典物理规律，而量子计算机则是遵循着独一无二的量子动力学规律，是一种信息处理的新模式。在量子计算机中，用"量子位"来代替传统电子计算机的二进制位。二进制位只能用"0"和"1"两个状态表示信息，而量子位用粒子的量子力学状态来表示信息，两个状态可以在一个"量子位"中并存。量子位既可以使用与二进制位类似的"0"和"1"，也可以使用这两个状态的组合来表示信息。正因如此，量子计算机被认为可以进行传统电子计算机无法完成的复杂计算，其运算速度将是传统电子计算机无法比拟的。

我国计算机的发展

## 1.3　计算机基础知识

### 1.3.1　计算机的特点和分类

**1. 计算机的特点**

计算机是在程序的控制之下，自动高效地完成信息处理的数字化电子设备。它能按照人们编写的程序对输入的原始数据进行加工处理、存储或传送，以便获得所期望的输出信息，从而利用这些信息来提高社会劳动生产率，并改善人们的生活。

各种类型的计算机虽然在性能、规模、结构、用途等方面有所不同，但都具备以下特点。

①运算速度快。运算速度一般是指计算机每秒所能执行加法运算的峰值次数。运算的高速度是处理复杂问题的前提，因此运算速度一直是衡量计算机性能的主要指标。目前微型机的运算速度已达百亿次级，而巨型机则在百万亿次、千万亿次级。

②计算精度高。一般来说，现在的计算机有几十位有效数字，而且理论上还可更高。因为数在计算机内部是用二进制编码表示的，数的精度主要由这个数的二进制码的位数决定，因此可以通过增加数的二进制位数来提高精度，位数越多精度越高。

③存储容量大。计算机的存储设备可以把原始数据、中间结果、计算结果、程序等数据存储起来以备使用。存储数据的多少取决于所配存储设备的容量。目前的计算机不仅提供了大容量的内存储设备，来存储计算机运行时的数据，同时还提供各种外部存储设备，以长期保存和备份数据，如硬盘、U盘和光盘等。

④具有逻辑判断能力。计算机在程序执行过程中，会根据上一步的执行结果，运用逻辑判断方法自动确定下一步的执行命令；正是因为计算机具有这种逻辑判断能力，使得计算机不仅能解决数值计算问题，而且能解决非数值计算问题，比如信息检索、图像识别等。

⑤具有自动工作能力。把程序事先存储在存储器中，当需要调用执行时，计算机可以按照程序规定的步骤自动地逐步执行，而不需要人工干预。这是计算机区别于其他计算工具的本质特点。

**2. 计算机的分类**

随着计算机技术的发展和应用，尤其是微处理器的发展，计算机的类型越来越多样化。从不同角度对计算机有不同的分类方法，通常从以下三个不同角度对计算机进行分类：

（1）按计算机处理数据的方式分类

从计算机处理数据的方式可以分为数字计算机（Digital Computer）、模拟计算机（Analog Computer）和数模混合计算机（Hybrid Computer）三类。

数字计算机：它处理的是非连续变化的数据，这些数据在时间上是离散的。输入的是数字量，输出的也是数字量，如职工编号、年龄、工资数据等。基本运算部件是数字逻辑电路，因此其运算精度高、通用性强。

模拟计算机：它处理和显示的是连续的物理量，所有数据用连续变化的模拟信号来表示，其基本运算部件是由运算放大器构成的各类运算电路。模拟信号在时间上是连续的，通常称为模拟量，如电压、电流、温度都是模拟量。一般说来，模拟计算机不如数字计算机精确，通用性不强，但解题速度快，主要用于过程控制和模拟仿真。

数模混合计算机：它兼有数字和模拟两种计算机的优点，既能接收、处理和输出模拟量，又能接收、处理和输出数字量。

（2）按计算机使用范围分类

按计算机使用范围可分为通用计算机（General Purpose Computer）和专用计算机（Special Purpose Computer）两类。

通用计算机：是指为解决各种问题和具有较强的通用性而设计的计算机。该类计算机适用于一般的科学计算、学术研究、工程设计和数据处理等，这类机器本身有较大的适用面。

专用计算机：是指为适应某种特殊应用而设计的计算机，具有运行效率高、速度快、精度高等特点。一般用在过程控制中，如智能仪表、飞机的自动控制、导弹的导航系统等。

（3）按计算机的规模和处理能力分类

规模和处理能力主要是指计算机的字长、运算速度、存储容量、外部设备、输入和输出能力等主要技术指标，大体上可分为巨型计算机、大型计算机、小型计算机、微型计算机、工作站、服务器等几类。

巨型计算机（Supercomputer）：是指运算速度快、存储容量大，每秒可达 1 亿次以上浮点运算速度，主存容量高达几百兆字节甚至几百万兆字节，字长可达 32 位至 64 位的机器。这类机器价格相当昂贵，主要用于复杂、尖端的科学研究领域，特别是军事科学计算。我国自主生产的天河一号（图 1-15）千万亿次机、曙光-5000A 型机（图 1-16）均属于巨型计算机。

图 1-15　天河一号

图 1-16　曙光-5000A

大型计算机（Mainframe）：是指通用性能好、外部设备负载能力强、处理速度快的一类机器。运算速度在每秒 100 万次至几千万次，字长为 32 位至 64 位，主存容量在几十兆字节至几百兆字节左右。它有完善的指令系统、丰富的外部设备和功能齐全的软件系统，并允许多个用户同时使用。这类机器主要用于科学计算、数据处理或作为网络服务器。IBM 系列大型计算机如图 1-17 所示。

小型计算机（Minicomputer 或 Mins）：它具有规模较小、结构简单、成本较低、操作简单、易于维护、与外部设备连接容易等特点，是在 20 世纪 60 年代中期发展起来的一类计算机。当时的小型计算机字长一般为 16 位，存储容量在 32 KB 与 64 KB 之间。DEC 公司的 PDP11/20 到 PDP11/70 是这类机器的代表，当时微型计算机还未出现，因而得以广泛推广应用，许多工业生产自动化控制和事务处理都采用小型计算机。近年来的小型计算机，像 IBM AS/400、RS/6000，其性能已大大提高，主要用于事务处理。IBM 系列小型计算机如图 1-18 所示。

图 1-17　大型计算机　　　　　　　图 1-18　小型计算机

微型计算机（Microcomputer）：是以运算器和控制器为核心，加上由大规模集成电路制作的存储器、输入/输出接口和系统总线构成的体积小、结构紧凑、价格低但又具有一定功能的计算机。如果把这种计算机制作在一块印制电路板上，就称为单板机。如果在一块芯片中包含运算器、控制器、存储器和输入/输出接口，就称为单片机。以微型计算机为核心，再配以相应的外部设备（例如键盘、显示器、鼠标、打印机）、电源、辅助电路和控制微型计算机工作的软件就构成了一台完整的微型计算机系统。

工作站（Workstation）：是指为了某种特殊用途而将高性能的计算机系统、输入/输出设备与专用软件结合在一起的系统。它的独到之处是有大容量主存、大屏幕显示器，特别适合于计算机辅助工程。例如，图形工作站一般包括主机、数字化仪、扫描仪、鼠标、图形显示器、绘图仪和图形处理软件等。它可以完成对各种图形与图像的输入、存储、处理和输出等操作。

服务器（Server）：是在网络环境下为多用户提供服务的共享设备，一般分为文件服务器、打印服务器、计算服务器和通信服务器等。该设备连接在网络上，网络用户在通信软件的支持下远程登录，共享各种服务。

目前，微型计算机与工作站、小型计算机乃至大型计算机之间的界限已经越来越模糊。无论按哪一种方法分类，各类计算机之间的主要区别是运算速度、存储容量及机器体积等。

## 1.3.2　计算机应用概述

随着计算机技术的发展，尤其是结合了计算机网络通信技术，计算机的应用范围日益扩大，已渗透到科学技术、国民经济、社会生活等各个方面，而且正在不断地改变着人们的工作、学习和生活方式，推动着社会的发展。计算机的应用包括以下几个方面。

（1）科学计算

科学计算是指科学研究和工程技术中遇到的数学问题的求解，也称数值计算。科学研究对计算能力的需要是无止境的。计算机具有速度快、精度高的特点。通过计算机可以解决人工无法解决的复杂计算问题，过去人工计算需要几个月，或者几年时间才能完成的，甚至毕生都无法完成的工作量，现在也只要几天、几个小时甚至几分钟就能解决了。随着现代科学技术的进一步发展，科学计算在现代科学研究中的地位不断提高，在尖端科学领域显得尤为重要。例如计算卫星轨道，宇宙飞船的研究设计，生命科学、材料科学、海洋工程、房屋抗震强度的计算等现代科学技术研究都离不开计算机的精确计算。目前，科学计算仍然是计算机应用的一个重要领域。

（2）数据处理

数据处理又称为非数值计算，就是使用计算机对大量的数据进行输入、分类、加工、整理、合并、统计、制表、检索以及存储、计算、传输等操作。数据处理涉及的数据量大，但计算方法较简单。目前计算机的数据处理应用已非常普遍，如人事管理、库存管理、财务管理、图书资料管理、商业数据交流、情报检索、经济管理、办公自动化等都属于这方面的应用。

数据处理已成为当代计算机的首要任务，是现代化管理的基础。在当今信息化的社会中，每时每刻都在产生大量的信息，只有利用计算机才能够在浩瀚的信息海洋中充分获取宝贵的信息资源。例如，以数据库技术为基础开发的管理信息系统（Management Information System，MIS）、决策支持系统（Decision Support System，DSS）、企业资源规划系统（Enterprise Resources Planning，ERP）等信息系统的应用，大大提高了企业和政府部门的现代化管理水平。据统计，现在全世界计算机用于数据处理的工作量占全部计算机应用的80%以上，大大提高了工作效率，提高了管理水平。

（3）人工智能

人工智能（Artificial Intelligence）是由计算机来模拟或部分模拟人类的智能，使计算机具有识别语言、文字、图形和进行推理、学习以及适应环境的能力。实现人工智能的根本途径是机器学习（Machine Learning，ML），即通过让计算机模拟人类的学习活动，自主获取新知识。目前很多人工智能系统已经能够替代人的部分脑力劳动，并以多种形态走进人们的生活，小到手机里的语音助手、人脸识别、购物网站推荐，大到智能家居、无人机、无人驾驶汽车、工业机器人、航空卫星等。

人工智能应用中具有里程碑意义的案例是"深蓝"。"深蓝"是IBM公司研制的一台超级计算机，在1997年5月11日，仅用了一个小时便轻松战胜俄罗斯国际象棋世界冠军卡斯帕罗夫，并以3.5：2.5的总比分赢得计算机与人之间的挑战赛，这是在国际象棋上人类智能第一次败给计算机。如果说"深蓝"取胜的本质在于传统的"规则"，那么在2016年3月战胜人类顶尖棋手李世石的谷歌围棋人工智能程序AlphaGo的关键技术是机器学习，这宣告着一个新的人工智能时代的到来。

虽然计算机在诸如计算速度、自动控制等许多方面远远超过了人类，但是相较于人脑这个通用的智能系统，目前人工智能的功能相对单一，并且始终无法获得像人脑一样丰富的联想能力、创造能力，以及情感交流能力，真正要达到人的智能还是非常遥远的事情。

（4）实时控制

实时控制又称为过程控制，是指用计算机实时地采集、检测受控对象的数据，并快速地进行处理，按最佳值迅速对控制对象进行自动化控制或自动调节。

现代工业的发展，生产规模不断扩大，技术和工艺日趋复杂，因而对实现生产过程自动化的控制系统要求也日益提高。使用计算机进行过程控制，既可以提高控制的自动化水平，也可以提高控制的及时性和准确性。计算机在自动控制方面的应用非常广泛，包括工业流程的控制、生产过程控制、交通运输管理等。在卫星、导弹发射等国防尖端技术领域，更是离不开计算机的实时控制，无人驾驶飞机、导弹、人造卫星和宇宙飞船等飞行器的控制，都是靠计算机实现的。家用电器、日常生活服务器的生产中也大量应用了计算机的自动控制功能。

（5）计算机辅助系统

计算机辅助系统是指利用计算机辅助人们进行设计、制造等工作，主要包括以下几方面：计算机辅助设计（Computer Aided Design，CAD）、计算机辅助制造（Computer Aided Manufacturing，CAM）、计算机集成制造系统（Computer Integrated Manufacturing System，CIMS）和计算机辅助教学（Computer Aided Instruction，CAI）。

CAD 是利用计算机的计算、逻辑判断、数据处理以及绘图功能，并与人的经验和判断能力相结合，共同来完成各种产品或者工程项目的设计工作。CAD 可缩短设计周期、降低成本、提高设计质量，同时提高图纸的复用率和可管理性。

CAM 是使用计算机辅助人们完成工业产品的制造任务，可实现对工艺流程、生产设备等的管理与对生产装置的控制和操作。例如在产品的制造过程中，用计算机控制机器的运行，处理生产过程中所需的数据，控制和处理材料的流动，对产品进行检验等。使用CAM 技术可以提高产品的质量，降低成本，缩短生产周期。

CIMS 是指以计算机为中心的现代化信息技术应用于企业管理与产品开发制造的新一代制造系统，包括 CAD、CAM、CAPP（计算机辅助工艺规划）、CAE（计算机辅助工程）、CAQ（计算机辅助质量管理）、PDMS（产品数据管理系统）、管理和决策、网络与数据库及质量保证系统等子系统的技术集成。它将计算机技术集成到制造工厂的整个生产过程中，使企业内的信息流、物流、能量流和人员活动形成一个统一协调的整体，形成一个流水线，从而建立现代化的生产管理模式。

CAI 是指利用计算机模拟教师的教学行为进行授课，学生通过与计算机的交互进行学习并自测学习效果，是提高教学效率和教学质量的新途径。计算机辅助教学利用文字、图形、图像、动画、声音等多种媒体将教学内容开发成 CAI 软件的方式，使教学过程形象化；可以采用人机对话方式，对不同学生采取不同的内容和进度，改变了教学的统一模式，不仅有利于提高学生的学习兴趣，更适用于学生个性化、自主化的学习，可以实现自我检测、自动评分等功能。

（6）其他应用领域

随着电子技术特别是通信和计算机技术的发展，人们已经有能力把文本、音频、视频、动画、图形和图像等各种"媒体"综合起来，构成一种全新的概念——"多媒体"（Multimedia）。多媒体技术是以计算机技术为核心，将现代声像技术和通信技术融为一体，能对文本、图形、图像、音频、视频、动画等多种媒体信息进行存储、传送和处理的综合技术。它的应用领域十分广泛，如在线播放、可视电话、视频会议系统等。多媒体技术的应用正改变着人类的生活和工作方式。

随着计算机技术、多媒体技术、动画技术以及网络技术的不断发展，使得计算机能够以图像和声音集成的形式向人们提供一种"虚拟现实"，出现了虚拟工厂、虚拟人体、虚拟主持人等许许多多虚拟的东西。当代的虚拟现实是使用计算机生成的一种模拟环境，通过多种传播设备使用户"融入"该环境中，实现用户与环境直接进行交互的目的。这种模拟环境是用计算机构成的具有表面色彩的立体图形，它可以是某一特定现实世界的真实写照，也可以是纯粹虚构的世界。利用"虚拟现实"环境，可以在计算机上模拟训练汽车驾驶员、模拟拍摄科学幻想电影影片。实践证明，计算机模拟不仅成本低，而且模拟效果好，很容易实现逼真的被模拟环境。

随着网络技术的发展，计算机的应用领域越来越广泛，它已深入国民经济和社会生活的各个方面，通过现代高速信息网实现数据与信息的查询、高速通信服务（如电子邮件、文档传输、可视电话会议等）、远程教育、电子图书馆、电子政务、电子商务、远程医疗和会诊、交通信息管理以及电子娱乐等。计算机应用的高速发展进一步推动着信息社会更快地向前发展。未来计算机的应用将重点朝着人工智能、信息家电等领域的应用方向发展，将在分布式系统应用和基于构件的软件开发技术等方面出现突破性的新进展。

信息家电是一种将 PC 与家用电器融合，使用方便并且价格低廉的上网工具，它代表了计算机、通信和消费类电子产品（俗称"3C"）相融合的发展方向。今后，越来越多的计算机将不再以孤立的形式出现，而是嵌入其他装置中或与网络相连接。具有代表性的一些信息家电产品包括网络电视、网络可视电话、网络型智能手持设备（如蜂窝电话、个人数据助理、掌上 PC，手持无线上网设备、网络个人接入器等便携式设备）、数字控制委托和网络游戏机等。

在信息化的社会中，随着工作、生活节奏的加快，人们对及时、就地获取信息的需求越来越迫切，未来的信息家电、家庭网络等将获得更加迅速的发展和更加广泛的普及。

### 1.3.3　计算机系统的基本构成

一个完整的计算机系统分为硬件系统（Hardware）和软件系统（Software）两大部分。

硬件系统是指能够收集、加工、处理数据以及输出数据所需的设备实体，是看得见、摸得着的部件总和。软件系统是指为了充分发挥硬件系统性能和方便人们使用硬件系统，以及为解决各类应用问题而设计的程序、数据、文档总和，它们在计算机中体现为一些触摸不到的二进制状态，存储在内存、磁盘、闪存盘、光碟等硬件设备上。

硬件系统和软件系统两者是有机结合体，相辅相成，缺一不可。没有软件的计算机（裸机）几乎是毫无用处的，因此有人说硬件是计算机的躯体，软件是它的灵魂。另一方面，计算机系统的许多功能可以由硬件实现，也可以由软件实现，两者的界限不是固定和一成不变的。为了使计算机系统的性能不断提高，存在着软件硬化，硬件软化，互相渗透的趋势。详细内容参见第 2 章和第 3 章。

## 1.4　计算机的新技术

### 1.4.1　大数据

互联网时代，电子商务、物联网、社交网络、移动通信等每时每刻产生着海量的数据，这些数据规模巨大，通常以 PB、EB 甚至 ZB[①] 为单位，故被称为大数据（Big Data）。大数据隐藏着丰富的价值，目前对其价值的挖掘就像漂浮在海洋中冰山的一角，绝大部分

---

① PB、EB 和 ZB 都是计算机储存容量计算单位。1 ZB＝1 024 EB；1 EB＝1 024 PB；1 PB＝1 024 TB；1 TB＝1 024 GB；1 GB＝1 024 MB；1 MB＝1 024 KB。

还隐藏在表面之下。面对大数据，传统的计算机技术无法存储和处理，因此大数据技术应运而生。

### 1. 大数据的定义及特征

究竟什么是大数据？目前，业界对大数据还没有一个统一的定义，但是大家普遍认为，大数据是指无法在有限时间内用常规软件工具对其进行获取、存储、管理和处理的数据集合。

关于大数据的特征，通常概括为所谓的 4V 或 5V，即 Volume（大量化）、Variety（多样化）、Velocity（快速化）、Value（价值化），5V 是在 4V 的基础上增加了 Veracity（真实性）。然而，考虑到"大数据的本质是解决问题，其核心价值在于预测，"我们认为，4V 或 5V 并未真正揭示大数据的本质。在此，我们推荐计算机科学家、畅销书作家吴军的观点。他认为：大数据具有数据量大、多维度、完备性和实时性四个特征。首先，大数据要求数据量大，这一点大家都没有疑问。数据量小一定不符合大数据的原则。至于数据量多大合适，至少要大到统计的结果具有非常高的置信度，与 4V 或 5V 中的"Volume"一致。其次，大数据需要具有多维度的特征，而且各个维度最好是正交的。这是吴军关于大数据特征的观点与"4V 或 5V"观点最大的不同之处。吴军认为，数据类型（文字、图片、音频、视频的数据，结构性或非结构性的数据）不重要，数据的"多维度"才重要。为什么"多维度"很重要呢？我们不妨看看仅仅是数据量大但维度不足有什么问题。我们一个人的基因全图谱数据，大约在 1 TB 这个数量级，也就是 1 000 GB，这个数据量不可谓不大，但是它没有太大的统计意义，因为我们无法从一个人的数据看出是否潜在的疾病。那么多几个人的数据是否就可以了呢？也未必。比如我们有 100 个人的基因数据，我们发现某个人的一段基因和其他人不同，这是否说明他有疾病呢？我们得不出这样的结论，因为不同人的基因总是或多或少有些不同，也无法通过基因确认人的身份。但是，如果我们有另一个维度的信息，比如这 100 个人过去的病例，那么就有可能发现某段基因和某些疾病之间的联系。这就是大数据多维度的作用。当然 100 个人的数量还太少，得到的统计结果未必可信。

大数据第三个重要特征，是数据的完备性，它在过去常常被人忽略，因为人类过去使用数据，都是采用抽样的办法来获取，根本不可能做到完备。抽样统计有一个问题，就是总有 5% 左右的小概率事件覆盖不到，如果最后运气不好，正好落在那 5%，统计的方法就失去作用了。今天情况就不同了，因为收集数据的设备无所不在，我们也有意无意向它输送数据，因此获得完备的信息完全可能，这样一来就堵住了采用数据作预测的死角。

除了上述三个特征，很多时候大数据还需要具有实时性，因为在某些应用场景，一定时间过了，数据就失去意义了。这一点与 4V 或 5V 中的"Velocity"相似。

### 2. 大数据技术

大数据技术的体系庞大且复杂，从总体上说主要包括数据采集、数据存储与管理、数据处理与分析、数据可视化、数据隐私与安全等五个不同层面的技术。但是最近 10 年发展起来的最核心的大数据技术主要集中在数据存储与管理、数据处理与分析这两个层面，分别对应分布式存储技术和分布式处理技术，解决大数据领域的两个核心问题：海量数据的存储问题和海量数据的处理问题。图 1-19 给出了一个基于开源 Hadoop 平台的通用化的大数据处理框架，主要包括数据收集与准备、数据存储、资源管理、计算框架、数据分析和数据展示等六个方面。

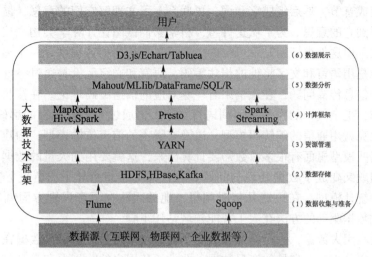

图 1-19　基于 Hadoop 的大数据处理框架

大数据时代，人们能够在瞬间处理成千上万的数据，源于工程师们不断地改进处理数据的工具；同时，大数据也需要人们认知世界思维方式的变革。

①不是抽样统计，而是全体数据。抽样统计是过去数据收集能力和数据处理能力均受限的情况下用最少的数据得到最多发现的方法，而现在人们能够通过各种智能设备实时收集数据，并在瞬间处理成千上万的数据，处理全体数据可以得到更准确的结果。

②接受数据的混杂性，而不再追求精确性。执迷于精确性是信息缺乏时代和模拟时代的产物。因为收集的信息量比较少，所以我们必须确保记录下来的数据尽量精确。假设你要测量一个葡萄园的温度，如果整个葡萄园只有一个温度测量仪，那么你必须确保这唯一的测量仪是精确的而且能够一直工作。但如果每 100 棵葡萄树就有一个测量仪，有些测试数据可能会是错误的，也可能会更加混乱，但众多读数合起来就可以提供一个更加准确的结果。

③不是因果关系，而是相关关系。日常生活中，我们习惯性地用因果关系来考虑事情，所以会认为，因果关系是浅显易寻的。但事实并非如此。与相关关系不一样，即使用数学这种比较直接的方式，因果关系也很难被轻易证明。但在大数据背景下，通过应用相关关系，我们可以比以前更容易、更快捷、更清楚地分析事物。大数据的相关关系分析法更准确、更快，而且不易受偏见的影响。建立在相关关系分析法基础上的预测是大数据的核心。

**3. 大数据的应用**

目前，大数据技术已经成熟，大数据应用逐渐落地生根。应用大数据较多的领域有公共服务、电子商务、企业管理、金融、娱乐、个人服务等。越来越多的成功案例相继在不同的领域中涌现，不胜枚举。有学者总结了大数据在当下最常见、也最成功的四类应用。

第一类是解决人工智能问题，把那些过去看似需要人脑推理的问题，变成今天基于大数据的计算问题。世界上利用大数据解决的第一个智能问题是语音识别。语音识别的历史正好和电子计算机一样长，可以追溯到 1946 年，但是一直做得非常不成功。直到 20 世纪 70 年代，康奈尔大学著名的信息论专家贾里尼克来到 IBM，负责该公司的语音识别项目。在贾里尼克之前，人们觉得识别语音是一个智力活动，比如我们听到一串语音信号，脑子会把它们先变成音节，然后组成字和词，再联系上下文理解它们的意思，最后排除同音字的歧义性，得到它的意思。为了做这件事，科学家们试图让计算学会构词法，能够分析语法，理解语义。但这件事证明是不可行的。贾里尼克认为语音识别是一个通信问题——当人说话时，他是用语言和文字将他的想法编码，语言和文字无论是通过空气还是电话线传播，都是一个信息传播问题，在通信中有一套对应的信道编码理论。在接收方那里，他再做解码的工作，把空气中的声波变回到语言文字，再通过对语言文字的解码，得到含义。于是，贾里尼克就用通信的编解码模型，以及有噪声的信道传输模型，构建了语音识别的模型。但是这些模型里面有很多参数需要计算出来，这就要用到大量的数据，于是贾里尼克就把上述问题又变成了数据处理的问题。在这样的思想指导下，贾里尼克注重收集数据，训练各种统计模型。在短短几年时间里，他的团队在语音识别方面就实现了质的飞跃，并且从此数据驱动的方法在人工智能领域站住了脚。

第二类是利用大数据，进行精准服务。例如，京东慧眼。这是大数据在电子商务领域的典型案例，它分析每天交易的海量数据，非常清楚用户的购买力和产品需求，甚至可以在用户下单前就预测到其行为，实现未买先送。例如，在某款手机首发时，通过大数据分析测出每个小区的需要量，把相应量发到配送站，这样用户一下单，配送员就从配送站把货送到用户家里，最快的纪录是用户从下单到拿到产品仅需 7 分钟。

第三类是动态调整我们做事情的策略。将自己定位成"大自然搬运工"的农夫山泉，在全国有十多个水源地。农夫山泉把水灌装、配送、上架，一瓶超市售价 2 元的 550 mL 饮用水，其中 3 毛钱花在了运输上。如何根据不同的变量因素来控制自己的物流成本，成为问题的核心。通过上线 SAP 公司的数据库平台 SAP Hana，SAP 团队和农夫山泉团队将很多数据纳入了进来：高速公路的收费、道路等级、天气、配送中心辐射半径、季节性变化、不同市场的售价、不同渠道的费用、各地的人力成本，甚至突发性的需求（比如某城市召开一次大型运动会）。利用超强的计算能力，农夫山泉成功地解决了企业面临的"生产和销售不平衡""各地的办事处和配送中心只是简单的树状结构，未形成一个动态网状结构""退货、残次等问题未与生产基地实时连接"等顽症。

第四类是发现原来不知道的规律。今天研制一款新药需要 20 年时间，20 亿美元的投入，这是惊人的投入。能否减少这方面的研发成本，缩短研发周期呢？如果按照过去的做法工作，即使再努力，能提升的空间也有限。后来大家换了一个思路想问题，那就是让处方药和各种疾病重新匹配。比如斯坦福大学医学院发现，过去一种治疗心脏病的药治疗胃病效果很好，于是他们直接进入小白鼠试验，然后进入了临床试验。由于这种药的毒性已经试验过了，因此临床试验的周期短了很多。这样，找到一种新的治疗方法平均只需要 3 年时间，投资 1 亿美元。当然，找到药和病的配对，本身是一个大数据问题。

### 1.4.2　云计算

从前，人们常常会遇到这样的"囧境"：硬盘损坏了或者计算机丢失了，多年积累的文件再也没有了，欲哭无泪。但是在云计算（Cloud Computing）时代，如果我们每天把数据备份到"云"上，这样的情况就不会再发生了。数据备份到"云"上，即云存储，是云计算的一种应用。

**1. 什么是云计算**

云计算是分布式计算的一种，指的是通过网络"云"将巨大的数据计算处理程序分解成无数个小程序，然后，通过多部服务器组成的系统进行处理和分析这些小程序，从而得到结果并返回给用户。这个定义很好地解释了云计算如何解决海量数据的处理问题，但是这种专业的解释会让很多非专业人士听不懂，所以我们换一种通俗的解释。所谓"云计算"是指通过网络以服务的方式为用户提供非常廉价的 IT 资源。云计算不是一种全新的网络技术，而是一种全新的网络应用概念。

"云"实质上就是一个 IT 资源共享的网络，云计算是与信息技术相关的一种服务，这种计算资源共享池叫作"云"。云计算把许多计算资源集合起来，通过软件实现自动化管理，只需要很少的人参与，就能快速提供资源。也就是说，计算能力作为一种商品，可以在互联网上流通，就像水、电、煤气一样，可以方便地取用，且价格较为低廉。

与传统的网络应用模式相比，云计算具有如下优势与特点。

①虚拟化。虚拟化突破了时间、空间的界限，是云计算最为显著的特点，用户只需要有一个比较简单的设备，比如说笔记本或者一个手机，就可以通过网络来获取各种功能强大的服务。

②动态可扩展。云计算具有高效的运算能力，在原有服务器基础上增加云计算功能能够使计算速度迅速提高，最终实现动态扩展虚拟化的层次达到对应用进行扩展的目的。

③高可靠性。云计算一般采用多种容错机制，能够保证数据的可靠性，用户无须担心软件的升级更新、漏洞修补、病毒攻击和数据丢失等问题，获取的数据要比本地计算机更加可靠。

④按需部署。计算机包含了许多应用、程序软件等，不同的应用对应的数据资源库不同，所以用户运行不同的应用需要较强的计算能力对资源进行部署，而云计算平台能够根据用户的需求快速配备计算能力及资源。

⑤性价比高。将资源放在虚拟资源池中统一管理在一定程度上优化了物理资源，用户不再需要昂贵、存储空间大的主机，可以选择相对廉价的 PC 组成云，一方面减少费用，另一方面计算性能不逊于大型主机。

**2. 云服务类型**

云计算提供的服务分成 3 个层次：基础设施即服务、平台即服务和软件即服务。

（1）基础设施即服务（Infrastructure as a Service，IaaS）

IaaS 是指将云中计算机集群的内存、I/O 设备、存储、计算能力整合成一个虚拟的资源池为用户提供所需的存储资源和虚拟化服务器等服务，例如云存储、云主机、云服务器等。IaaS 位于云计算三层服务的最底端。有了 IaaS，项目开发时不必购买服务器、磁盘阵列、带宽等设备，而是在云上直接申请，而且可以根据需要扩展性能。

（2）平台即服务（Platform as a Service，PaaS）

PaaS 是指将软件研发的平台作为一种服务，提供给用户，如云数据库。PaaS 位于云计算三层服务的中间。有了 PaaS，项目开发时不必购买操作系统、数据库管理系统、开发平台、中间件等系统软件，而是在云上根据需要进行申请。

（3）软件即服务（Software as a Service，SaaS）

SaaS 是指通过互联网提供按需付费的软件应用程序，用户不需要本地安装，只需要通过全球互联网连接和访问应用程序，如用友、金蝶推出的云财务软件和美团提供的餐饮 SaaS 系统。SaaS 是最常见的云计算服务，位于云计算三层服务的顶端。有了 SaaS，企业可通过互联网使用信息系统，不必自己研发。

### 1.4.3 物联网

机器联网了，人也联网了，接下来就是物体与物体要联网了。如果说互联网缩短了人与人之间的距离，那么物联网逐渐消除了人与物之间的隔阂，使人与物、物与物之间的对话得以实现。

**1. 什么是物联网**

简单地说，物联网（The Internet of Things）就是物物相连的互联网，物联网使所有人和物在任何时间、任何地点都可以实现人与人、人与物、物与物之间的信息交互。

从技术的角度来说，物联网是通过射频识别、红外感应器、全球定位系统等各种传感设备，按照约定的协议，把任何物品与互联网相连接，进行信息交换和通信，实现对物品的智能化识别、定位、跟踪、监控和管理的一种网络，是互联网的延伸与扩展。

**2. 物联网的关键技术**

物联网的实现主要依赖于以下几个关键技术。

（1）RFID 技术

RFID 即射频识别技术，俗称电子标签，通过射频信号自动识别目标对象，并对其信息进行标志、登记、存储和管理，如图 1-20 所示。

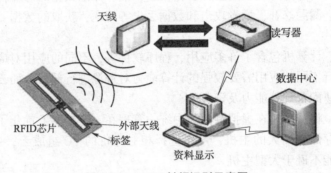

图 1-20　RFID 射频识别示意图

RFID 是一个可以让物品"开口说话"的关键技术，是物联网的基础技术。RFID 标签中存储着各种物品的信息，利用无线数据通信网络采集到中央信息系统，实现物品的识别。

（2）传感技术

传感技术是从自然信源获取信息，并对之进行处理和识别的一门多学科交叉的现代科学与工程技术，它涉及传感器、信息处理和识别技术。如果把计算机看成处理和识别信息的"大脑"，如果把通信系统看成传递信息的"神经系统"，那么传感器就类似人的"感觉器官"，传感设备如图 1-21 所示。

（3）嵌入式技术

嵌入式系统将应用软件与硬件固化在一起，类似于 PC BIOS 的工作方式，具有软件代码小、高度自动化、响应速度快等特点，特别适合于要求实时和多任务的系统。嵌入式系统主要由嵌入式处理器、相关支撑硬件、嵌入式操作系统及应用软件等组成，它是可独立工作的"器件"。嵌入式系统几乎应用在生活中所有的电器设备上，如掌上电脑、智能手机、数码相机等各种家电设备，以及工控设备、通信设备、汽车电子设备、工业自动化仪表与医疗仪器设备、军用设备等，如图 1-22 所示。嵌入式技术的发展为物联网实现智能控制提供了技术支撑。

图 1-21 传感设备

（4）位置服务技术

位置服务技术就是采用定位技术，确定智能物体的地理位置，利用地理信息系统技术与移动通信技术向物联网中的智能物体提供与位置相关的信息服务。与位置信息密切相关的技术包括遥感技术、全球定位系统（GPS）、地理信息系统（GIS）以及电子地图等技术。GPS 将卫星定位、导航技术与现代通信技术相结合，可实现全时空、全天候和高精度的定位与导航服务，GPS 定位如图 1-23 所示。

图 1-22 嵌入式技术的应用

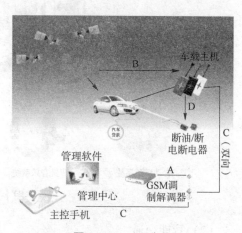

图 1-23 GPS 定位

（5）IPv6 技术

IPv4 采用 32 位地址长度，只有大约 43 亿个 IP 地址，随着互联网的发展，IPv4 定义的有限网络地址将被耗尽。IPv6 的地址长度为 128 位，几乎可以为地球上每一个物体分配一个 IP 地址。要构造一个物物相连的物联网，需要为每一个物体分配一个 IP 地址，那么大力发展 IPv6 技术是实现物联网的网络基础条件。

**3. 物联网的应用**

物联网已经广泛应用于智能家居、智能交通、智慧医疗、智能物流、环保监测、智能安防、智能电网、智慧农业和智能工业等领域，对国民经济与社会发展起到了重要的推动作用。下面主要介绍与人们的日常生活密切相关的几个应用领域。

（1）智能家居

智能家居（Smart Home），又称智能住宅，如图1-24所示，是指利用先进的计算机技术、嵌入式系统技术、网络通信技术和传感器技术等，将家中的各种设备（照明系统、环境控制系统、安防系统、智能家电等）有机地连接到一起。智能家居让用户采用更方便的手段来管理家庭设备，比如，通过无线遥控器、电话、互联网或者语音识别控制家用设备，根据场景设定设备动作，使多个设备形成联动。智能家居内的各种设备相互间可以通信，不需要用户指挥也能根据不同的状态互动运行，从而在最大程度上给用户提供高效、便利、舒适与安全的居住环境。

图1-24 智能家居

（2）智能交通

物联网时代的智能交通系统，包含了信息采集、信息发布、动态诱导、智能管理与监控等环节，通过对机动车信息和路况信息的实时感知和反馈，在GPS、RFID、GIS等技术的支持下，实现车辆和路网的"可视化"管理与监控，如图1-25所示，交通指挥中心可以实时显示交通流量、流速、占有率等实时运行数据，并自动检测出道路上的交通事故和拥堵状况，进行实时报警与疏导，智能交通系统还可以实时遥测汽车尾气等污染数据，辅助空气质量的监测等。

（3）智慧医疗

智慧医疗是在卫生信息化建设的基础上，应用物联网相关技术，通过健康和医疗相关设备与系统间的信息自动集成及智能分析与共享，建立统一便捷、互联互通、高效智能的

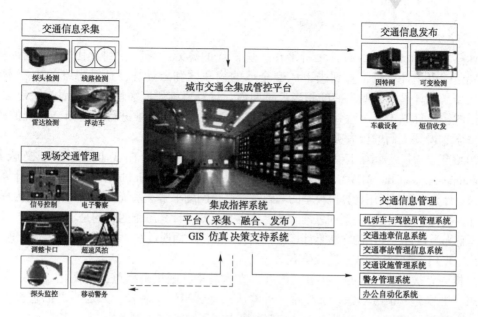

图 1-25 智能交通

预防保健、公共卫生和医疗服务的智能医疗保健环境。智能医疗系统的目标是为病人提供实时动态的健康管理服务，为医生提供实时动态的医疗服务平台，为卫生管理者提供实时的健康档案动态数据。

虚拟现实 & 增强现实

## 1.5 计算思维

达尔文曾说过："科学就是整理事实，从中发现规律，做出结论。"通常认为，科学研究的方法可分为理论、实验和计算三大类，与三大科学方法相对应的是人类认识世界和改造世界的三大科学思维，即理论思维、实验思维和计算思维。

①理论思维，又称推理思维，以推理和演绎为特征，以数学学科为代表。

②实验思维，又称实证思维，以观察和总结自然规律为特征，以物理学科为代表。

③计算思维，又称构造思维，以设计和构造为特征，以计算机学科为代表。

三大思维都是人类科学思维方式中固有的部分。其中，理论思维强调推理，实验思维强调归纳，而计算思维希望能自动求解。它们以不同的方式推动着科学发展和人类文明进步。

### 1.5.1 什么是计算思维

计算思维古已有之，而且无所不在。从古代的算筹、算盘，到近代的加法器、计算器，现代的电子计算机，直到当下风靡全球的物联网和云计算，计算思维的内容不断拓展。然而，在计算机发明之前的相当长时期内，计算思维研究缓慢，主要因为缺乏像计算机这样的快速计算工具。直到2006年，周以真教授对计算思维进行了清晰、系统的阐述，这一概念才得到人们的极大关注。

2006年3月，美国卡内基·梅隆大学周以真教授在美国计算机权威期刊（Communications of the ACM）上发表了题为"Computational Thinking"的论文，将计算思维定义为：计算思维是运用计算机科学的基础概念进行问题求解、系统设计以及人类行为理解等涵盖计算机科学之广度的一系列思维活动。从定义可知，计算思维的目的是求解问题、设计系统和理解人类行为，使用的方法是计算机科学的方法。下面通过两个实例说明什么是计算思维。

【例1.1】围棋对弈是一道数学题。

围棋一直被视为顶级的人类智力游戏。在人看来，围棋是棋道，是文化。但是在计算机看来，围棋是一道数学题。那么哪一种看法对呢？当然是后者。人之所以把它称为棋道和文化，说得不客气一点，是人太"笨"，根本算不清楚这道题。

围棋棋盘横竖各有19条线，共有361个落子点，每个落子点都有三种可能性，黑棋、白棋和空格，因此有$3^{361}$种可能性，大约是$10^{172}$。这个数到底有多大，你可能没有感觉。我们可以告诉你，宇宙中的原子总数是$10^{80}$，即使穷尽整个宇宙的物质也不能存下围棋的所有可能性。2016年，谷歌的围棋程序AlphaGo战胜围棋世界冠军李世石，是人工智能发展史上重要的里程碑，代表人工智能已经能在诸如围棋这样高度复杂的项目中发挥出超过人类的作用。而AlphaGo取胜的关键是AlphaGo团队开创性地设计出将高级搜索树与深度神经网络结合在一起的围棋算法。

【例1.2】用大数据分析大众情绪。

了解民意，即了解大众对政治事件和政策的看法，对政府来说，具有十分重要的意义。过去，这些事情都是由民调公司向民众发放问卷进行调查。但是，使用调查问卷的方法有诸多问题，第一，能够收集的样本数有限，不一定具有代表性，以至于调查结果未必可靠；第二，调查者的主观性导致问卷设计不合理，诱导被调查者按问卷设计者的意愿回答问题；第三，即便是匿名调查，出于面子或道德约束的考虑，被调查者可能会选择普遍被认为是正确的结果而非其真实的想法；第四，如果选择的样本多，实施成本很高。

那么，数据科学家是怎样通过对互联网上的数据，特别是社交网络的数据分析大众情绪的呢？简单地讲，这是一个自动分类的问题，即把人的情绪分为若干类，然后把网络数据根据内容确定为其中的一类或者几类。具体实现的方法大致有两种：有监督的机器学习和无监督的机器学习。

#### 1. 计算思维的本质

计算思维活动的基本方式是：先对社会/自然现象进行正确的抽象，表达成可以计算的对象，构造对这种对象进行计算的算法和系统，来实现对社会/自然的计算，进而通过这种计算发现社会/自然的演化规律。计算思维的本质是抽象（Abstraction）和自动化（Automation）。

抽象是认识复杂现象过程中使用的思维工具，即从众多的事物中抽取出共同的、本质性的特征，而舍弃其非本质的特征。抽象是数学的一个最基本特征，无论是数学概念，还是数学方法都是抽象的。数学抽象方法是数学研究中的一种基本方法。数学抽象的最大特点是抛开现实事物的物理、化学和生物学等特性，仅保留其量的关系和空间的形式。而计算思维中的抽象却不仅仅如此，与数学和物理科学相比，计算思维中的抽象显得更为丰富，也更为复杂。计算思维中的抽象过程包括：选择正确的抽象方法，同时处理多个层面的抽象，以及定义不同抽样层面之间的关系。此外，计算思维的抽象化不仅表现为研究对象的形式化表示，还隐含着这种表示应具备有限性、程序性和机械性，即计算思维表达结论的方式必须是一种有限的形式，而且语义必须是确定的，在理解上不会出现因人而异、因环境而异的歧义性；同时又必须是一种机械的方式，可以通过机械的步骤来实现。

自动化是将抽象、抽象层以及它们之间的关系机械化。机械化的可行性是由精确和严格的符号、模型所保证的。自动化意味着可以用一些形式的"计算机"去解释抽象化。最显而易见的一种类型的"计算机"就是"机器"，换言之，一种具备数据处理、存储和传递的物理设备。但它还可以是人或人机结合体。当我们把这种"机器"当作是人和计算机的结合体时，我们可以进一步探究当人拥有计算机时的那种合为一体的数据处理能力。例如，人类在语法分析和图像阐释方面更胜于计算机；但计算机在执行特定类型的指令方面要比人类快得多，处理的数据量也要比人类能够处理的大得多。

计算思维中的抽象与自动化可在多个层面予以体现，简单而言，可划分为以下三个层面。

机器层面——协议（抽象）与编码器/解码器/转换器等（自动化），解决机器与机器之间的交互问题，"协议"是机器之间交互约定的表达，而编解码器等则是这种表达即协议的自动实现、自动执行。

人—机层面——语言（抽象）与编码器/解码器/转换器等（自动化），解决人与机器之间的交互问题，"语言"是人与机器之间交互约定的表达，而编译器/执行器等则是该种语言的自动解释和自动执行。

业务层面——模型（抽象）与执行引擎/执行系统（自动化），解决业务系统与计算系统之间的交互问题。

最能完美阐释"计算思维的本质是抽象和自动化"的实例是二进制。计算机的内部计算都是以二进制为基础来实现的，任何信息都可以被表达成0和1。"0和1"的思维体现了"语义符号化→符号计算化→计算0（和）1化→0（和）1自动化→分层构造化→构造集成化"的思维，体现了软件与硬件之间最基本的连接纽带，体现了如何将"社会/自然"问题转变为"计算问题"，再将"计算问题"转变成"自动计算问题"的基本思维模式。所以说"二进制"是最基本的抽象与自动化机制，是最重要的一种计算思维。

**2. 计算思维的特征**

①计算思维是概念化思维，不是程序化思维。计算机科学并不仅仅是计算机编程。像计算机科学家那样去思维，意味着远不止能用计算机编程，还要求能够在抽象的多个层次上思维。

②计算思维是根本的技能，不是刻板的技能。根本技能是每一个人为了在现代社会中发挥才能所必须掌握的。刻板技能意味着机械地重复。计算思维不是简单、机械地重复；然而，具有讽刺意味的是，当计算机像人类一样思考之后，思维可就真的变成机械的了。

③计算思维属于人的思维方式，不是计算机的思维方式。计算思维是人类求解问题的一条途径，但绝非要使人类像计算机那样思考。计算机枯燥且沉闷，人类聪颖且富有想象力。计算机之所以能求解问题，是因为人将计算思维的思想赋予了计算机。例如，递归、

迭代等算法都是在计算机发明之前早已提出，人类将这些思想赋予计算机后，计算机才能计算。计算思维的过程可以由人执行，也可以由计算机执行，只不过人的计算速度远不及计算机。

④计算思维是数学思维和工程思维的互补与融合。计算机科学在本质上源自数学思维，因为像所有的科学一样，其形式化基础是构建在数学之上的。计算机科学又从本质上源自工程思维，因为人们建造的是能够与实际世界互动的系统，基本计算设备的限制迫使计算机科学家必须进行工程性思考，不能只是纯数学性思考。构建虚拟世界的自由使我们能够设计超越物理世界的各种系统。

⑤计算思维是思想，不是人造物。计算思维不是以物理形式呈现并时刻触及我们生活的软硬件等人造物，而是设计和制造软硬件中包含的思想，是计算这一概念用于求解问题、管理日常生活，以及与他人交流和互动的思想。

**3. 计算思维的基本方法**

从方法论的角度来说，计算思维的核心是计算思维方法。总的来说，计算思维方法有两大类：一类是来自数学和工程的方法，如来自数学的黎曼积分、迭代、递归，来自工程思维的大系统设计与评估的方法；另一类是计算机科学独有的方法，如操作系统中处理死锁的方法。

计算思维并不是一种新的发明，而是早已存在的思维活动，是每一个人都具有的一种技能。在日常生活中，计算思维的案例无所不在。例如，学生早晨去学校时，把当天需要的东西放进背包，这就是预置和缓存；某人弄丢钱包后，沿走过的路寻找，这就是回溯；为什么停电时电话仍然可用？这就是失败的无关性和设计的冗余性。

计算思维方法很多，下面是周以真教授具体阐述的七大类方法。

①约简、嵌入、转化和仿真等方法，把一个看似困难的问题重新阐释成一个我们知道问题怎样解决的思维方法。

②递归方法，也是一种并行方法，既能把代码译成数据又能把数据译成代码的方法、多维分析推广的类型检查方法。

③抽象和分解的方法，用来控制庞杂的任务或进行巨大复杂系统设计；基于关注点分离的方法，即将复杂问题做合理的分解，再分别仔细研究问题的不同侧面，最后综合各方面的结果，合成整体的解决方案。

④选择合适的方式去陈述一个问题，或对一个问题的相关方面建模，使其易于处理的思维方法。

⑤按照预防、保护及通过冗余、容错、纠错的方式，并从最坏情况进行系统恢复的一种思维方法。

⑥利用启发式推理寻求解答，也即在不确定情况下的规划、学习和调度的思维方法。

⑦利用海量数据来加快计算，在时间和空间之间、在处理能力和存储容量之间进行折中的思维方法。

## 1.5.2 计算思维的应用

将计算思维运用到计算机科学领域是近十年来提出的一种新的学术思想，已引起国际国内学术界的广泛重视。在计算机时代，计算思维如同所有人都具备"读、写、算"能力一样，成为现代人类必须具备的一种基本素质。

计算思维已经不局限于计算机领域，计算思维所提出的新思想、新方法对各个不同学科研究领域产生着深远的影响，将会促进自然科学、工程技术和社会经济等研究领域产生革命性的变化。

目前在数学领域，研究人员大量利用计算机进行数学建模，对人工几乎无法完成的数学问题进行运算或方程求解。可以说没有计算机作为科学计算的物质基础，许多数学问题是很难实现求解的。

在物理学领域，物理学家和工程师们仿照经典计算机处理信息的原理，研究远比电子计算机更具有超凡能力的量子计算机。量子计算正在改变着物理学家的思维方式。量子计算机的研究已取得很大进展，随着物理学与计算机科学的融合发展，未来量子计算机有可能走入人们的生活。

在化学领域，研究人员利用数值计算方法，对化学各分支学科的数学模型进行数值计算或方程求解，对化学反应的现象进行模拟，对化合物质进行分类识别，用优化和搜索算法寻找优化化学反应的条件和提高产量的物质等。

在生物学领域，生物的大数据给计算机科学带来了巨大的挑战和机遇，如何处理、存储、检索和查询这些海量的数据并非易事。更为重要的是，如何从各类数据中发现复杂的生物规律和机制，进而建立有效的计算模型就更加困难了。利用计算模型进行快速模拟和预测，指导生物学实验，进行遗传基因研究、辅助药物设计等，可以说是计算生物学中最富有挑战性并最具有影响力的任务。计算生物学正在改变着生物学家的思维方式。

在农业科学领域，研究人员同样是利用计算机进行海量数据的分析，建立模型进行快速模拟和预测，指导基础性实验，在动植物育种、环境保护等多个领域获得了具有前瞻性的研究成果，计算思维正在改变着传统农学家们的思维方式。

此外，在工程学中，研究人员大量使用计算机进行辅助设计与制造如电子电路设计、建筑模型设计、机械加工过程仿真等大大减少了生产周期；在经济学中，研究人员将计算机学科、数学学科与经济学科的方法与手段相结合，利用计算机进行金融分析、股票趋势分析、市场前景预测等；在社会学中，研究人员运用计算机进行各项数据的编码、分类、抽样分析，确立统计分析模型；在法学中，研究人员使用建模、模拟等计算方法来分析法律关系，让法律信息从传统分析转为实时应答的信息化、智能化体系，旨在发现法律系统的运行规律。

随着互联网的发展，计算技术也在深刻改变着人类的行为。例如，Web 网站、搜索引擎、论坛、博客、微博、微信等为人类带来了新的信息传播方式和渠道，Web 已经成为一个大的实验室，从中我们可以利用计算思维和计算方法去发现人们新的社会行为。企业家可以从 Web 的电子商务平台上收集数据，运用数据挖掘方法分析消费者的行为和购买倾向；政治家也可以从 Web 上收集各种信息，应用复杂的数据分析方法发现社会舆情热点，了解公众对政策的反应。

总之，随着计算技术在各行各业的渗透，计算思维也正发挥着越来越重要的作用。

第 1 章习题

# 第 2 章
## 计算机硬件基础

    计算机系统包括硬件和软件两个部分，硬件涉及运算器、控制器、存储器、输入设备、输出设备等 5 个部分。在计算机内部采用二进制来表示指令和数据。二进制编码就是采用某种约定方法，将文字、数字或其他对象转换成二进制数码（只有 0 和 1 两种状态）。计算机在运行时，先从内存中取出指令，通过控制器的译码，按指令的要求，从存储器中取出数据进行指定的运算和逻辑操作等加工，然后再按地址把结果送到内存中去。中央处理单元（CPU）一步一步地取出指令，自动地完成指令规定的操作。计算机在我国的起步较晚，对于很多的硬件和软件，我国还处于追赶阶段，希望国之重任能够落在年轻一代身上，希望广大学子能够爱国、爱社会主义，为祖国的发展而发奋求学，刻苦钻研，献身科学。

## 2.1 数制与数制之间的转换

自然界的信息是丰富多彩的，有数值、文本、声音、图形图像、视频等，但是目前的计算机主要是冯·诺依曼体系结构的计算机，只能处理二进制数据，因此必须将各种各样的信息转换为计算机能够识别的数据，即对信息进行编码，计算机才能对信息进行管理。

### 2.1.1 数制的概念

数制也称进位计数制，是用一组固定的符号和统一的规则来表示数值的方法。它是一种计数的方法，在日常生活中，人们使用各种进位计数制，如六十进制（1小时=60分，1分=60秒）、十二进制（1英尺=12英寸，1年=12月）等。但人们最熟悉和最常用的是十进制计数。无论哪种数制，都包括数码、基数和位权三个基本要素。

数码：是数制中表示基本数值大小的不同数字符号。例如，十进制有10个数码0、1、2、3、4、5、6、7、8、9；二进制则有2个数码0和1。

基数：指计数制中所用到的数字符号的个数。在基数为$R$的计数制中，包含0、1、…、$R-1$共$R$个数字符号，进位规律是"逢$R$进一"，称之为$R$进位计数制，简称$R$进制。例如，二进制的基数为2；十进制的基数为10。

位权：是指在某一种进位计数制表示的数中，用来表明不同数位上数值大小的一个固定常数。不同数位有不同的位权，某一个数位的数值等于这一位的数字符号乘上与该位对应的位权。$R$进制数的位权是$R$的整数次幂。例如，十进制数的位权是10的整数次幂，其个位的位权是$10^0$，十位的位权是$10^1$……。例如，十进制的321，3的位权是100，2的位权是10，1的位权是1。

任何一个进位计数制表示的数都可以写成按位权展开的多项式之和。例如，十进制的2014可以展开为：$2\times10^3+0\times10^2+1\times10^1+4\times10^0$。

### 2.1.2 常用的数制

基数$R=10$的进位计数制称为十进制（Decimal Notation）。它用十个数字符号0~9表示数值，进位规律是"逢十进一"。其是日常生活中我们最熟悉和使用的进制。

基数$R=2$的进位计数制称为二进制（Binary Notation）。二进制数中只有0和1两个基本数字符号，进位规律是"逢二进一"。二进制数的位权是2的整数次幂。二进制的优点：运算简单、物理实现容易、存储和传送方便、可靠。

因为二进制中只有0和1两个数字符号，可以用电子器件的两种不同状态来表示一位二进制数。例如，可以用晶体管的截止和导通表示1和0，或者用电平的高和低表示1和0等。所以，在数字系统中普遍采用二进制。

二进制的缺点：数的位数太长且字符单调，使得书写、记忆和阅读不方便。为了克服二进制的缺点，人们在进行指令书写、程序输入和输出等工作时，通常采用八进制数和十六进制数作为二进制数的缩写。

基数$R=8$的进位计数制称为八进制（Octal Notation）。八进制有0、1、…、7共8个基本数字符号，进位规律是"逢八进一"。八进制数的位权是 8 的整数次幂。

基数 $R=16$ 的进位计数制称为十六进制（Hexdecimal Notation）。十六进制数中有 0、1、…、9、A、B、C、D、E、F 共 16 个数字符号，其中，A~F 分别表示十进制数的 10~15。进位规律为"逢十六进一"，十六进制数的位权是 16 的整数次幂。

为了区分不同的数制表示的数，一般采用两种书写方式表示。一种是将数用圆括号括起来，再在括号的右下角注明进制数；另一种是在数的后面加上后缀字符，十进制、二进制、八进制、十六进制分别用 D、B、O、H 做后缀，其中十进制的后缀 D 可以省略不写。

例如：十进制的 321 可以书写为 $(321)_{10}$、321D 或 321 表示，二进制的 1011011 可以用 $(1011011)_2$ 或 1011011B 来表示。对于十六进制数中由 A~F 开头的数应在 A~F 前加一个 0，例如 0EBH、$(0C8A7)_{16}$。

计算机中通常采用的数制有十进制、二进制、八进制和十六进制。表 2-1 所示为 0~16 这组数的十进制、二进制、八进制和十六进制之间的对应关系。

表 2-1　十进制、二进制、八进制和十六进制之间的对应关系

| 十进制数 | 二进制数 | 八进制数 | 十六进制数 |
| --- | --- | --- | --- |
| 0 | 0 | 0 | 0 |
| 1 | 1 | 1 | 1 |
| 2 | 10 | 2 | 2 |
| 3 | 11 | 3 | 3 |
| 4 | 100 | 4 | 4 |
| 5 | 101 | 5 | 5 |
| 6 | 110 | 6 | 6 |
| 7 | 111 | 7 | 7 |
| 8 | 1000 | 10 | 8 |
| 9 | 1001 | 11 | 9 |
| 10 | 1010 | 12 | A |
| 11 | 1011 | 13 | B |
| 12 | 1100 | 14 | C |
| 13 | 1101 | 15 | D |
| 14 | 1110 | 16 | E |
| 15 | 1111 | 17 | F |
| 16 | 10000 | 20 | 10 |

### 2.1.3　各种数制的转换

各种数制之间的数据可以互相转换，下面我们来看看它们是怎么转换的。

**1. 其他进制转换为十进制**

这种转换是简单而迅速的，具体方法是：将其他进制的数按位权展开，然后各项相

加，就得到等价的十进制数。例如，将二进制的 10110.101B 转换为十进制数的过程如下：

$$10110.101B = 1×2^4+0×2^3+1×2^2+1×2^1+0×2^0+1×2^{-1}+0×2^{-2}+1×2^{-3} = 16+4+2+0.5+0.125 = 22.625$$

又如，将十六进制的 0EBH 转换为十进制数的过程如下：

$$0EBH = 14×16^1+11×16^0 = 224+11 = 235$$

**2. 将十进制转换成其他进制**

将十进制的数转换为其他进制需要两个过程，一个是用于整数部分，另一个是用于小数部分。

对于整数部分，采用基数除法。把要转换的数除以新的进制的基数，把余数作为新进制的最低位；把上一次得的商再除以新的进制基数，把余数作为新进制的次低位；继续上一步，直到最后的商为零，这时的余数序列就是新进制的最高位。

对于小数部分，采用基数乘法。把要转换数的小数部分乘以新进制的基数，把得到的整数部分作为新进制小数部分的最高位；把上一步得的小数部分再乘以新进制的基数，把整数部分作为新进制小数部分的次高位；继续上一步，直到小数部分变成零为止。或者达到预定的要求也可以。

例如：将十进制的 105.375 转换为二进制的过程如下：

```
整数部分：                    小数部分：
2 | 105    1    ↑             0.375×2=0.75    0    ↓
2 | 52     0                  0.75×2=1.5      1
2 | 26     0                  0.5×2=1.0       1    ↓
2 | 13     1
2 | 6      0
2 | 3      1
    1      1
```

因此，105.375D = 1101001.011B。

又如：将十进制的 212.58 转换为十六进制（保留 2 位小数）的过程如下：

```
整数部分：                    小数部分：
16 | 212   4    ↑             0.58×16=9.28    9    ↓
16 | 13    13                 0.28×16=4.48    4    ↓
     0                        0.48×16=7.68    7    ↓
```

因此，212.58D = 0D4.94H。

**3. 二进制与八进制、十六进制的相互转换**

二进制转换为八进制、十六进制可以非常轻松而且简单，反之亦然。这是因为在这两种进制之间存在 $8=2^3$ 和 $16=2^4$ 的关系，即二进制的 3 位恰好是八进制中的 1 位，而二进制的 4 位恰好是十六进制中的 1 位。因此把要转换的二进制从小数点向两边每 3 位或 4 位一组，位不足时添"0"，然后把每组二进制数转换成八进制或十六进制即可；八进制、十六进制转换为二进制时，把上面的过程逆过来即可。

例如：把二进制的 10111011011.11011B 转换为八进制和十六进制的过程如下：

10111011011.11011B = 010　111　011　011.110　110B = 2733.66O

10111011011.11011B = 0101　1101　1011.1101　1000B = 5DB.D8H

又如：把十六进制的 0C1BH 和八进制的 235O 分别转换为二进制的过程如下：

$$0C1BH = 1100 \quad 0001 \quad 1011 = 110000011011B$$
$$235O = 010 \quad 011 \quad 101 = 10011101B$$

## 2.2 信息表示与编码

在计算机中，各种信息都是以二进制编码的形式存在的；也就是说，不管是文字、图形、声音、动画，还是电影等各种信息，在计算机中都是以 0 和 1 组成的二进制代码表示的；计算机之所以能区别这些信息的不同，是因为它们采用的编码规则不同。比如：同样是文字，英文字母与汉字的编码规则就不同，英文字母用的是单字节的 ASCII 码（ASCII 是 American Standard Code for Information Interchange 的缩写，美国标准信息交换码），汉字采用的是双字节的汉字内码；但随着需求的变化，这两种编码有被统一的 Unicode 码（由 Unicode 协会开发的能表示几乎世界上所有书写语言的字符编码标准）所取代的趋势；当然图形、声音等的编码就更复杂多样了。

这也就告诉我们，信息在计算机中的二进制编码是一个不断发展的、高深的、跨学科的知识领域。非数值数据，又称为字符数据，通常是指字符、字符串、图形符号和汉字等各种数据，它们不用来表示数值的大小，一般情况下不对它们进行算术运算。

**1. 字符编码**

（1）ASCII 码

一种使用 7 个或 8 个二进制位进行编码的方案，最多可以给出 256 个字符。ASCII 码于 1968 年提出，用于在不同计算机硬件和软件系统中实现数据传输标准化，在大多数的小型机和全部的个人计算机都使用此码。ASCII 码划分为两个集合：128 个字符的标准 ASCII 码和附加的 128 个字符的扩充 ASCII 码。目前使用最广泛的西文字符集及其编码是 ASCII 字符集和 ASCII 码，它同时也被国际标准化组织（International Organization for Standardization, ISO）批准为国际标准。基本的 ASCII 字符集共有 128 个字符，其中有 96 个可打印字符，包括常用的字母、数字、标点符号等，另外还有 32 个控制字符。标准 ASCII 码使用 7 个二进制位对字符进行编码。表 2-2 展示了基本 ASCII 字符集及其编码。

字母和数字的 ASCII 码的记忆是非常简单的。我们只要记住了一个字母或数字的 ASCII 码，例如记住 A 的 ASCII 码为 65，a 的 ASCII 码为 97，0 的 ASCII 码为 48，如图 2-1（a）、（b）、（c）所示，而且也知道相应的大小写字母之间差 32，就可以推算出其余字母、数字的 ASCII 码。虽然标准 ASCII 码是 7 位编码，但由于计算机基本处理单位为字节（1 B = 1 bit），所以一般仍以一个字节来存放一个 ASCII 字符。

表 2-2　基本 ASCII 字符集及其编码

| 十进制 | 字符 | 十进制 | 字符 | 十进制 | 字符 | 十进制 | 字符 |
| --- | --- | --- | --- | --- | --- | --- | --- |
| 0 | nul | 32 | sp | 64 | @ | 96 | ´ |
| 1 | soh | 33 | ! | 65 | A | 97 | a |
| 2 | stx | 34 | " | 66 | B | 98 | b |

| 十进制 | 字符 | 十进制 | 字符 | 十进制 | 字符 | 十进制 | 字符 |
| --- | --- | --- | --- | --- | --- | --- | --- |
| 3 | etx | 35 | # | 67 | C | 99 | c |
| 4 | eot | 36 | $ | 68 | D | 100 | d |
| 5 | enq | 37 | % | 69 | E | 101 | e |
| 6 | ack | 38 | & | 70 | F | 102 | f |
| 7 | bel | 39 | ` | 71 | G | 103 | g |
| 8 | bs | 40 | ( | 72 | H | 104 | h |
| 9 | ht | 41 | ) | 73 | I | 105 | i |
| 10 | nl | 42 | * | 74 | J | 106 | j |
| 11 | vt | 43 | + | 75 | K | 107 | k |
| 12 | ff | 44 | , | 76 | L | 108 | l |
| 13 | er | 45 | - | 77 | M | 109 | m |
| 14 | so | 46 | . | 78 | N | 110 | n |
| 15 | si | 47 | / | 79 | O | 111 | o |
| 16 | dle | 48 | 0 | 80 | P | 112 | p |
| 17 | dc1 | 49 | 1 | 81 | Q | 113 | q |
| 18 | dc2 | 50 | 2 | 82 | R | 114 | r |
| 19 | dc3 | 51 | 3 | 83 | S | 115 | s |
| 20 | dc4 | 52 | 4 | 84 | T | 116 | t |
| 21 | nak | 53 | 5 | 85 | U | 117 | u |
| 22 | syn | 54 | 6 | 86 | V | 118 | v |
| 23 | etb | 55 | 7 | 87 | W | 119 | w |
| 24 | can | 56 | 8 | 88 | X | 120 | x |
| 25 | em | 57 | 9 | 89 | Y | 121 | y |
| 26 | sub | 58 | : | 90 | Z | 122 | z |
| 27 | esc | 59 | ; | 91 | [ | 123 | { |
| 28 | fs | 60 | < | 92 | \ | 124 | \| |
| 29 | gs | 61 | = | 93 | ] | 125 | } |
| 30 | re | 62 | > | 94 | ^ | 126 | ~ |
| 31 | us | 63 | ? | 95 | _ | 127 | del |

（a）　　　　　　　　　　（b）　　　　　　　　　　（c）

图 2-1　ASCII 码值

（a）字符"A"的 ASCII 码值；（b）字符"a"的 ASCII 码值；（c）字符"0"的 ASCII 码值

（2）Unicode 编码

世界上存在着多种编码方式，同一个二进制数字可以被解释成不同的符号。因此，要想打开一个文本文件，不但要知道它的编码方式，还要安装有对应编码表，否则就可能无法读取或出现乱码。如果有一种编码，将世界上所有的符号都纳入其中，无论是英文、日文、还是中文等，大家都使用这个编码表，就不会出现编码不匹配现象了。每个符号对应一个唯一的编码，乱码问题就不存在了。这就是 Unicode 编码。

Unicode 码是扩展自 ASCII 字元集。在严格的 ASCII 码中，每个字元用 7 位元表示，或者计算机上普遍使用的每字元有 8 位元宽；而 Unicode 使用全 16 位元字元集。这使得 Unicode 能够表示世界上所有的书写语言中可能用于计算机通信的字元、象形文字和其他符号。Unicode 码最初打算作为 ASCII 码的补充，可能的话，最终将代替它。考虑到 ASCII 码是计算机中最具支配地位的标准，所以这的确是一个很高的目标。Unicode 码影响到了计算机工业的每个部分，且最终将对操作系统和程序设计语言的影响最大。

Unicode 码也是一种国际标准编码，采用两个字节编码，与 ANSI 码不兼容。目前，在网络、Windows 系统和很多大型软件中得到应用。Unicode 码是一个很大的集合，现在可以容纳 100 多万个符号。每个符号的编码都不一样，在表示一个 Unicode 码的字符时，通常会用 "U+" 然后紧接着一组十六进制的数字来表示这一个字符。比如，U+0041 表示英语的大写字母 A，如图 2-2（a）所示，"汉" 这个字的 Unicode 编码是 U+6C49，如图 2-2（b）所示。

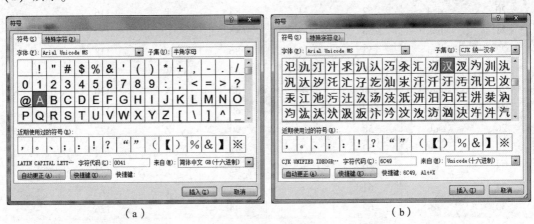

（a） （b）

图 2-2 Unicode 码值

（a）字符 "A" 的 Unicode 码值；（b）字符 "汉" 的 Unicode 码值

（3）UTF-8 编码

UTF-8 是 Unicode 的一种变长字符编码，又称万国码，由 Ken Thompson 于 1992 年创建。现在已经标准化为 RFC 3629。UTF-8 用 1~6 个字节编码 Unicode 字符。用在网页上可以同一页面显示中文简体、繁体及其他语言（如日文、韩文）。

Unicode 虽然统一了编码方式，但是它的效率不高，比如 UCS-4（Unicode 的标准之一）规定用 4 个字节存储一个符号，那么每个英文字母前都必然有三个字节是 0，这对存储和传输来说都很耗资源。为了提高 Unicode 的编码效率，于是就出现了 UTF-8 编码。UTF-8 可以根据不同的符号自动选择编码的长短。比如英文字母可以只用 1 个字节就够了，而汉字则需要 3 个字节。UTF-8 编码是这样得出来的，以"汉"这个字为例："汉"字的 Unicode 编码是 U+00006C49，然后把 U+00006C49 通过 UTF-8 编码器进行编码，最后输出的 UTF-8 编码是 E6B189。

（4）ISO 8859-1 编码

ISO 8859 不是一个标准，而是一系列的标准，这套字符集与编码系统的共同特点是，以同样的码位对应不同字符集。其基本内容与 ASCII 码相容，所以所有的低位皆不使用；高位中的前 32 个码位（0x80~0x9F 或 128~159），保留给扩充定义的 32 个控制码，称为 C1 控制码（0~31 称为 C0 控制码）；高位中第 33 个码位（0xA0 或 160），也就是对应 ASCII 码中 SP（空格）的码位，总是代表 Non-breakable space，也就是不准许折行的空格；每个字符集定义至多 95 个字符，其码位都在 0xA1~0xFF 或 161~255；每个字符集收录欧洲某地区的共同常用字符。

ISO/IEC 8859-1，又称 Latin-1 或"西欧语言"，是国际标准化组织内 ISO/IEC 8859 的第一个 8 位字符集。它以 ASCII 码为基础，在空置的 0xA0~0xFF 范围内，加入 96 个字母及符号，藉以供使用变音符号的拉丁字母语言使用。此字符集支援部分欧洲国家使用的语言，包括阿尔巴尼亚语、巴斯克语、布列塔尼语、加泰罗尼亚语、丹麦语、荷兰语、法罗语、弗里西语、加利西亚语、德语、格陵兰语、冰岛语、爱尔兰盖尔语、意大利语、拉丁语、卢森堡语、挪威语、葡萄牙语、里托罗曼斯语、苏格兰盖尔语、西班牙语及瑞典语。英语虽然没有重音字母，但仍会标明为 ISO 8859-1 编码。除此之外，欧洲以外的部分语言，如南非荷兰语、斯瓦希里语、印尼语及马来语、菲律宾他加禄语等也可使用 ISO 8859-1 编码。

**2. 汉字编码**

汉字也是字符，相对于英文字符，汉字有数量大、字形复杂等特点。为了解决汉字在计算机内部进行存储、处理、输入、输出等问题，必须对汉字进行编码。汉字编码有很多种，主要有四类，即汉字输入码、汉字交换码、汉字内部码和汉字字形码，如图 2-3 所示。

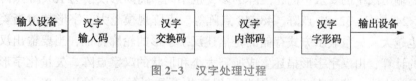

图 2-3　汉字处理过程

（1）汉字输入码

汉字输入码是指将汉字通过键盘输入计算机所采用的代码，也称为外码。目前汉字输入码方案非常多，一般可归结为下列几种类型。

①汉字拼音编码。

以汉语拼音为基础的汉字输入编码，在汉语拼音键或经过处理的西文键盘上，根据汉字读音直接键入拼音。

②汉字字形编码。

所有的汉字都由横、竖、撇、点、折、弯有限的几种笔画构成，并且又可分为"左右""上下""包围""单体"有限的几种构架，每种笔画都赋予一个编码并规定选取字形构架的顺序，不同的汉字因为组成的笔画和字形构架不同，就能获得一组不同的编码来表达一个特定的汉字，广泛使用的"五笔字形"就属于这种。

③汉字直接数字编码。

利用一串数字表示一个汉字，电报码就属于这种。

④整字编码。

设置汉字整字大键盘，每个汉字占一个键，类似中文打印机，操作人员选取汉字，机器根据所选汉字在盘面上的位置将其对应编码送入计算机。

（2）汉字交换码

汉字交换码是指不同的具有汉字处理功能的计算机系统之间在交换汉字信息时所使用的代码标准。自国家标准 GB 2312—1980 公布以来，我国一直沿用该标准所规定的国标码作为统一的汉字信息交换码。GB 2312—1980 编码用两个 7 位二进制数表示一个汉字，所以理论上最多可以表示 128×128 = 16 384 个汉字。实际编码包括了 6 763 个汉字，按其使用频度分为一级汉字 3 755 个和二级汉字 3 008 个。一级汉字按拼音排序，二级汉字按部首排序。此外，该标准还包括标点符号、多种西文字母、图形、数码等符号 682 个。

（3）汉字内部码

汉字内部码又称汉字机内码或汉字内码，是计算机内部汉字的存储、加工处理和传输使用的统一代码。计算机接收到外码后，要转换成内码进行处理和传送。1 个汉字的内码用两个字节表示，为了和西文符号区别，在两个字节的最高位分别置"1"。内码通常用汉字在字库中的物理位置来表示，即内码是汉字在字库中的序号或存储位置。各个计算机可以不同，一般采用将 GB 2312—1980 的双 7 位编码扩展为两个字节，即双 8 位二进制数表示一个汉字，将最高位设为"1"，以区分 ASCII 码。

（4）汉字字形码

汉字字形码又称字模，用于汉字在显示屏或打印机输出。汉字字形码通常有两种表示方式：点阵和矢量表示方法。用点阵表示字形时，汉字字形码指的是这个汉字字形点阵的代码。根据输出汉字的要求不同，点阵的多少也不同。简易形汉字为 16×16 点阵，提高形汉字为 24×24 点阵、32×32 点阵、48×48 点阵等。点阵规模越大，字形越清晰美观，所占存储空间也越大。矢量表示方式存储的是描述汉字字形的轮廓特征，当要输出汉字时，通过计算机的计算，由汉字字形描述生成所需大小和形状的汉字点阵。矢量化字形描述与最终文字显示的大小、分辨率无关，因此可以产生高质量的汉字输出。Windows 中使用的 TrueType 技术就是汉字的矢量表示方式。

## 2.3　计算机硬件系统

### 2.3.1　冯·诺伊曼体系结构

20 世纪 30 年代中期，美国科学家冯·诺依曼大胆地提出：抛弃十进制，采用二进制作为数字计算机的数制基础。同时，他还说预先编制计算程序，然后由计算机来按照人们事前制定的计算顺序来执行数值计算工作。冯·诺依曼结构也称普林斯顿结构，是一种将程序指令存储器和数据存储器合并在一起的存储器结构。程序指令存储地址和数据存储地址指向同一个存储器的不同物理位置，因此程序指令和数据的宽度相同，如英特尔公司的8086中央处理器的程序指令和数据都是16位宽。人们把利用这种概念和原理设计的电子计算机系统统称为冯·诺曼型结构计算机。冯·诺曼结构的处理器使用同一个存储器，经由同一个总线传输。

冯·诺依曼设计思想可以简要地概括为以下三点：

①计算机应包括运算器、存储器、控制器、输入设备和输出设备五大基本部件。

②计算机内部应采用二进制来表示指令和数据。每条指令一般具有一个操作码和一个地址码。其中操作码表示运算性质，地址码指出操作数在存储器中的地址。

③将编写好的程序送入内存储器中，按顺序存取，计算机无须操作人员干预，自动逐条取出指令和执行指令。

冯·诺依曼结构计算机由五大部分构成，如图2-4所示。

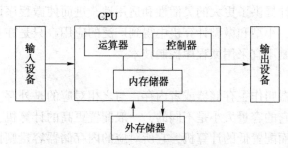

图2-4 冯·诺依曼结构计算机

## 1. 运算器

运算器是计算机中执行各种算术和逻辑运算操作的部件。运算器由算术逻辑单元（ALU）、累加器、状态寄存器、通用寄存器组等组成。算术逻辑运算单元的基本功能为加、减、乘、除四则运算，与、或、非、异或等逻辑操作，以及移位、求补等操作。计算机运行时，运算器的操作和操作种类由控制器决定。运算器处理的数据来自存储器；处理后的结果数据通常送回存储器，或暂时寄存在运算器中。运算器与控制单元共同组成了CPU的核心部分。运算器结构如图2-5所示。

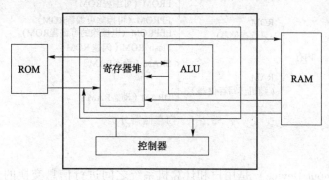

图2-5 运算器结构图

## 2. 控制器

控制器是整个计算机系统的控制中心，它指挥计算机各部分协调地工作，保证计算机按照预先规定的目标和步骤有条不紊地进行操作及处理。控制器从存储器中逐条取出指令，分析每条指令规定的是什么操作以及所需数据的存放位置等，然后根据分析的结果向计算机其他部分发出控制信号，然后根据指令要求完成相应操作，产生一系列控制命令，使计算机各部分自动、连续并协调动作，成为一个有机的整体，实现程序的输入、数据的输入以及运算并输出结果。因此，计算机自动工作的过程，实际上是自动执行程序的过程，而程序中的每条指令都是由控制器来分析执行的，它是计算机实现"程序控制"的主要部件。

控制器的实现方法有两种，即组合逻辑方法和微程序控制方法。组合逻辑方法的特点是以集成电路来产生指令执行的微操作信号。具有程序执行速度快，控制单元体积小等优点。近年来随着集成电路技术的迅速发展，组合逻辑方法得到了广泛的应用。微程序控制方法相对于组合逻辑方法来说设计过程比较复杂，但并不像设计组合逻辑控制电路那么烦琐、不规则，而是有一定规律可循，修改起来也方便。尤其是可编程只读存储器的应用，为微程序控制器的设计提供了更大的灵活性和适用性，进而使微程序设计技术的应用越来越广泛。目前已在中、小型和微型计算机中得到广泛的应用，只是在一些巨型、大型计算机中，由于速度的限制不宜采用微程序控制技术。

**3. 存储器**

人们经常把存储器叫作主存储器或者内存，与之相对应的是外存。内存在一台计算机中的地位十分重要，它的容量大小是不同的，一般配置更高的计算机，它所对应的内存储器容量是比较大的，而配置低的计算机，它所对应的内存储器容量则比较小。计算计的内存储器容量直接影响着它的运行速度、性能。

内存是计算机记忆或暂存数据的部件。计算机中的全部信息，包括原始的输入数据，经过初步加工的中间数据以及最后处理完成的有用信息都存放在内存中。另外，当用户想执行保存在外存上的某个程序时，需要先将程序调入内存中才能被 CPU 执行。

内存一般由半导体材料构成，其最突出的特点是可直接与 CPU 交换数据，存取速度较快，但是容量小、价格贵。内存可分为只读存储器 ROM 和随机读写存储器 RAM，如图2-6 所示。一般情况下，内存都是指由 RAM 芯片构成的存储器。

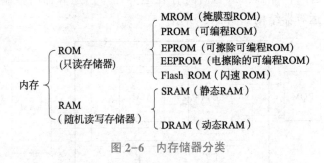

图 2-6　内存储器分类

**4. 输入设备**

输入设备（Input Device）是用户和计算机系统之间进行信息交换的介质之一。键盘、鼠标、摄像头、扫描仪、光笔、手写输入板、游戏杆、语音输入装置等都属于输入设备。输入设备是人或外界与计算机进行交互的一种装置，用于把原始数据和处理这些数的程序输入计算机中。计算机能够接收各种各样的数据，既可以是数值型的数据，也可以是各种非数值型的数据，如图形、图像、声音等都可以通过不同类型的输入设备输入计算机中，进行存储、处理和输出。

**5. 输出设备**

输出设备（Output Device）是计算机硬件系统的终端设备，用于接收计算机数据的输出显示、打印、声音、控制外围设备操作等。输出设备把各种计算结果数据或信息以数字、字符、图像、声音等形式表现出来。常见的输出设备有显示器、打印机、绘图仪、影像输出系统、语音输出系统、磁记录设备等。

### 2.3.2 计算机的工作过程

冯·诺依曼提出了存储程序原理，奠定了计算机的基本结构和工作原理的技术基础。存储程序原理的主要思想是：将程序和数据存放到计算机内部的存储器中，计算机在程序的控制下一步一步进行处理，直到得出结果。

计算机的工作过程实际上就是快速地执行指令的过程。指令执行是由计算机硬件来实现的，指令执行时，必须先装入计算机内存；CPU 负责从内存中逐条取出指令，并对指令分析译码，判断该条指令要完成的操作；向各部件发出完成操作的控制信号，从而完成一条指令的执行。当执行完一条指令后再处理下一条指令，CPU 就是这样周而复始地工作，直到程序的完成。

在计算机执行指令的过程中有两种信息在流动：数据流和控制流。数据流是指原始数据、中间结果、结果数据和源程序等，这些信息从存储器读入运算器进行运算，所得的计算结果再存入存储器或传送到输出设备。控制流是由控制器对指令进行分析、解释后向各部件发出的控制命令，指挥各部件协调地工作。

## 2.4 计算机硬件概述

### 2.4.1 计算机的主要性能指标

计算机功能的强弱或性能的好坏，不是由某项指标决定的，而是由它的系统结构、指令系统、硬件组成、软件配置等多方面的因素综合决定的。对于大多数普通用户来说，可以从以下几个指标来大体评价计算机的性能。

**1. 运算速度**

运算速度是衡量计算机性能的一项重要指标。通常所说的计算机运算速度（平均运算速度），是单字长定点指令平均执行速度 MIPS（Million Instructions Per Second）的缩写，是每秒处理的百万级的机器语言指令数。这是衡量 CPU 速度的一个指标。如果一个 Intel 80386 计算机可以每秒处理 3 百万到 5 百万机器语言指令，那么我们可以说 80386 是 3～5 MIPS 的 CPU。MIPS 只是衡量 CPU 性能的指标。它是指每秒钟所能执行的指令条数，一般用"百万条指令/秒"来描述。

**2. 频率**

CPU 的频率包括主频和外频。CPU 的主频，即 CPU 内核工作的时钟频率（CPU Clock

Speed）。通常所说的某 CPU 是多少兆赫的，而这个多少兆赫就是 CPU 的主频。很多人认为 CPU 的主频就是其运行速度，其实不然。CPU 的主频表示在 CPU 内数字脉冲信号振荡的速度，与 CPU 实际的运算能力并没有直接关系。CPU 的主频不代表 CPU 的速度，但提高主频对于提高 CPU 运算速度却是至关重要的。由于主频并不直接代表运算速度，所以在一定情况下，很可能会出现主频较高的 CPU 实际运算速度较低的现象。

外频也叫 CPU 前端总线频率或基频，计量单位为 "MHz"。CPU 的主频与外频有一定的比例（倍频）关系，由于内存和设置在主板上的 L2 Cache 的工作频率与 CPU 外频同步，所以使用外频高的 CPU 组装计算机，其整体性能比使用相同主频但外频低一级的 CPU 要高。

倍频系数是 CPU 主频和外频之间的比例关系，一般为：主频＝外频×倍频。Intel 公司所有 CPU（少数测试产品例外）的倍频通常已被锁定（锁频），用户无法用调整倍频的方法来调整 CPU 的主频，但仍然可以通过调整外频来设置不同的主频。AMD 和其他公司的 CPU 一般未锁频。

### 3. 核数

核数是一块 CPU 上能处理数据的芯片组的数量，单核就是只有一个处理数据的芯片，双核则有两个。比如 I5 2250 是四核心四线程的 CPU，而现在的 I7 8700 则是六核心十二线程的 CPU。核心数越多数据处理能力越强大，如双内核，表示有两个物理上的运算核心，使得运算能力增强。一般一个核心对应一个线程，但通过超线程技术（Hyper-Threading，HT 技术），可以使用 CPU 闲置的资源整合出虚拟线程，就计算性能来说，不如物理核心的实际线程好，但可以在一定程度上提升处理器并行处理的能力。超线程技术的作用，就如同一个能用双手同时炒菜的厨师，但也只能依次把一碟碟菜放到桌面，而双核心处理器好比两个厨师炒两个菜，并同时把两个菜送到桌面。因此，同等条件下，如一个双核一个四核，线程数、缓存、主频等参数都是一样的情况下，肯定是四核性能会好过双核很多，而在功耗和发热量方面则双核心处理器占优。

### 4. 字长

在同一时间处理二进制数的位数叫字长。通常称处理字长为 8 位数据的 CPU 叫 8 位 CPU，32 位 CPU 就是在同一时间内处理字长为 32 位的二进制数据。二进制的每一个 0 或 1 是组成二进制的最小单位，称为位（bit）。一般说来，计算机在同一时间内处理的一组二进制数称为一个计算机的 "字"，而这组二进制数的位数就是 "字长"。字长与计算机的功能和用途有很大的关系，是计算机的一个重要技术指标。字长直接反映了一台计算机的计算精度，同时，字长越大的计算机处理数据的速度也越快。早期的 CPU 字长一般是 8 位和 16 位，386 以及更高的处理器大多是 32 位。现在计算机的处理器字长均为 64 位。

### 5. 内存容量

内存储器，也简称主存。内存是计算机中重要的部件之一，它是与 CPU 进行沟通的桥梁。其作用是用于暂时存放 CPU 中的运算数据，以及与硬盘等外部存储器交换的数据。计算机中所有程序的运行都是在内存中进行的，因此内存的性能对计算机的影响非常大。只要计算机在运行中，CPU 就会把需要运算的数据调到内存中进行运算，当运算完成后 CPU 再将结果传送出来，内存的运行也决定了计算机的稳定运行。内存是由内存芯片、电路板、金手指等部分组成的。内存储器容量的大小反映了计算机即时存储信息的能力。随着操作系统的升级、应用软件的不断丰富及其功能的不断扩展，人们对计算机内存容量的需求也不断提高。

**6. 外存储器的容量**

外存储器容量通常是指硬盘容量（包括内置硬盘和移动硬盘）。外存储器容量越大，可存储的信息就越多，可安装的应用软件就越丰富。目前，硬盘容量已经可以轻松超过1 TB。信息存储容量的基本单位是 Byte（字节），但该单位太小，使用不方便，因此还有 KB（千字节）、MB（兆字节）、GB（吉字节）、TB（太字节），它们之间的换算关系是1 024。计算机中使用的容量单位最小的是 bit，也就是位。而8位为一个字节，也就是 Byte。

因为计算机使用的是二进制，因此 $1 KB=2^{10} B=1\ 024\ B$，$1\ MB=1\ 024\ KB=1\ 048\ 576\ B$，$1\ GB=1\ 024\ MB$，$1\ TB=1\ 024\ GB$。而硬盘生产厂家为了方便，一般使用十进制进行计算，即 $1\ KB=1\ 000\ B$，$1\ MB=1\ 000\ KB=1\ 000\ 000\ B$，$1\ GB=1\ 000\ MB$，$1\ TB=1\ 000\ GB$，所以，一个 400 GB 的硬盘在计算机上识别，一般只有 380 GB 左右；一个 800 GB 的硬盘就只有 760 GB 左右；一个 2 TG 的硬盘只有 1.7 TB 左右。

**7. 显存带宽**

显存带宽是指显示芯片与显存之间的数据传输速率，它以字节/秒（B/s）为单位。显存带宽是决定显卡性能和速度最重要的因素之一。要得到精细（高分辨率）、色彩逼真（32 位真彩）、流畅（高刷新速度）的 3D 画面，就必须要求显卡具有大显存带宽。显存带宽=工作频率×显存位宽/8。目前大多中低端的显卡都能提供 6.4 GB/s、8.0 GB/s 的显存带宽，而对于高端的显卡产品则提供超过 75 GB/s 的显存带宽。在条件允许的情况下，尽可能购买显存带宽大的显卡。

随着信息技术的发展，计算机已经走进千家万户，融入我们的生活之中。学习计算机组成知识能帮助我们解决使用计算机中的一些实际问题，增加对计算机组成的了解。由于计算机技术的发展日新月异，计算机设备正处在迅速发展和更新的阶段，但主要组成部分基本保持不变，总体包括中央处理器（CPU）、主板、内存、显卡、硬盘、显示器、光驱等。那么，要配置一台计算机，也就是装机方案的确定，主要取决于它的用途和预算经费，然后选择合适的硬件设备。

## 2.4.2 中央处理器（CPU）

CPU 包括运算器部件以及与之相连的寄存器部件和控制器部件。CPU 通过系统总线从存储器或高速缓冲存储器中取出指令，放入 CPU 内部的指令寄存器，并对指令译码。它把指令分解成一系列的微操作，然后发出各种控制命令，执行微操作系列，从而完成一条指令的执行。

近两年，随着美国对我国高技术产业的围堵逐步加剧，从集成电路（芯片、IC）设计，延伸到制造、设备和材料，再深入关键核心技术，我国芯片产业正经历着历史上的至暗时刻。万众期待我国芯片产业实现自强自立，希望国家出台更强有力的举措来发展芯片产业，更希望国人自强不息，刻苦钻研，励精图治，发扬"两弹一星"精神，为我国的CPU 芯片事业奋斗终身。希望 CPU 芯片、高端通用芯片的短板能尽快补齐。

在谈到发展国产 CPU 芯片时，大家自然会想到中国科学院计算所 2001 年就开始设计的龙芯系列国产 CPU，以及后来陆续推出的兆芯、海光、飞腾等国产 CPU 品牌，加上海思麒麟系列 SoC 为代表的一大批 SoC 品牌，其阵容还算强大。但是，美国正在从制造等环节遏制我们，我们没有完全自主知识产权的光刻机，使我们设计的高端 CPU 芯片和 SoC 芯片暂时无法被制造出来。图 2-7 是我国自主设计制造的龙芯 CPU。

图 2-7　龙芯 CPU

CPU 的性能是计算机系统性能的重要标志之一，CPU 的主要性能指标如下。

①主频/外频。主频是单位时间内所产生的脉冲个数，也就是 CPU 所需要的晶振的频率。主频越高，执行一条指令的时间就越短，因而运算速度就越快。外频是系统总线的工作频率，常见的有 100 MHz、133 MHz、166 MHz、200 MHz 等几种。倍频是 CPU 主频相对于外频的倍数（理论上倍频系数是从 1.5 一直到无限的，但需要注意的是，倍频是以 0.5 为一个间隔单位）。

原先并没有倍频概念，CPU 的主频和系统总线的速度是一样的，但 CPU 的速度越来越快，倍频技术也就应运而生。它可使系统总线工作在相对较低的频率上，而 CPU 速度可以通过倍频来无限提升。那么 CPU 主频的计算方就变为：主频 = 外频 ×倍频。也就是倍频是指 CPU 和系统总线之间相差的倍数，当外频不变时，提高倍频，CPU 主频也就提高了。

例如，如果系统外频是 200 MHz，设置 CPU 倍频参数为 15，那么该 CPU 的主频即为 200 MHz×15 = 3 000 MHz。

②数据总线宽度。数据总线的宽度也称字长，字长是指 CPU 可以同时传输的数据的位数，负责整个系统的数据流量大小，一般为 8～64 位，它反映了 CPU 能处理的数据宽度、精度和速度。我们平时所说的 32 位计算机就是指数据总线的宽度是 32 位。目前，市场上流行的是 32 位 CPU 和 64 位 CPU，但 64 位 CPU 的应用问题还没有彻底解决。

③地址总线宽度。地址总线宽度决定了 CPU 可以直接访问的内存物理地址空间，32 位地址总线可直接寻址 4 GB($2^{32}$ B)。

④工作电压。工作电压指 CPU 正常工作所需的电压，一般是 5 V 或 3.3 V。随着芯片制造技术的进步，可以通过降低工作电压来减少 CPU 运行时消耗的功率，以解决 CPU 过热的问题。现在的 CPU 核心工作电压一般在 1.3 V 以下。

⑤高速缓存 Cache。现在的 CPU 内部一般都包含有 CPU 内部 Cache，也称一级 Cache，Cache 是可以进行快速存取数据的存储器，它使得数据可以更快地和 CPU 进行交换。

⑥运算速度。运算速度是指 CPU 每秒钟能处理的指令数，单位是 MIPS（百万条指令/秒）。

### 2.4.3 主板

通常，微型计算机硬件的设备除了键盘、鼠标和显示器外，其余部分都放于主机箱内。机箱的核心部件有 CPU、主板、内存条、Cache、显示适配卡、硬盘、软驱、声音适配卡、网络适配卡等，这些部件有的直接制作在主板上，有的通过扩展卡的形式插入相应的扩展槽中。我们把计算机系统必需的硬件设备称为计算机的最小配置。计算机最小配置应该是除了 CPU、内存、主板等以外，在外设方面还必须具备标准的输入设备和输出设备，默认的标准输入设备是键盘，标准输出设备是显示器。

打开主机箱后，可以看到位于机箱底部的一块大型印制电路板，称为主板（Mainboard，又称系统板或母板），是计算机中各种设备的连接载体。它提供了 CPU、各种接口卡、内存条和硬盘、软驱、光驱的插槽，其他的外部设备也会通过主板上的 I/O 接口连接到计算机上。如图 2-8 所示为主板外观结构。

图 2-8　主板外观结构

主板上通常有 CMOS、基本输入/输出系统（BIOS）、芯片组、高速缓冲存储器、微处理器插槽、内存储器（ROM、RAM）插槽、硬盘驱动器接口、输入/输出控制电路、总线扩展插槽（ISA、PCI 等扩展槽）、串行接口（COM1、COM2）、并行接口（打印机接口 LPT1）、软盘驱动器接口、面板控制开关和与指示灯相连的接插件、键盘接口、USB 接口等。

主板上有一些插槽（或 I/O 通道），不同的 PC 所含的扩展槽个数不同。扩展槽可以插入某个标准插件，如显示适配器、声卡、网卡和视频解压卡等。主板上的总线并行地与扩展槽相连，数据、地址和控制信号由主板通过扩展槽送到插件板，再传送到与 PC 机相连的外部设备上。

主板上的 BIOS 芯片是一块特殊的 ROM 芯片，其中保存的最重要程序之一是基本输入/输出程序，通常称为 BIOS 程序，另外还有 CMOS 参数设置程序、POST（加电自检程序）等。BIOS 在开机之后最先执行，它首先检测系统硬件有无故障，给出最低级的引导程序，然后调用操作系统。

当打开微型计算机的电源时，系统将调用BIOS中的POST（加电自检程序）进行其所有内部设备的自检过程，完成对CPU、基本的640 KB RAM、扩展内存、ROM、显示控制器、并口和串口系统、软盘和硬盘子系统及键盘的测试。当自检测试完成并确保硬件无故障后，系统将从软盘或硬盘中寻找操作系统，并加载操作系统。正常情况下，这个启动过程是微机自动完成的，只需用户按下微机电源开关即可。

计算机主板是计算机中最重要的部件之一，是整个计算机的系统板。计算机主板上组装了计算机主要的电路系统，计算机的核心零件也安装在主板上。主板的质量对于整个计算机的性能而言是很重要的，若是主板选得不好，计算机使用起来很容易有读写缓慢、接触不良、机身过热、数据丢失的情况。

国内知名的计算机主板品牌

## 2.4.4 内存储器

内存储器简称内存，它是计算机的记忆中心，用来存放当前计算机运行的程序和数据。内存是由内存芯片、电路板、金手指等部分组成的。内存主要有以下一些类型。

**1. 只读存储器**

只读存储器（Read Only Memory，ROM）的特点是：存储的信息只能读出，不能随机改写或存入，断电后信息不会丢失，可靠性高。

ROM主要用于存放固定不变的、控制计算机的系统程序和参数表，也用于存放常驻内存的监控程序或者操作系统的常驻内存部分，有时还用来存放字库或某些语言的编译程序及解释程序。

根据其中数据的写入方法，可把ROM分为以下五类。

①掩膜ROM（Mask ROM）。这种ROM中的信息是在芯片制造时由生产厂家写入的，ROM中的内容不能被更改。这种ROM一般用于大批量生产的产品。

②可编程ROM（Programmable ROM），简写为PROM。PROM出厂时里面没有写入信息，允许用户用相关的写入设备将编好的程序固化在PROM中。和掩膜ROM一样，PROM中的内容一旦写入，就再也不能更改了。如果一次写入失败，此PROM也不能再用了。

③可擦除PROM（Erasable PROM），简写为EPROM。它是由用户编程进行固化并可擦除的ROM。EPROM一般要用紫外线照射，才能擦除原来的内容，然后用专用设备写入新内容，并且可多次写入。

④电可擦EPROM（Electrically EPROM），简称EERPOM。它是另一种可擦除的PROM，它的性能与EPROM相同，只是在擦除和改写上更加方便。EERPOM是用电来擦除原来的内容，用户可用微机擦除和写入新的内容。图2-9为EPROM和EEPROM的示意图。

EPROM 和 EEPROM

EPROM BIOS      EPROM（Flash ROM）BIOS

图 2-9　EPROM 和 EEPROM

⑤快擦写 ROM（Flash ROM），也称闪速 ROM 或 Flash。它既有 EEPROM 的写入方便的优点，又有 EPROM 的高集成性，是一种很有发展前景而且应用非常广泛的非易失性存储器。常见的 U 盘、MP3 等产品中都采用了这种存储体。

**2. 随机存取存储器**

随机存取存储器（Random Access Memory，RAM）是可读、可写的存储器，故又称为读写存储器，其特点是可以读写，通电过程中存储器内的内容可以保持，断电后，存储的内容立即消失。因为 RAM 所保存的信息在断电后就会丢失，所以又被称为易失性内存。

RAM 可分为动态 RAM（Dynamic RAM，DRAM）和静态 RAM（Static RAM，SRAM）两大类。

①SRAM 是用双稳态触发器存放一位二进制信息，只要有电源正常供电，信息就可长时间稳定地保存。SRAM 的优点是存取速度快，不需对所存信息进行刷新；缺点是基本存储电路中包含的管子数目较多、集成度较低、功耗较大。SRAM 通常用于微型计算机的高速缓存。

②DRAM 是用电容上所充的电荷表示一位二进制信息。因为电容上的电荷会随时间不断释放，因此对 DRAM 必须不断进行读出和写入，以便释放的电荷得到补充，这就是对所存信息进行刷新。DRAM 的优点是所用元件少、功耗低、集成度高、价格便宜；其缺点是存取速度较慢并要有刷新电路。现在的微型计算机中采用的大都是 DRAM 作为内存。

微机中常见的内存有以下两种：

SDRAM（Synchronous Dynamic RAM），也称"同步动态内存"。它的工作原理是将 RAM 与 CPU 以相同的时钟频率进行控制，使 RAM 和 CPU 的外频同步，彻底取消等待时间。

DDR（Double Data Rate），即双数据率 DRAM，理论上其速度是 SDRAM 速度的两倍。而实际只能提高 20%~25%。目前市场已推出了 DDR3、DDR4 等多个系列的产品，在微机应用中已完全取代了 SDRAM 内存。图 2-10 给出了 SDRAM 内存条与 DDR 内存条的外观比较。

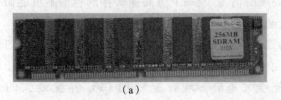
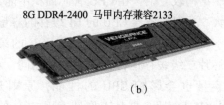

8G DDR4-2400 马甲内存兼容2133

（a）

（b）

图 2-10　DDR4 内存条
(a) SDRAM；(b) DDR

在微型计算机发展日新月异的今天，各种新科技、新工艺不断地被用到微电子领域中，为了能让微机发挥出最大的效能，内存作为微机硬件的必要组成部分之一，它的容量与性能已成为决定微机整体性能的一个决定性因素之一。因此，为了提高微机的整体性能，有必要为其配备足够的大容量、高速度的内存。

第 2 章　计算机硬件基础

### 3. 高速缓存

内存速度虽然在不断提升，但远远跟不上 CPU 速度的提升。由于 CPU 的速度比内存的速度要快得多，所以在存取数据时会使 CPU 大部分时间处于等待状态，影响计算机的速度。如果不解决这个问题，CPU 再快也是没有用的，因为这时系统的瓶颈出现在内存速度上。由于 SRAM 的存取速度比 DRAM 快，基本与 CPU 速度相当，因而它常被用作计算机的高速缓冲存储器（也称 Cache）。Cache 是一种高速缓冲存储器，是为了解决 CPU 与主存之间速度不匹配而采用的一种重要技术。其中片内 Cache 集成在 CPU 芯片中，片外 Cache 安插在主板上。在 32 位微处理器和微型计算机中，为了加快运算速度，在 CPU 与主存储器之间增设了一级或两级高速小容量存储器，称之为高速缓冲存储器，高速缓冲存储器的存取速度比主存要快一个数量级，大体与 CPU 的处理速度相当。

缓存的工作原理是当 CPU 要读取一个数据时，首先从缓存中查找，如果找到了就立即读取并送给 CPU；如果没找到，就用相对慢的速度从内存中读取并送给 CPU，同时把这个数据所在的数据块调入缓存中，可以使得以后对整块数据的读取都从缓存中进行，不必再读取内存。正是这样的读取机制使 CPU 读取缓存的命中率非常高。一般说来，CPU 对高速缓存器命中率可在 90% 以上，甚至高达 99%。有了高速缓存，大大节省了 CPU 直接读取内存的时间，也就缩短了 CPU 的等待时间。一般说来，256 KB 的高速缓存能使整机速度平均提高 10% 左右。

### 4. 多级缓存

最早的 CPU 缓存是个整体的，而且容量很低，Intel 公司从 Pentium 时代开始把缓存进行了分类。当时集成在 CPU 内核中的缓存已不足以满足 CPU 的需求，而制造工艺上的限制又不能大幅度提高缓存的容量。缓存是 CPU 的重要组成部分，而且缓存的结构和大小对 CPU 速度的影响非常大，CPU 内缓存的运行频率极高，一般是和处理器同频运作，工作效率远远大于系统内存和硬盘。实际工作时，CPU 往往需要重复读取同样的数据块，而缓存容量的增大，可以大幅度提升 CPU 内部读取数据的命中率，而不用再到内存或者硬盘上寻找，以此提高系统性能。但是出于 CPU 芯片面积和成本因素的考虑，缓存都很小。

L1 Cache（一级缓存）是 CPU 第一层高速缓存，分为数据缓存和指令缓存。内置的 L1 高速缓存的容量和结构对 CPU 的性能影响较大，不过高速缓冲存储器均由静态 RAM 组成，结构较复杂，在 CPU 管芯面积不能太大的情况下，L1 级高速缓存的容量不可能做得太大。一般服务器 CPU 的 L1 缓存的容量通常在 32~256 KB。

L2 Cache（二级缓存）是 CPU 的第二层高速缓存，分内部和外部两种芯片。内部的芯片二级缓存运行速度与主频相同，而外部的二级缓存则只有主频的一半。L2 高速缓存容量也会影响 CPU 的性能，原则是越大越好，现在家庭用 CPU 容量最大的是 512 KB，而服务器和工作站上用 CPU 的 L2 高速缓存更高达 256 KB~1 MB，有的高达 2 MB 或者 3 MB。

L3 Cache（三级缓存），分为两种，早期的是外置的，现在的都是内置的。而它的实际作用即是：L3 缓存的应用可以进一步降低内存延迟，同时提升大数据量计算时处理器的性能。降低内存延迟和提升大数据量计算能力对游戏都很有帮助。而在服务器领域增加 L3 缓存在性能方面仍然有显著的提升。比如具有较大 L3 缓存的配置利用物理内存会更有效，故它比较慢的磁盘 I/O 子系统可以处理更多的数据请求。具有较大 L3 缓存的处理器可提供更有效的文件系统缓存行为及较短消息和处理器队列长度。

我国最近几年在内存芯片技术上取得了长足的进步。合肥长鑫存储是我国内存芯片的自主品牌公司，它瞄准世界前沿工艺，低调攻关三年，2019年让我国终于拥有了内存芯片的自主产能，在国际竞争中迈出了中国芯突破的第一步。

### 2.4.5 硬盘驱动器

硬盘存储器是微机最重要的外部存储器，常用于安装微机运行所需的系统软件和应用软件，以及存储大量数据。硬盘由一个盘片组和硬盘驱动器组成，被固定在一个密封的金属盒内，如图2-11所示。与软盘不同，硬盘存储器通常与磁盘驱动器封装在一起，不能移动，因此称为硬盘。由于一个硬盘往往有几个读写磁头，因此在使用的过程中应注意防止剧烈振动。

#### 1. 硬盘存储格式

硬盘是由多个涂有磁性物质的金属圆盘盘片组成的存储器，每个盘片的基本结构与软盘类似。盘片的每一面都有一个读写磁头，在对硬盘进行格式化时，将对盘片划分磁道和扇区，而多个盘片的同一磁道构成柱面，柱面数与每个盘面上的磁道数相同，磁盘是从外向内依次编号，最外一个同心圆叫0磁道，所以柱面也从外向内依次编号，最外一个柱面是0柱面，如图2-12所示。对于大容量的硬盘还将多个扇区组织起来成为一个块——"簇"，簇成为磁盘读写的基本单位。有的簇是一个扇区，有的有好几个扇区，可以在格式化的参数中给定。

图 2-11　硬盘的结构

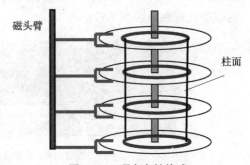

图 2-12　硬盘存储格式

#### 2. 硬盘性能指标

①硬盘的容量。目前的硬盘容量一般在1 TB以上。

②硬盘的转速。硬盘另一个影响其性能的重要因素是硬盘的转速，硬盘的转速越快，硬盘寻找文件的速度也就越快，硬盘的传输速度也得到提高。硬盘的转速有4 500 r/min、5 400 r/min、7 200 r/min，甚至10 000 r/min。理论上，转速越快越好，因为较高的转速可缩短硬盘的平均寻道时间和实际读写时间。可是转速越快发热量越大，不利于散热，现在的主流硬盘转速一般为7 200 r/min。

③缓存。硬盘自带的缓存，有32 MB、64 MB、128 MB等几种。缓存越多，越能提高硬盘的访问速度。

#### 3. 硬盘接口

硬盘接口是硬盘与主机间的连接部件，不同的硬盘接口决定着硬盘与计算机之间的连接速度，在整个系统中，硬盘接口影响着程序运行快慢和系统性能好坏。从整体的角度上，硬盘接口分为 IDE、SATA、SCSI 和光纤通道四种。IDE 接口硬盘多用于家用产品中，也部分应用于服务器，SCSI 接口的硬盘则主要应用于服务器市场，而光纤通道只在高端服务器上，价格昂贵。SATA 接口已成为微机硬盘的主流。

（1）IDE 接口

IDE（Integrated Device Electronics），即集成设备电子部件。IDE 接口是一种硬盘接口规范，也叫 ATA（Advanced Technology Attachment，高级技术附件）接口。由于 IDE 接口是并行接口，故也称为并行 ATA 接口（即 PATA 接口），可连接硬盘、光驱等 IDE 设备。IDE 采用了 40 线的单组电缆连接，在系统主板上留有专门的 IDE 连接器插口，如图 2-13 所示。

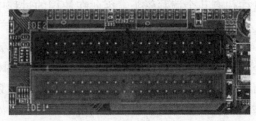

图 2-13　主板上的 IDE 接口和 IDE 数据线

IDE 设备的背面一般包括电源插座、主从跳线区和数据线接口插座，如图 2-14 所示。IDE 数据线一般有三个 IDE 接口插头，其中一个接主板的 IDE 接口，另两个可以接两个 IDE 设备。IDE 由于具有多种优点，且成本低廉，在个人微型计算机系统中曾得到了广泛的应用，现在已经被 SATA 接口取代。

图 2-14　主板上的 IDE 接口和 IDE 数据线

（2）SATA 接口

SATA 是 Serial ATA 的缩写，即串行 ATA 接口。这是一种新型硬盘接口类型，由于采用串行方式传输数据而得名。该接口具有结构简单、高可靠性、数据传输率高、支持热插拔的优点。目前 SATA 接口的硬盘已成为主流，其他采用 SATA 接口的设备例如 SATA 光驱也已经出现。SATA 接口的插座和数据线如图 2-15 所示。

主板上的SATA接口插座　　　　　　SATA数据线　　　　　　硬盘的SATA接口插座

图 2-15　SATA 接口的插座和数据线

（3）SCSI 接口

SCSI（Small Computer System Interface），即小型计算机系统接口。SCSI 也是系统级接口，可与各种采用 SCSI 接口标准的外部设备相连，如硬盘驱动器、扫描仪、光驱、打印机和磁带驱动器等。采用 SCSI 标准的这些外设本身必须配有相应的外设控制器。SCSI 接口主要是在小型计算机上使用，在 PC 机中也有少量使用。最新一代的 SCSI 接口为串行 SCSI 接口（Serial Attached SCSI，简称 SAS 接口），该接口采用串行技术以获得更高的传输速度，并通过缩短连接线改善内部空间。

（4）光纤通道

光纤通道具有热插拔、高速带宽、远程连接、连接设备数量大等优点，但价格昂贵，因此光纤通道只用于高端服务器中。

**4. 电子硬盘（固态硬盘）**

另外，随着计算机硬件的飞速发展，还出现电子硬盘（固态硬盘）等外部存储设备，如图 2-16 所示。

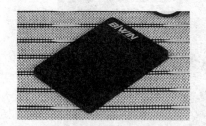

图 2-16　固态硬盘

固态硬盘（Solid State Disk 或 Solid State Drive），也称作电子硬盘或者固态电子盘，是由控制单元和固态存储单元（DRAM 或 FLASH 芯片）组成的硬盘。它的接口规范和定义以及使用方法上与普通硬盘完全相同，在外形和尺寸上有些也完全与普通硬盘一致。由于固态硬盘没有普通硬盘的旋转介质，因而抗振性极佳。固态硬盘的存储介质分为两种，一种是采用闪存（FLASH 芯片）作为存储介质，另外一种是采用 DRAM 作为存储介质。基于闪存的固态硬盘（IDE FLASH DISK、Serial ATA Flash Disk）：采用 FLASH 芯片作为存储介质，这也是我们通常所说的 SSD。它的外观可以被制作成多种模样，例如笔记本硬盘、微硬盘、存储卡、优盘等样式。这种 SSD 固态硬盘最大的优点就是可以移动，而且数据保护不受电源控制，能适应于各种环境，但是使用年限不高，适合于个人用户使用。传统的机械硬盘有被淘汰的趋势，我国的硬盘技术发展起步较晚，所以机械硬盘以前几乎都是国外产品，但是，随着硬件技术的更新换代，SSD 固态硬盘在我国得到了飞速的发展，现在的计算机几乎都配备了固态硬盘，我国在固态硬盘方面发展较为顺利，实现了关键技术的突破，能够达到百分之百的自给率，为计算机用户提供快捷可靠的储存。

### 2.4.6　其他部件

**1. 显卡**

显卡全称为显示接口卡（Video Card，Graphics Card），又称为显示适配器（Video Adapter），是计算机最基本的组成部分之一。显卡的用途是将计算机系统所需要的显示信息进行转换驱动，并向显示器提供行扫描信号，控制显示器的正确显示，是连接显示器和个人计算机主板的重要元件，是"人机对话"的重要设备之一。显卡作为计算机主机里的一个重要组成部分，承担着输出显示图形的任务，对于从事专业图形设计的人来说显卡非常重要。

**2. 声卡**

声卡（Sound Card）也叫音频卡。声卡是多媒体技术中最基本的组成部分，是实现声波/数字信号相互转换的一种硬件。声卡的基本功能是把来自话筒、磁带、光盘的原始声音信号加以转换，输出到耳机、扬声器、扩音机、录音机等声响设备，或通过音乐设备数字接口（MIDI）使乐器发出美妙的声音。

**3. 显示器**

显示器（Display）通常也被称为监视器（Monitor），是属于计算机的 I/O 设备，它可以分为 CRT、LCD 等多种。它是一种将一定的电子文件通过特定的传输设备显示到屏幕上再反射到人眼的显示工具。它是重要的输入/输出设备，是用户与计算机之间的桥梁，是微机配件中更新换代最慢、最具有保值潜力的部件。图 2-17 是国产品牌冠捷 4K（AOC4K）高清显示器。

图 2-17　AOC4K 高清显示器

从早期的黑白世界到现在的彩色世界，显示器走过了漫长而艰辛的历程，随着显示器技术的不断发展，显示器的分类也越来越细。

（1）CRT 显示器

CRT 显示器是一种使用阴极射线管（Cathode Ray Tube）的显示器，阴极射线管主要由五部分组成：电子枪（Electron Gun）、偏转线圈（Deflection Coils）、荫罩（Shadow Mask）、荧光粉层（Phosphor）及玻璃外壳。它曾经是使用最广泛的显示器之一，CRT 纯平显示器具有可视角度大、无坏点、色彩还原度高、色度均匀、可调节的多分辨率模式、响应时间极短等 LCD 显示器难以超过的优点。

（2）液晶显示器

液晶显示器（LCD）英文全称为 Liquid Crystal Display，它是一种采用了液晶控制透光度技术来实现色彩的显示器。与 CRT 显示器相比，LCD 的优点是很明显的。由于通过控制是否透光来控制亮和暗，当色彩不变时，液晶也保持不变，这样就无须考虑刷新率的问题。对于画面稳定、无闪烁感的液晶显示器，刷新率不高但图像也很稳定。LCD 显示器还通过液晶控制透光度的技术原理让底板整体发光，所以它做到了真正的完全平面。从结构来看，LCD 显示屏都是由不同部分组成的分层结构。LCD 由两块玻璃板构成，厚约 1 mm，其间由包含有液晶材料的 5 μm 均匀间隔隔开。因为液晶材料本身并不发光，所以在显示屏两边都设有作为光源的灯管，而在液晶显示屏背面有一块背光板（或称匀光板）和反光膜，背光板由荧光物质组成，可以发射光线，其作用主要是提供均匀的背景光源。

**4. 机箱和电源**

机箱作为计算机主要配件的载体，其主要任务就是固定与保护配件，如图 2-18 所示。而电源，如图 2-19 所示，它的作用就是把市电（220 V 交流电压）进行隔离和变换为计算机需要的稳定低压直流电。它们都是标准化、通用化的计算机外设。

从外形上讲，机箱有立式和卧式之分，以前基本上都采用的是卧式机箱，而现在一般采用立式机箱，主要是由于立式机箱没有高度限制，在理论上可以提供更多的驱动器槽，而且更利于内部散热。如果从结构上分，机箱可以分为 AT、ATX、Micro ATX、NLX 等类型，目前市场上主要以 ATX 机箱为主。在 ATX 的结构中，主板安装在机箱的左上方，并且是横向放置的。而电源安装位置在机箱的右上方，前方的位置是预留给储存设备使用的，而机箱后方则预留了各种外接端口的位置。这样规划的目的就是在安装主板时，可以避免 I/O 口过于复杂，而主板的电源接口以及软硬盘数据线接口可以更靠近预留位置。整体上也能够让使用者在安装适配器、内存或者处理器时，不会移动其他设备。这样机箱内的空间就更加宽敞简洁，对散热很有帮助。

图 2-18　机箱

图 2-19　电源

**5. 键盘和鼠标**

（1）键盘

键盘是最常见的计算机输入设备，它广泛应用于微型计算机和各种终端设备上，如图 2-20所示，计算机操作者通过键盘向计算机输入各种指令、数据，指挥计算机的工作。计算机的运行情况输出到显示器，操作者可以很方便地利用键盘和显示器与计算机对话，对程序进行修改、编辑，控制和观察计算机的运行。

键盘的按键数曾出现过 83 键、87 键、93 键、96 键、101 键、102 键、104 键、107 键等。104 键的键盘是在 101 键键盘的基础上为 Windows 9X 平台提供增加了 3 个快捷键（有两个是重复的），所以也被称为 Windows 9X 键盘。但在实际应用中习惯使用 Windows 键的用户并不多。107 键的键盘是为了贴合日语输入而单独增加了 3 个键的键盘。在某些需要大量输入单一数字的系统中还有一种小型数字录入键盘，基本上就是将标准键盘的小键盘独立出来，以达到缩小体积、降低成本的目的。

图 2-20　键盘和鼠标

（2）鼠标

鼠标是计算机的输入设备，分有线和无线两种。它也是计算机显示系统纵横坐标定位的指示器，因形似老鼠而得名"鼠标"（港台作滑鼠）。"鼠标"的标准称呼应该是"鼠标器"，英文名为"Mouse"。鼠标的使用是为了使计算机的操作更加简便，以代替键盘烦琐的指令。从原始鼠标、机械鼠标、光电鼠标（光学鼠标、激光鼠标）再到如今的触控鼠标，鼠标技术经历了漫漫征途终于修成正果。鼠标是我们操作最频繁的设备之一，但它一直未能获得应有的重视。在早些年，大多数用户都只愿意在鼠标身上花费不超过 20 元投资，当然此种情况今天已难得一见，应用的进步让人们对鼠标开始提出更多的要求，包括舒适的操作手感、灵活的移动和准确定位、可靠性高、不需经常清洁，鼠标的美学设计和制作工艺也逐渐为人所重视。是什么推动了鼠标技术的进展？有人说是 CS 之类的射击游戏，也有人说是计算机多媒体应用。无论怎样，都是应用催生了技术的进步。在计算机中，鼠标的操纵性往往起到关键性的作用，而鼠标制造商为了迎合这股风潮开始大刀阔斧地进行技术改良，从机械到光学、从有线到无线，造型新颖、工艺细腻的高端产品不断涌现。今天，一款高端鼠标甚至需要高达 500 元人民币才能买到，这在几年前是难以想象的。毫无疑问，一款优秀的鼠标产品会让操作计算机变得更富乐趣，这也是鼠标领域技术不断革新、高端产品层出不穷的一大诱因。

**6. 闪存储器——闪存盘**

闪存盘（Flash Memory，又称 U 盘）是一种采用 USB 接口的无须物理驱动器的微型高容量移动存储产品，如图 2-21 所示，它采用的存储介质为闪存（Flash Memory）。闪存盘不需要额外的驱动器，将驱动器及存储介质合二为一，只要接上计算机上的 USB 接口就可独立地存储读写数据。闪存盘体积很小，仅大拇指般大小，重量极轻，约为 20 克，特别适合随身携带。闪存盘中无任何机械式装置，抗振性能极强。另外，闪存盘还具有防潮防磁、耐高低温等特性，安全可靠性很好。

闪存盘主要有两方面的用途：第一，可用来在没有连网的计算机之间交流文件。第二，可用来在笔记本电脑上替换掉软驱。另外，闪存盘至少可擦除 1 000 000次。闪存盘里数据至少可保存 10 年。理论上一台计算机可同时接 127 个闪存盘，但由于驱动器盘符采用 26 个英文字母以及现有的驱动器需占用几个英文字母，故最多可以接 23 个闪存盘（除开 A、B、C）且需要 USB HUB 的协助。闪存盘的组成很简单，由外壳、机芯、闪存和包装组成，其中机芯包括一块 PCB 板+主控+晶振+阻容电容+USB 头+LED 头+FLASH（闪存）。

图 2-21　闪存盘

## 2.4.7　装机注意事项

随着我国经济的快速发展，同时电子设备越来越普及，计算机已经进入普通家庭，台式计算机主要分为品牌机和兼容机。品牌机是由各个计算机生产厂家，比如联想、清华同方、方正等，负责把计算机的各大硬件（CPU、内存、主板、硬盘、显卡，声卡等）组装在一起，然后贴上自己的商标而形成的。兼容机则是用户根据自己的需要来组装各大硬件而形成的机型。其组装过程比较简单，但同样的硬件设备，不同的人装起来的计算机质量却不同。初学者组装的计算机，往往容易出现问题，甚至发生烧毁配件的事件。以下是需要注意的技巧和小问题。

**1. 提前阅读相关说明文件**

虽然计算机组装知识存在一定的"通用性"，但随着技术的发展，相同类型的配件其安装方法也不尽相同，因此在组装计算机时，建议先阅读说明书，特别是对于主板、显卡等配件，要注意手头的配件和以往安装过的配件的区别，阅读说明书往往能降低安装过程中问题出现的概率，特别是在安装某些以前没有安装过的配件，不知道如何操作时，一定要先阅读说明书。

**2. 注意防静电**

对于电子产品而言，静电对它的影响是非常大的，特别是对于计算机配件这种高精度、高集成度的电子产品，一点点静电都可能引发致命的故障。而人体是带有静电的，特别是冬天，因为气候干燥，人体的静电量相对较多，且电压非常高，因此当用手去接触计算机板卡时，如果静电较多，则很有可能将板卡击毁。这种情况在冬天以及空气干燥的环境下极易产生，特别是在铺有毛地毯的房间内，产生静电击毁板卡的情况时有发生。因此，在将板卡从包装盒的防静电袋中拿出之前，就应该将身上的静电释放掉。最简单的方法就是用水洗手。另外，也可以考虑用静电环，将静电环套在手腕上，用导线接地即可。

**3. 夏天装机防汗水**

夏天天气闷热，空气潮湿，虽然产生静电的机会不多，但有另外一个麻烦——汗水，夏天天气炎热，难免会有汗水，此时如果有汗水滴到模式板卡上，而装机者又没有注意到的情况下，一旦通电，板卡很容易因为短路而被烧毁，即使当时没有烧毁，也会对板卡造成腐蚀，而影响主机的性能和使用寿命。因此，夏天装机时要注意通风环境，身上的汗水要及时处理，以免对板卡造成不必要的损坏。

**4. 安装板卡时要细心**

计算机组件的接插设计非常精巧，一般也都有颜色的区分，如果不是产品质量的原因，是不需要用很大力气来安装的。因此，在插拔、固定板卡时要先看清楚周边配件的状态，如果出现不能插入或无法固定的情况，不要使用蛮力，而要仔细，找出原因，否则容易导致配件被损坏。

**5. 装机工具保持整洁有序**

很多装机者在装机时会随意将螺丝刀、螺丝、尖嘴钳等工具摆放在板卡、驱动器的上面，如果这些设备一不小心砸到了设备上，后果将不堪设想。因此，装机时的工具要摆放有序，最好放在专用的工具箱中。另外，对用不着的配件不要将其从包装盒中拿出。

**6. 通电之前全面检查**

通电测试之前一定要全面检查一遍，防止有异物掉入主机箱内，检查线路连接是否正确，主板及其他板卡安装是否平整，避免产生严重后果。

## 2.5 计算机硬件系统中的计算思维

### 2.5.1 数字0和1及其计算思维

用数字0和1可以表示计算机要处理的各种信息。现实世界可以表示为0和1→用0和1可进行逻辑与算术运算→0和1可以用电子技术实现→用二极管、三极管等实现基本门电路→组合逻辑电路实现芯片。这体现了分层构造化和构造集成化的计算思维。

数值信息和非数值信息均可用0和1表示，均能够被计算（信息表示）。现实世界的信息可通过抽象化、符号化，再通过进位制和编码转化成0和1表示，即可采用基于二进制的算术运算和逻辑运算进行数值计算，便可以用硬件与软件实现，即：任何事物只要能表示成信息，就能够被表示成0和1，能够被计算，能够被计算机所处理。例如下面介绍一个用0和1表示汉语拼音系统的简单例子。

为了表示汉语的拼音系统，需要用到4个声调和26个拼音字母，一共30个元素。我们可以用一个数字代表一个声调或拼音字母。例如，用图2-22所示的代码能表示出"中国"（zhōng guó）。那文字之间的空格怎么办呢？实际上我们可以用0来表示空格，所以最终一共是31个元素。在图2-23所示的字母编码表中，每个数字都能仅用5个比特来表示。另外用二进制数00000代表汉字之间的空格。例如，图2-23所示的"中国"能表示成如下二进制代码：

11110 01100 10011 10010 01011 00001 00000 01011 11001 10011 00010

这就是怎样只用0和1来表示一个汉语词语的简单例子。但是上述编码比计算机中实际使用的编码系统要简单一些，因为实际应用中有时需要区分字母的大小写，还需表示数字、标点和一些特殊符号。但这个例子已经足以体现计算及其自动化的基本计算思维方式。

| 1 | 2 | 3 | 4 | 5 | 6 | 7 | 8 | 9 | 10 |
|---|---|---|---|---|---|---|---|---|---|
| — | / | ∨ | \ | a | b | c | d | e | f |
| 11 | 12 | 13 | 14 | 15 | 16 | 17 | 18 | 19 | 20 |
| g | h | i | j | k | l | m | n | o | p |
| 21 | 22 | 23 | 24 | 25 | 26 | 27 | 28 | 29 | 30 |
| q | r | s | t | u | v | w | x | y | z |

图2-22 汉语拼音系统编码表

| 30 | 12 | 19 | 18 | 11 | 1 | 0 | 11 | 25 | 19 | 2 |
|---|---|---|---|---|---|---|---|---|---|---|
| z | h | o | n | g | — | | g | u | o | / |

图2-23 汉语拼音系统编码示例（"中国"）

56

### 2.5.2 并行与计算思维

并行是一种计算思维方法，并行计算是指许多指令得以同时执行的计算模式。在计算机系统设计中"多核处理器"技术，从空间的角度，通过硬件的冗余，让不同的处理器并发执行不同的任务。这种技术体现了运用并行方法解决问题的思路。

有一则童话，内容如下。

很久以前，有一个年轻的国王，名叫艾述。他酷爱数学，聘请了当时最有名的数学家孔唤石当宰相。邻国有一位聪明美丽的公主，名字叫秋碧贞楠。艾述国王爱上了这位邻国公主，便亲自登门求婚。公主说："你如果向我求婚，请你先求出 48 770 428 433 377 171 的一个真因子，一天之内交卷。"艾述听罢，心中暗喜，心想：我从 2 开始，一个一个地试，看看能不能除尽这个数，还怕找不到这个真因子吗？

你觉得呢？一个一个去试要多长时间？是不是时间太长了？怎么办呢？国王的宰相向他提出了一种方法。按自然数的顺序给全国的老百姓每人编一个号发下去，等公主给出数据后，立即将它们通报全国，让每个老百姓用自己的编号去除这个数，除尽了立即上报，赏黄金万两。于是，国王发动全国上下的民众，再度求婚，终于取得成功。

这个国王的成功来源于并行计算。

生活中也有一些并行计算的例子。例如，超市的收费通道，由多个收银员完成，当购买人数多时，增加收银通道，来提高收银速度，减少顾客等待时间，而购买人数少时，关闭一些收银通道来降低运营成本。

### 2.5.3 大脑思维模式与计算思维

大脑是现在最强大的计算机！科学家们研究的人的大脑结构如图 2-24 所示。

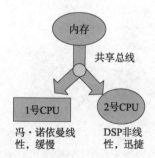

图 2-24 最强大的计算机——大脑

大脑是双 CPU 模式。1 号 CPU：主要负责线性、逻辑思维和语言处理。它像传统的冯·诺依曼式的 CPU，按部就班地处理指令。1 号 CPU 相对缓慢。我们暂且称其为 L 型。2 号 CPU：不做任何语言处理，不再是线性、按步执行，而更像是大脑中的搜索引擎，当你在"思考"其他事情时，它可以去寻找搜索，然后异步返回结果。我们暂且称其为 R 型。

两个 CPU 共享通往内存核心的总线，每次只有一个 CPU 可以访问内存。这意味着如果 1 号 CPU 占用总线，2 号 CPU 则无法获取内存执行搜索，反之亦然。

你是否有过这样的经历：在刚睡醒时尝试描述一个做过的梦？很多时候，每当你想要用语言描述时，这个清晰、生动的梦境就会从你的记忆中消失。这是因为图像、情感和整体经验都是 R 型的；你的梦是在 R 型下产生的。当你尝试把梦讲出来时，就开始争用总线。由于 L 型占用了总线，所以现在你无法获取那些 R 型记忆了。

你是否有这样的经历，一个棘手的问题（一个遗忘很久的歌的名字）的答案忽然灵光闪现，可能在你散步的时候，或者在某一天你没有思考这个问题的时候，答案忽然灵光闪现。那是因为 R 型是异步的，它作为后台进程运行，处理过去的输入，努力挖掘你需要的信息。它将你的每一次经历，不论多么平淡，存储起来。当你努力解决一个问题时，R 型进程会搜索你的所有记忆以寻找解决方案。这包含你在学校里打瞌睡时听的课，它们可能真的会派上用场！

第 2 章习题

# 第 3 章
# 操作系统与办公软件

　　随着计算机技术的飞速发展，计算机系统的软件和硬件也越来越丰富。为了提高软硬件资源的利用率，增强系统的处理能力，所有的计算机系统都毫不例外地配置有一种或者多种操作系统。如果让用户去使用一台没有操作系统的计算机，那将是不可想象的事情。

## 3.1 软件

### 3.1.1 软件定义

1983年，IEEE对"软件"的明确定义为：计算机程序、方法和规则相关的文档以及在计算机上运行时所必需的数据。

"软件"是计算机的灵魂，计算机的强大功能和智能，都是由"软件"来演绎的。"软件"一般由在计算机硬件上运行的程序、数据以及用以描述软件自身开发、使用及维护的说明文档构成。程序是用计算机语言描述的人类解决问题的思想和方法，反映了人类的思维。

图3-1 文化、思维与软件的关系

计算机的软件系统大致可以分为系统软件和应用软件两大类。系统软件负责管理计算机本身的运作；应用软件则负责完成用户所需要的各种功能。

文化在发展的过程中衍生了各种思维方式，不同的文化决定了不同的思维和行为模式。因此，软件及其生产过程与文化有着割舍不断的渊源，软件生产过程本质上也是由一种文化所主导，软件一定反映了某种文化。图3-1反映了文化、思维与软件的关系。

### 3.1.2 软件的基本组成

软件是计算机系统中的程序、数据及其相关文档的总称。

程序（Program）是为实现特定目标或解决特定问题而用计算机语言编写的命令序列的集合，为实现预期目的而进行操作的一系列语句和指令。

软件概念发展的初期，软件专指计算机程序，随着计算机科学的发展，数据和文档也被包含在软件的范畴，并且越来越强调文档的重要性。数据是软件不可或缺的组成部分，没有任何数据的软件是不可想象的。数据可分为输入和输出两大类型，数据可以直接嵌入程序之中，也可以保持在存储介质中。文档是软件的重要组成部分，用来描述程序的内容、组成、设计、功能规格、开发情况、测试结果及使用方法等。软件的基本组成如图3-2所示。

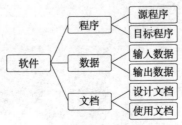

图3-2 软件的基本组成

### 3.1.3 软件的分类

从计算机系统角度来分，软件可分为系统软件和应用软件。系统软件依赖于机器，而应用软件则更接近用户业务。

系统软件是指为管理、控制和维护计算机及外设，以及提供计算机与用户界面等的软件，如操作系统、文字处理程序、计算机语言处理程序、数据库管理程序、联网及通信软件、各类服务程序和工具软件等，通常由计算机生产厂（部分由"第三方"）提供。

系统软件以外的其他软件称为应用软件。应用软件是指用户为了自己的业务应用而使用系统开发出来的用户软件。目前应用软件的种类很多，按其主要用途分为科学计算类、数据处理类、过程控制类、辅助设计类和人工智能软件类。应用软件的组合可称为软件包或软件库。

软件的基本分类及其层次关系如图3-3所示。应用软件建立在系统软件基础之上。人们可以通过应用软件使用计算机，也可以通过系统软件使用计算机。因此，系统软件是人们学习使用计算机的首要软件。

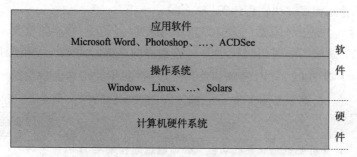

图3-3 软件的基本分类及其层次关系

**1. 系统软件**

系统软件是随计算机出厂并具有通用功能的软件，由计算机厂家或第三方厂家提供，一般包括操作系统、语言处理系统、数据库管理系统以及服务程序等。

（1）操作系统（Operating System，OS）

操作系统是系统软件的核心，是管理计算机软、硬件资源，调度用户作业程序和处理各种中断，从而保证计算机各部分协调有效工作的软件。操作系统是最贴近硬件的系统软件，也是用户与计算机的接口，用户通过操作系统来操作计算机并能使计算机充分实现其功能。操作系统的功能和规模随不同的应用要求而异，故操作系统又可分为批处理操作系统、分时操作系统及实时操作系统等。

（2）语言处理系统（Language Processing System）

任何语言编制的程序，最后一定都需要转换成机器语言程序，才能被计算机执行。语言处理程序的任务，就是将各种高级语言编写的源程序翻译成机器语言表示的目标程序。不同语言编写的源程序，有不同的语言处理程序。语言处理程序按其处理的方式不同，可分为解释型程序与编译型程序两大类。前者对源程序的处理采用边解释边执行的方法，并不形成目标程序，称为对源程序的解释执行；后者必须先将源程序翻译成目标程序才能执行，称作编译执行。

（3）数据库管理系统（Database Management System，DBMS）

数据库管理系统是对计算机中所存放的大量数据进行组织、管理、查询并提供一定处理功能的大型系统软件。随着社会信息化进程的加快，信息量的剧增，数据库已成为计算机信息系统和应用系统的基础。数据库管理系统能够对大量数据合理组织，减少冗余；支持多个用户对数据库中数据的共享；还能保证数据库中数据的安全和对用户进行数据存取的合法性验证。数据库管理系统可以划分为两类，一类是基于微型计算机的小型数据库管理系统，具有数据库管理的基本功能，易于开发和使用，可以解决对数据量不大且功能要求较简单的数据库应用，如常见的 FoxBASE 和 FoxPro 数据库管理系统；另一类是大型的数据库管理系统，其功能齐全，安全性好，支持对大数据量的管理，提供相应的开发工具。目前国际上流行的大型数据库管理系统主要有 Oracle、SYBASE、DB2、Informix 等。国产化的数据库管理系统已初露头角，并走向市场，如 COBASE、DM2、Open BASE 等。

数据库技术是计算机中发展快、用途广泛的技术之一，任何计算机应用开发中都离不开对数据库技术的应用。

（4）服务程序（Service Program）

服务程序是一类辅助性的程序，提供程序运行所需的各种服务。例如，用于程序的装入、链接、故障诊断程序、纠错程序等。

**2. 应用软件**

应用软件是为解决实际应用问题所编写的软件的总称，涉及计算机应用的所有领域，种类繁多。表 3-1 列举了一些主要应用领域的常用软件。

表 3-1 常用的应用软件

| 软件种类 | 功能 | 软件举例 |
|---|---|---|
| 编程开发软件 | 计算机要想完成某些功能，必须通过编程来实现。程序开发软件为编程人员提供了一个集成的开发平台，方便程序设计人员使用 | JAVA、.NET、C #、VB/VB.NET、C 语言、C++ |
| 杀毒软件 | 是用于消除计算机病毒、特洛伊木马和恶意软件的一类软件 | 瑞星、金山毒霸、360 杀毒 |
| 下载工具软件 | 方便用户从互联网上快速下载数据文件 | 迅雷、网际快车、快车 |
| 压缩解压软件 | 用于磁盘管理的工具软件，以减少资料占用的存储空间，以便更有效地在 Internet 上传输 | WinRAR、WinZIP、360 压缩 |
| 中文输入软件 | 将汉字输入计算机或手机等电子设备而采用的编码方法，是中文信息处理的重要技术 | 搜狗拼音、谷歌拼音、紫光拼音 |
| 电子阅读软件 | 不同格式的电子书需要使用不同的电子阅读软件 | Adobe Reader、CAJViewer |
| 图像处理软件 | 图像处理是指用计算机对图像进行分析，以达到所需结果的技术。常见的处理有图像数字化、图像编码、图像增强、图像复原、图像分割和图像分析等 | Photoshop、美图秀秀、Picasa |
| 系统辅助软件 | 提供了全面有效且简便安全的系统检测、系统优化、系统清理、系统维护等功能及其他附加的工具软件 | 超级兔子、优化大师、360 软件管家 |

| 软件种类 | 功能 | 软件举例 |
|---|---|---|
| 三维制作软件 | 三维动画软件是模拟真实物体，建立虚拟世界的有用的工具 | 3D Max、Maya、Flash |
| 联络聊天软件 | 基于互联网络的客户端进行实时语音、文字传输的工具 | 腾讯 QQ 、飞信 Fetion、Skype |
| 手机数码软件 | 基于手机不同操作系统的管理软件 | 豌豆荚、Itools |

## 3.2 操作系统概述

### 3.2.1 操作系统基本知识

**1. 操作系统的定义**

操作系统是管理计算机硬件资源，控制其他程序运行并为用户提供交互操作界面的系统软件的集合。

操作系统是一个非常复杂的系统，相当于计算机系统中硬、软件资源的总指挥部。计算机系统只有在操作系统的指挥和控制下，各种计算机硬件资源才能被分配给用户使用，各种软件才能获得运行的环境和条件。操作系统是软件技术的核心，是软件的基础运行平台。操作系统的性能高低，决定了整体计算机的潜在硬件性能能否发挥出来。在一定程度上计算机系统的安全性和可靠性依赖于操作系统本身的安全性和可靠程度。

目前存在着多种类型的操作系统，不同类型的操作系统，其目标各有所侧重，后面将详细介绍。

**2. 操作系统的作用**

（1）计算机系统资源的管理者

所有现代的计算机都能同时做几件事情，当一个用户程序正在运行时，计算机还能够同时读取磁盘，并向屏幕或打印机输出文本信息。也就是说，在计算机系统中同时有多个程序在执行。这些程序在执行的过程中可能会要求使用系统的各种资源，多个程序的资源需求经常会发生冲突。假设在一台计算机上运行的三个程序试图同时在同一台打印机上输出计算结果，如果对程序的这些资源需求不加以管理，那么头几行可能是程序 1 的输出，下面几行是程序 2 的输出，然后又是程序 3 的输出等，最终结果将是一团糟。操作系统是资源的管理者和仲裁者，由它负责在各个程序之间调度和分配资源，保证系统中的各种资源得以有效地利用。

（2）为用户提供友好的界面

操作系统处于用户与计算机硬件系统之间，用户通过操作系统来使用计算机系统。或者说，用户在操作系统帮助下，能够方便、快捷、安全、可靠地操纵计算机硬件和运行自己的程序，用户不必了解硬件的结构和特性就可以利用软件方便地执行各种操作，从而大大提高了工作效率。例如，要运行一个用 C 语言编写的源程序，用户只需在终端上输入几条命令或者单击几次鼠标即可。随着计算机的普及，计算机的使用者大多不是计算机的专业人员，界面的友好性比资源的利用率更具有实际意义。目前商业化操作系统提供的图形用户界面（GUI）就是在此背景下生成的产物。

**3. 操作系统的基本功能**

①处理机管理：处理机的分配和调度。

②存储管理：内存分配，存储保护，内存扩充。

③设备管理：设备、通道、控制器的分配和回收，设备独立性。

④文件管理：信息共享和保护，外存空间的管理。

⑤用户接口：包括程序一级接口（系统调用）和作业一级接口（作业管理，负责作业调度）。

**4. 操作系统的特征**

（1）并发性（Concurrence）

多个进程同时存在于内存中，且能在一段时间内同时运行。并发性是进程的重要特征，同时也是操作系统的重要特征。引入进程也正是为了使进程实体能和其他进程实体并发执行，提高计算机系统资源的利用率。

（2）共享性（Sharing）

在操作系统环境下，所谓共享是指系统中的资源可供内存中多个并发执行的进程（线程）共同使用。

（3）虚拟性（Virtual）

操作系统中的所谓"虚拟"，是指通过某种技术把一个物理实体变为若干个逻辑上的对应物。在 OS 中利用了多种虚拟技术，分别用来实现虚拟处理机、虚拟内存、虚拟外部设备和虚拟信道等。

（4）异步性（Synchronism）

进程按各自独立的、不可预知的速度向前推进。在操作系统中必须采取某种措施来保证各进程之间能协调运行。

**5. 操作系统的分类**

操作系统按用户个数可分为单用户操作系统和多用户操作系统；按任务数可分为单任务操作系统和多任务操作系统；按 CPU 个数可分为单 CPU 操作系统和多 CPU 操作系统；按使用环境及对作业的处理方式可分为批处理操作系统、分时操作系统、实时操作系统、个人计算机操作系统、网络操作系统、分布式操作系统。

（1）批处理操作系统

批处理（Batch Processing）操作系统的工作方式是：用户将作业交给系统操作员，系统操作员将许多用户的作业组成一批作业，之后输入计算机中，在系统中形成一个自转接的连续的作业流，然后启动操作系统，系统自动、依次执行每个作业。最后由操作员将作业结果交给用户。批处理操作系统的特点是：多道成批处理。批处理操作系统分为：单道批处理操作系统和多道批处理操作系统。

（2）分时操作系统

分时（Time Sharing）操作系统的工作原理是采用时间片轮转的方式使一台计算机为多个终端用户服务，保证每个用户有足够快的响应时间。其特点为交互性、多用户同时性和独立性。分时操作系统的适用范围为开发、调试、测试软件性能和小作业。分时操作系统是一个联机的、多用户的、交互的操作系统。UNIX 是典型的分时操作系统。

（3）实时操作系统

实时操作系统（Real-Time Operating System，RTOS）是指使计算机能及时响应外部事件的请求在规定的严格时间内完成对该事件的处理，并控制所有实时设备和实时任务协调一致地工作的操作系统。

实时操作系统的实现包括处理问题的程序常驻内存、由事件激发程序的执行、CPU 要根据事件的轻重缓急进行时间分配、需要有时钟管理模块、在线的人机对话、过载保护等保证系统绝对可靠（高度可靠性和安全性需采用冗余措施，硬件上双机热备份）。其特点为实时性、可靠性、安全性和专用性。实时操作系统的适用范围为实时控制（导弹发射、飞机飞行、钢水温度、发电等）、实时信息处理（情报检索、银行账目往来、飞机订票等）。

（4）网络操作系统

网络操作系统是基于计算机网络，在各种计算机操作系统上按网络体系结构协议标准开发的软件，包括网络管理、安全、资源共享和网络应用。其目标是相互通信及资源共享。在其支持下，网络中的各台计算机能互相通信和共享资源。其主要特点是与网络硬件结合来完网络的通信任务。

（5）分布式操作系统

分布式操作系统（Distributed System）是为分布计算系统配置的操作系统。大量的计算机通过网络连接在一起，可以获得极高的运算能力及广泛的数据共享。

**6. 操作系统的组成部分**

现在的操作系统十分复杂，它需要管理计算机内各种资源。它像是一个有多个上层部门经理的管理机构，每个部门经理负责自己的部门管理，并且相互协调。现代操作系统至少具有以下四种功能：处理机管理、存储器管理、设备管理、文件管理。此外，为了方便用户使用操作系统，还需向用户提供便于使用的用户接口。图 3-4 显示了操作系统的组成部分。

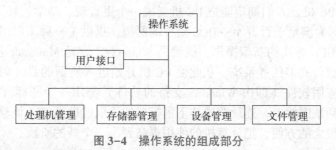

图 3-4 操作系统的组成部分

**7. 几种常见的操作系统**

在计算机发展史上，出现过许多不同的操作系统，下面分别介绍其中的几种常见的操作系统的发展过程和功能特点。

（1）DOS 操作系统

DOS 是磁盘操作系统（Disk Operation System）的简称。它最初是 1981 年美国微软（Microsoft）公司为 IBM-PC（IBM Personal Computer）开发的一种操作系统，经微软公司和 IBM 公司的改进和开发，分别命名为 MS-DOS 和 PC-DOS，两种版本功能基本相同，本书统称为 DOS。又经多年的不断完善，DOS 连续推出十几个版本，典型的有 DOS 3.X 和 DOS 6.X 等版本。DOS 的主要特点是：它为字符用户界面系统，即用户需要通过从键盘上输入字符命令来控制计算机的工作；它为单用户、单任务运行方式，即同一时刻只能运行一个程序；在管理内存的能力上也受到 640 KB 常规内存的限制，这些方面已使 DOS 在目前高性能的微机运行和管理上显得力不从心。但在大量的应用领域中，DOS 仍有相当的市场。尤其值得初学者重视的是，DOS 中关于文件的目录路径、文件的处理、系统的配置等许多概念，仍然在 Windows 中沿袭使用，甚至在 Windows 出现故障时，还会用到基本的 FDISK、FORMAT 这些命令来修复故障，这就使得 DOS 的学习成为深入掌握计算机的一段不可少的序曲。

（2）UNIX 操作系统

UNIX 是一个强大的多用户、多任务操作系统，是 1969 年由美国贝尔实验室的两名程序员 Ken Thompson 和 Dennis M. Ritchie 首先开发出来的。最初该系统采用汇编语言编写，后来两人专门为 UNIX 设计了 C 语言，并用它重新改写了 UNIX 中的源代码。经过长期的发展和完善，UNIX 已经成为目前世界上最成功、最流行的操作系统之一。虽然当前 Windows 系列的操作系统已经占据了桌面计算机系统的主导地位，但在高档工作站和服务器领域，UNIX 却还是操作系统的首选。尤其在 Internet 服务器方面，UNIX 的高性能、高可靠性仍然不是 Windows 系列的操作系统所能比拟的。

（3）Linux 操作系统

Linux 是一个源代码开放的自由软件，Linux 操作系统的核心最早是由芬兰的 Linus Torvalds 于 1991 年在芬兰赫尔辛基大学上学时开发的，其源程序在 Internet 上公布以后，引起了全球计算机爱好者的开发热情，经过众多世界顶尖的软件工程师的不断修改和完善，Linux 得以在全球普及开来。Linux 包含了 UNIX 的全部功能和特性，具有良好的安全性和稳定性以及完备的网络功能，在服务器领域及个人桌面得到越来越多的应用，在嵌入式开发方面更是具有其他操作系统无可比拟的优势。

（4）Windows 操作系统

MS-DOS 提供的是一种以字符为基础的用户接口，如不了解硬件和操作系统，便难以称心如意地使用 PC 机。人们期望能把 PC 机变成一个更直观、易学、好用的工具。

Microsoft 公司为满足千百万 MS-DOS 用户的愿望，提供了一种图形用户界面（Graphic User Interface，GUI）方式的新型操作，也就是 Windows。它是 Microsoft 公司在 1985 年 11 月发布的第一代窗口式多任务系统，从此使 PC 机开始进入所谓的 GUI 时代。在图形用户界面中，每一种应用软件（即由 Windows 支持的软件）都用一个图标（Icon）表示，用户只需把鼠标移到某图标上，连续两次按下鼠标器的拾取键即可进入该软件，这种界面方式为用户提供了很大的方便，把计算机的使用提高到了一个新的阶段。

（5）Mac 操作系统

Mac OS 是一套运行于苹果 Macintosh 系列计算机上的操作系统，也是首个在商用领域成功的图形用户界面。现在一提到 Apple，最先想到的就是那美轮美奂，可以称为艺术精品的 Mac OS X。苹果 Mac OS 操作系统虽然吸引了众多制图爱好者，但是并没有吸引更多的第三方软件开发商对其支持，在苹果计算机上仍然无法玩大型游戏、无法运行一些商业软件。但对于喜欢用户操作体验和优美外观的计算机用户，Mac 是当之无愧的第一选择。

智能手机操作系统

国产操作系统

### 3.2.2 处理机管理模块

CPU 是计算机系统中最宝贵的硬件资源，为了提高 CPU 的利用率，操作系统采用了多道程序技术。处理机管理的主要任务是对处理机进行分配，也就是说，如何将处理机的使用权分配给某个程序，并对其进行有效的控制。在许多操作系统中，包括 CPU 在内的系统资源是以进程（Process）为单位分配的。因此，处理机管理在某种程度上也可以说是进程管理。

进程是处理机管理中的基本概念。简单地说，进程就是程序的一次执行。或者说，它是一个程序及其数据在处理机上顺序执行时所发生的活动。一个程序被加载到内存，系统就创建了一个进程，程序执行结束，该进程也随之消亡。进程与程序是两个不同的概念，进程是动态地、暂时地存在于内存中；而程序是计算机指令的集合，程序是静态的、永久的，存储于硬盘、光盘等存储设备。如果把程序比作乐谱，进程就是根据乐谱演奏出的音乐；如果将程序比作剧本，进程就是一次次的演出。

**1. 进程的查看**

启动操作系统时，通常会创建若干个进程。其中前台进程是与用户交互并替他们完成工作的那些进程。后台进程，则不与特定的用户相联系，而是具有某些专用的功能。

在 Windows 7 操作系统中同时按下【Ctrl+Alt+Delete】键，在弹出的窗口中单击"启动任务管理器"命令，即可打开"Windows 任务管理器"对话框，如图 3-5 所示，从中可以看到共有 52 个正在执行的进程。需要注意的是，画图程序被同时运行了 3 次，因而内存中有 3 个对应的进程 mspaint.exe。这也进一步说明了一个程序的多次执行分别对应不同的进程。

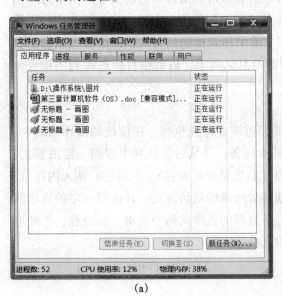
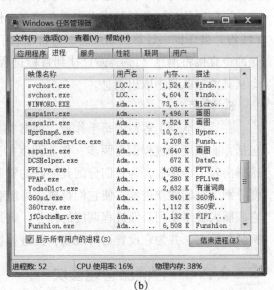

(a)　　　　　　　　　　　　(b)

图 3-5　进程的查看

(a) 正在运行的程序；(b) 正在运行的进程

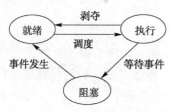
图 3-6　进程的状态转换图

**2. 进程控制**

在传统的多道程序环境下，要使作业运行，必须先为它创建一个或几个进程，并为之分配必要的资源。当进程运行结束时，立即撤消该进程，以便能及时回收该进程所占用的各类资源。运行中的进程具有以下 3 种基本状态：就绪、执行和阻塞状态。图 3-6 显示了进程的三种基本状态之间的转换关系。

**3. 进程同步**

为使多个进程能有条不紊地运行，系统中必须设置进程同步机制。进程同步的主要任务是为多个进程（含线程）的运行进行协调。有两种协调方式：一是进程互斥方式，指诸进程（线程）在对临界资源进行访问时，应采用互斥方式；二是进程同步方式，指在相互合作去完成共同任务的诸进程（线程）间，由同步机构对它们的执行次序加以协调。

最简单的用于实现进程互斥的机制，是为每一个临界资源配置一把锁，当锁打开时，进程（线程）可以对该临界资源进行访问；而当锁关上时，则禁止进程（线程）访问该临界资源。

**4. 进程通信**

在多道程序环境下，为了加速应用程序的运行，应在系统中建立多个进程，并且再为一个进程建立若干个线程，由这些进程（线程）相互合作去完成一个共同的任务。而在这些进程（线程）之间，又往往需要交换信息。例如，有三个相互合作的进程，它们是输入进程、计算进程和打印进程。输入进程负责将所输入的数据传送给计算进程，计算进程利用输入数据进行计算，并把计算结果传送给打印进程，最后由打印进程把计算结果打印出来。进程通信的任务就是用来实现在相互合作的进程之间的信息交换。当相互合作的进程（线程）处于同一计算机系统时，通常在它们之前采用直接通信方式，即由源进程利用发送命令直接将消息（message）挂到目标进程的消息队列上，以后由目标进程利用接收命令从其消息队列中取出消息。

**5. 调度**

在后备队列上等待的每个作业，通常都要经过调度才能执行。在传统的操作系统中，包括作业调度和进程调度两步。作业调度的基本任务，是从后备队列中按照一定的算法，选择出若干个作业，为它们分配其必需的资源（首先是分配内存）。在将它们调入内存后，便分别为它们建立进程，使它们都成为可能获得处理机的就绪进程，并按照一定的算法将它们插入就绪队列。而进程调度的任务，则是从进程的就绪队列中选出一新进程，把处理机分配给它，并为它设置运行现场，使进程投入执行。

### 3.2.3　存储器管理模块

主存储器（简称内存或主存）在计算机系统中起着非常重要的作用，用于保存进程运行时的程序和数据，是 CPU 可以直接存取的存储器。近年来，存储器的容量不断扩大、速度不断提高，但是仍然不能满足现代软件发展的需求。

存储器管理的主要对象是内存，主要任务是为多道程序的运行提供良好的环境，方便用户使用存储器，提高存储器的利用率以及能从逻辑上扩充内存。为此，存储器管理应具有内存分配、内存保护、地址映射和内存扩充等功能。

**1. 内存分配**

操作系统在实现内存分配时，采取静态和动态两种方式。静态分配方式中，每个作业的内存空间是在作业装入时确定的；在作业装入后的整个运行期间，不允许该作业再申请新的内存空间，也不允许作业在内存中"移动"；在动态分配方式中，每个作业所要求的基本内存空间，也是在装入时确定的，但允许作业在运行过程中，继续申请新的附加内存空间，以适应程序和数据的动态增长，也允许作业在内存中"移动"。

为了实现内存分配，在内存分配的机制中应具有如下结构和功能：

①内存分配数据结构，该结构用于记录内存空间的使用情况，作为内存分配的依据。

②内存分配功能，系统按照一定的内存分配算法，为用户程序分配内存空间。

③内存回收功能，系统对于用户不再需要的内存，通过用户的释放请求，去完成系统的回收功能。

**2. 内存保护**

内存保护的主要任务，是确保每道用户程序只在自己的内存空间内运行，彼此互不干扰，为了防止用户进程侵犯系统进程所在的内存区域，必须设置内存保护机制，以确保各个进程都只在自己的内存空间内运行。

一种比较简单的内存保护机制，是设置两个界限寄存器，分别用于存放正在执行程序的上界和下界。系统须对每条指令所要访问的地址进行检查，如果发生越界，便发出越界中断请求，以停止该程序的执行。如果这种检查完全用软件实现，则每执行一条指令，就要增加若干条指令去进行越界检查，但这将显著降低程序的运行速度。因此，越界检查都由硬件实现。当然对发生越界后的处理，还将与软件配合来完成。

**3. 地址映射**

一个应用程序（源程序）经编译后，通常会形成若干个目标程序。这些目标程序再经过链接便形成了可装入程序。这些程序的地址都是从"0"开始的，程序中的其他地址都是相对于起始地址计算的。这些地址所形成的地址范围被称为"地址空间"，其中的地址称为"逻辑地址"或"相对地址"。此外，由内存中的一系列单元所限定的地址范围称为"内存空间"，其中的地址称为"物理地址"。

在多道程序环境下，每道程序不可能都从"0"地址开始装入（内存），这就致使地址空间内的逻辑地址和内存空间中的物理地址不相一致。要使程序能正确运行，存储器管理必须提供地址映射功能，以将地址空间中的逻辑地址转换为内存空间中与之对应的物理地址。该功能应在硬件的支持下完成。

**4. 内存扩充**

存储器管理中的内存扩充任务，并非是去扩大物理内存的容量，而是借助虚拟存储技术，从逻辑上去扩充内存容量，使用户所感觉到的内存容量比实际内存容量大得多；或者是让更多的用户程序能并发运行。这样，既满足了用户的需要，改善了系统的性能，又基本上不增加硬件投资。

　　虚拟内存在 Windows 操作系统中又称为"页面文件"，在 Windows 7 环境下可以查看和设置虚拟内存的情况。右击桌面上的"计算机"图标，在弹出的快捷菜单中选择"属性"命令，然后选择"高级系统设置"链接，在打开的"系统属性"对话框中选择"高级"选项卡，再在"性能"区域选择"设置"按钮，在打开的"性能选项"对话框中选择"高级"选项卡，即可看到图 3-7（a）所示的某台计算机的虚拟内存，总分页文件大小为 2 047 MB。在"虚拟内存"区域选择"更改"命令，打开如图 3-7（b）所示的"虚拟内存"对话框，可以看到当前计算机的虚拟内存为 C 盘的空间，用户可以更改虚拟内存的物理盘符和虚拟内存的大小。

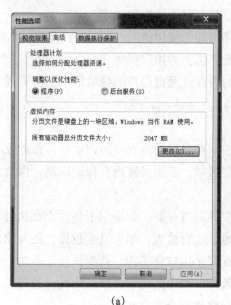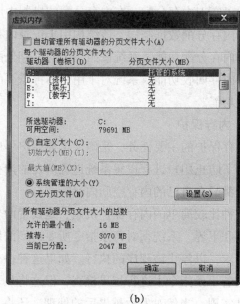

（a）　　　　　　　　　　　　　　　　　　（b）

图 3-7　Windows 7 环境下的虚拟内存

（a）"性能选项"对话框；（b）虚拟内存设置

### 3.2.4　设备管理模块

　　设备管理模块用于管理计算机系统中所有的外围设备，而设备管理模块的主要任务是，完成用户进程提出的 I/O 请求；为用户进程分配其所需的 I/O 设备；提高 CPU 和 I/O 设备的利用率；提高 I/O 速度；方便用户使用 I/O 设备。为实现上述任务，设备管理模块应具有缓冲管理、设备分配和设备处理，以及虚拟设备等功能。

**1. 缓冲管理**

　　CPU 运行的高速性和 I/O 低速性间的矛盾自计算机诞生时起便已存在。随着 CPU 速度迅速、大幅度地提高，使得此矛盾更为突出，严重降低了 CPU 的利用率。如果在 I/O 设备和 CPU 之间引入缓冲，则可有效地缓和 CPU 和 I/O 设备速度不匹配的矛盾，提高 CPU 的利用率，进而提高系统吞吐量。因此，在现代计算机系统中，都毫无例外地在内存中设置了缓冲区，而且还可通过增加缓冲区容量的方法，来改善系统的性能。

最常见的缓冲区机制有单缓冲机制、能实现双向同时传送数据的双缓冲机制，以及能供多个设备同时使用的公用缓冲池机制。

**2. 设备分配**

设备分配的基本任务，是根据用户进程的 I/O 请求、系统的现有资源情况以及按照某种设备分配策略，为之分配其所需的设备。如果在 I/O 设备和 CPU 之间，还存在着设备控制器和 I/O 通道时，还须为分配出去的设备分配相应的控制器和通道。

为了实现设备分配，系统中应设置设备控制表、控制器控制表等数据结构，用于记录设备及控制器的标识符和状态。根据这些表格可以了解指定设备当前是否可用，是否忙碌，以供进行设备分配时参考。在进行设备分配时，应针对不同的设备类型而采用不同的设备分配方式。对于独占设备（临界资源）的分配，还应考虑到该设备被分配出去后，系统是否安全。设备使用完后，还应立即由系统回收。

**3. 设备处理**

设备处理程序又称为设备驱动程序。其基本任务是用于实现 CPU 和设备控制器之间的通信，即由 CPU 向设备控制器发出 I/O 命令，要求它完成指定的 I/O 操作；反之由 CPU 接收从控制器发来的中断请求，并给予迅速的响应和相应的处理。

处理过程一般是设备处理程序首先检查 I/O 请求的合法性，了解设备状态是否是空闲的，了解有关的传递参数及设置设备的工作方式。然后，便向设备控制器发出 I/O 命令，启动 I/O 设备去完成指定的 I/O 操作。设备驱动程序还应能及时响应由控制器发来的中断请求，并根据该中断请求的类型，调用相应的中断处理程序进行处理。对于设置了通道的计算机系统，设备处理程序还应能根据用户的 I/O 请求，自动地构成通道程序。

### 3.2.5 文件管理模块

系统软件为了有效地管理整个计算机系统中的各种资源，并有效地组织应用软件的工作方便人类使用计算机，采用了一些抽象的概念，并在这些抽象概念的基础上建立一套管理资源的软件系统，在文件系统的管理下，用户可以按照文件名访问文件，而不必关心具体的实现细节，例如，这些信息被存放在什么地方，是如何存放的，磁盘的工作原理是什么等，用于对计算机系统的各种资源实现统一管理和简化使用。最基本的概念是文件和目录（也称为文件夹），所建立的软件系统称为文件管理系统，简称文件系统（File System）。

**1. 文件（File）**

所谓文件是指记录在存储介质上的一组相关信息的集合。在计算机系统中，文件既可以是程序也可以是数据，甚至是声音、图像等，每个文件都有一个名称，即文件名（File Name）。操作系统是按照文件名来进行管理和读写文件的。

（1）文件命名

每个文件都有一个文件名，用户可以直接通过文件名来使用文件。文件的具体命名规则并无统一的标准，不同的系统可能会有不同的要求。不过当前的所有系统都支持使用长度为 1~8 个字符的字符串作为合法的文件名。因此，andre、bracer 和 Cathay 都可以用作文件名。数字和一些特殊字符也可以用于文件名之中，所以像 8、urgent! 和 fig. 7-1 通常也是有效的文件名。许多文件系统还支持长达 255 个字符的文件名。

有些文件系统会区分英文字母的大小写，如 UNIX，而有的系统则不会，如 MS-DOS。因此，在 UNIX 系统中，可以使用如下三个不同的文件名：maria、Maria 和 MARIA。但在 MS-DOS 中，这三个名字是等效的，描述的是同一个文件。

许多操作系统支持两部分组成的文件名，即主文件名和扩展名，两部分之间用点号"."分隔。比如 prog. c，点号后面的部分称为文件扩展名，它通常给出了与文件类型有关的一些信息，在本例中，. c 表示这是一个 C 语言源文件。Windows 非常重视扩展名，并给它们赋予了含义。一些常用的文件扩展名及其含义如表 3-2 所示。用户（或进程）可以向操作系统注册扩展名，并且为每种扩展名指定相应的应用程序。这样，如果用户去双击一个文件名，那么系统就会自动地去运行相应的程序。例如，如果去双击文件 file. doc，那么系统就会自动地去运行 word 程序，并且打开这个文档。

表 3-2　一些常用的文件扩展名及其含义

| 扩展名 | 含义 |
| --- | --- |
| . exe | 可执行文件 |
| . bak | 备份文件 |
| . zip | 压缩文件 |
| . txt | 一般文本文件 |
| . pdf | pdf 格式文件 |
| . mp3 | 符合 MP3 音频编码格式的音乐文件 |
| . html | WWW 超文本标记语言文档 |
| · jpg | 符合 JPEG 编码标准的图片文件 |
| . hlp | 帮助文件 |

（2）文件属性

文件除了文件名，还有文件大小，占用空间、文件位置，建立时间和日期等信息，这些信息称为文件属性。如果设置为"只读"属性的文件则只能读，不能修改其内容，起保护作用。具有"隐藏"属性的文件在一般情况下是不显示的，可以通过修改"文件夹选项"对话框的设置，将隐藏文件变为可以看到的文件，但隐藏的文件和文件夹是浅色的，以表明它们与普通文件的不同。

（3）文件操作

为了方便用户使用文件，文件系统提供了多种操作文件的方式，如新建文件、删除文件、打开和关闭文件、文件重命名等功能。在 Windows 7 环境下，文件的快捷菜单中存放了有关文件的大多数操作和文件属性信息，用户只需要单击右键打开相应的快捷菜单就可以进行操作，如图 3-8 所示。

图 3-8　文件操作图

### 2. 文件存储管理

由文件系统对诸多文件及文件的存储空间，实施统一的管理。其任务是为每个文件分配必要的外存空间，提高外存的利用率，并有助于提高文件系统的运行速度。文件系统存放在磁盘上，多数磁盘划分成一个或多个分区，每个分区中有一个独立的文件系统。Windows 中常见的文件系统是 FAT32 和 NTFS。在 Windows 7 环境下，通过选择"控制面板" → "管理工具" → "计算机管理" → "磁盘管理" 命令可以查看磁盘各分区的文件系统，如图 3-9 所示。

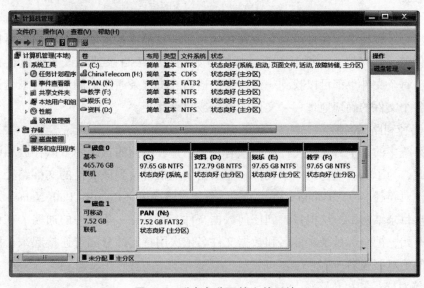

图 3-9　磁盘各分区的文件系统

### 3. 目录

文件的大多数操作主要是对文件的一些基本属性进行了解。无论文件的内容、大小是否相同，但所有文件的基本属性项都是一致的。文件属性是用于描述文件自身的元信息。将所有文件都具有的一些共同属性栏目提取出来，就构成了一种结构-文件目录（简称目录，也称为文件夹）。

文件目录一般采用树形结构，整个目录结构像一棵倒置的树，在目录结构的顶部是一个称为根的目录，每个目录可以包含子目录和文件。在 Windows 系统下，可以直接通过资源管理器来查看目录结构，Windows 操作系统下的文件目录又称为文件夹（Folder），文件夹和不同类型的文件采用不同的图标，因而很容易区分。Windows 7 环境下的文件目录的组织如图 3-10 所示。

图 3-10　Windows 7 环境下的目录结构

在树形目录结构中，文件可以存放在任何一级子目录下，这就类似于苹果可以生长在苹果树的任何一个树枝上一样。因此，从根开始通过各级目录到达该文件就存在一条通路。反之，每个文件也都可以找到一条这样的通路。将这条通路上的所有目录名连接起来就形成了各个文件的确切地址——文件的路径或目录路径。

（1）路径和路径名

文件系统中的每个目录和文件都必须有一个名字，不同的目录中可以存放相同名称的文件。因此，为了唯一地标识一个文件，需要指明从根目录到该文件的文件路径，文件路径由它的绝对路径名（Absolute Path Name）和相对路径名（Relative Path Name）来指明。

在树形目录结构中，从根目录到任何数据文件，都只有一条唯一的通路。在该路径上从树的根开始，把全部目录文件名和数据文件名依次用特定的分隔符连接起来，即构成该数据文件的绝对路径名。

（2）绝对路径和相对路径

文件的绝对路径名就像一个人的地址，如果仅知道人的名字，并不容易找到这个人。另外，如果知道人的名字、街道、城市、国家，那么就能在世界上找到任何人。这个完全或绝对的路径名可能会很长。由于这个原因，一些操作系统提供了在特定情况下的短路径名，这就是相对路径名，它常和工作目录（Working Directory，也称当前目录，Current directory）的概念一起使用。

用户可以指定一个目录作为当前的工作目录，此时文件使用的路径名，只需从当前目录开始，逐级经过中间的目录文件，最后到达要访问的数据文件。这样，把从当前目录开始直到数据文件为止所构成的路径名，称为相对路径名。如果当前目录是 N:\OS，则绝对路径名为 N:\OS\ Windows7. doc 的文件可以简单地用 Windows7. doc 来访问。相对路径名的形式更加简洁、方便，但是它的功能和绝对路径名是相同的。

**4. 目录管理**

目录管理的任务是为每个文件建立其目录项，并对众多的目录项加以有效地组织，以实现方便的按名存取。也就是用户只要提供文件名，就可对该文件进行存取。目录管理还能实现文件共享，提供快速的目录查询手段，以提高对文件的检索速度。

文件目录一般采用树形结构，整个目录结构像一棵倒置的树，在目录结构的顶部是一个称为根的目录，每个目录可以包含子目录和文件。在 Windows 系统下，可以直接通过资源管理器来查看目录结构，Windows 操作系统下的文件目录又称为文件夹，文件夹和不同类型的文件采用不同的图标，因而很容易区分。

**5. 文件的读/写管理和保护**

（1）文件的读/写管理

该功能是根据用户的请求，从外存中读取数据；或将数据写入外存。在进行文件读（写）时，系统先根据用户给出的文件名，去检索文件目录，从中获得文件在外存中的位置。然后，利用文件读（写）指针，对文件进行读（写）。一旦读（写）完成，便修改读（写）指针，为下一次读（写）做好准备。由于读和写操作不会同时进行，故可合用一个读/写指针。

（2）文件保护

防止未经核准的用户存取文件；防止冒名顶替存取文件；防止以不正确的方式使用文件。

## 3.2.6 用户接口管理模块

**1. 命令接口**

（1）联机用户接口

这是为联机用户提供的，它由一组键盘操作命令及命令解释程序所组成。当用户在终端或控制台上每键入一条命令后，系统便立即转入命令解释程序，对该命令加以解释并执行该命令。在完成指定功能后，控制又返回到终端或控制台上，等待用户键入下一条命令。这样，用户可通过先后键入不同命令的方式，来实现对作业的控制，直至作业完成。

（2）脱机用户接口

该接口是为批处理作业的用户提供的，故也称为批处理用户接口。该接口由一组作业控制语言 JCL 组成。批处理作业的用户不能直接与自己的作业交互作用，只能委托系统代替用户对作业进行控制和干预。这里的作业控制语言 JCL 便是提供给批处理作业用户的、为实现所需功能而委托系统代为控制的一种语言。用户用 JCL 把需要对作业进行的控制和干预，事先写在作业说明书上，然后将作业连同作业说明书一起提供给系统。当系统调度到该作业运行时，又调用命令解释程序，对作业说明书上的命令，逐条地解释执行。如果作业在执行过程中出现异常现象，系统也将根据作业说明书上的指示进行干预。这样，作业一直在作业说明书的控制下运行，直至遇到作业结束语句时，系统才停止该作业的运行。

**2. 程序接口**

该接口是为用户程序在执行中访问系统资源而设置的，是用户程序取得操作系统服务的唯一途径。它由一组系统调用组成，每一个系统调用都是一个能完成特定功能的子程序，每当应用程序要求 OS 提供某种服务（功能）时，便调用具有相应功能的系统调用。早期的系统调用都是用汇编语言提供的，只有在用汇编语言书写的程序中，才能直接使用系统调用；但在高级语言以及 C 语言中，往往提供了与各系统调用一一对应的库函数，这样，应用程序便可通过调用对应的库函数来使用系统调用。但在近几年所推出的操作系统中，如 UNIX、OS/2 版本中，其系统调用本身已经采用 C 语言编写，并以函数形式提供，故在用 C 语言编制的程序中，可直接使用系统调用。

**3. 图形接口**

用户虽然可以通过联机用户接口来取得 OS 的服务，但这时要求用户能熟记各种命令的名字和格式，并严格按照规定的格式输入命令，这既不方便又花时间，于是，图形用户接口便应运而生。图形用户接口采用了图形化的操作界面，用非常容易识别的各种图标（Icon）来将系统的各项功能、各种应用程序和文件，直观、逼真地表示出来。用户可用鼠标或通过菜单和对话框，来完成对应用程序和文件的操作。此时用户已完全不必像使用命令接口那样去记住命令名及格式，从而把用户从烦琐且单调的操作中解脱出来。

## 3.3 办公软件

### 3.3.1 简介

办公软件是最常用的应用软件，是我们处理日常信息的一种重要手段。办公软件属于应用软件，是软件开发商组织专业的软件人员设计编写出来的，是专门用于现代办公日常事务处理的软件。随着版本的更新，办公软件的功能越来越强大，除了文字处理、电子表格制作、演示文稿的创建，还涉及关系数据库的处理，以及桌面信息管理、网页制作等。许多办公软件的开发商把多种用途的常用办公软件集成起来，组织成办公软件包的形式。

随着计算机使用的普及和现代网络技术的发展，许多单位、部门已经实现了无纸化办公，国际化大公司已经采用远程办公模式，虚拟办公技术也已经接近成熟。因此熟练使用办公软件是当代大学生必备的素质。

当前主流的办公软件有美国 Microsoft（微软）公司的 Microsoft Office、IBM 公司的 Lotus Symphony 以及我国的 KingSoft（金山软件）公司的 WPS。

**1. 国产办公软件金山 WPS**

WPS 集编辑与打印为一体，具有丰富的全屏幕编辑功能，而且还提供了各种控制输出格式及打印功能，使打印出的文稿既美观又规范，基本上能满足各界文字工作者编辑、打印各种文件的需要和要求。

WPS 的主要功能：

文件标签，受各网络浏览器使用习惯的影响，在文件切换时，有些用户习惯于采用直观的文档标签方式。在 WPS Office 2005 中对这种应用提供了两种选择，即传统的窗口切换方式和文件标签方式，让用户可以按照自己的喜好进行使用。

文字工具，在早期的 WPS Office 版本里，就有一组很让用户称道的文字工具（删除空格、增加空格、删除段首空格、增加段首空格、段落重排、删除空段），这组功能对于那些需要经常从互联网上转摘文字的用户来说，非常方便。因为我们都知道，在转摘文章时，经常会出现大量的空格、空段，如果没有这项功能，那用户还要自己再去编辑，很麻烦。现在，这个功能在 WPS 2005 中同样保留。

稿纸方式，稿纸作为金山文字的特色之一，在 WPS Office 2005 专业版中有更加全面的表现，不但能够将全篇文档都设置为稿纸，而且还可以通过将文档分节实现稿纸格式和空白格式的混合排版。

表格中人民币大写，在表格制作时，很多用户都有使用人民币大写的需要，在 WPS 2005 的表格中，就提供了一个特殊的功能：提供阿拉伯数字自动转换为人民币大写的功能，满足广大财会人员制作报表的需要。

中文表格的表元斜线应用，在表格编辑时，我们经常会使用到斜线表头功能，国外主流 Office 的斜线表头，在使用上比较麻烦，比如在改变表头大小时，斜线不会跟随其自动缩放，致使版式混乱。而 WPS 2005 中，不论表格大小如何调整，斜线表头都能够保持一致。

强大的 PDF 输出功能，现在 PDF 文件已经成为世界上通用文件格式之一，很多用户在日常使用中，都会使用到 PDF 输出功能。与其他 Office 不同，WPS 2005 在 PDF 输出时，能够完整保留原文档各种特殊内容，并提供完善的 PDF 文件权限设置功能，而且自动形成目录，带有索引功能。

丰富的打印功能，WPS 2005 三个功能软件中提供的打印功能很让我服气。比如她特别提供了反片打印功能，可以轻松打印幻灯片，另外还有拼版、双面打印、文件套打等功能，真是方便又实用。

修订功能，在日常办公中，我们会经常使用到修订功能，但有时会有好几个人在同一篇文件上进行修订和批注，如果是电子格式，还可以根据颜色不同进行区分，但如果是打印稿，颜色都差不多，修订、批注者的身份就无法区分了。针对这种情况，WPS 2005 实现了能够记录作者身份的功能点。

全面的演示功能，在 WPS 演示中，除了具有国外主流 Office 的功能外，还多了一项为用户提供不同效果的幻灯片、讲义、备注页打印等功能，如每页 3 张备注页等效果，非常方便实用。

**2. 国外主流办公软件**

（1）Lotus Symphony

Lotus 是 IBM 公司的五大软件产品线（Information Management、Lotus、Rational、Tivoli、WebSphere）之一，是企业业务协作平台和集成工具。IBM Lotus Symphony 是 IBM Lotus 家族中一组优秀的办公套件，它提供免费下载和使用功能，支持的操作系统非常丰富，包括 Windows、Linux、Mac OS X 等。

IBM Lotus Symphony 包括三个主要组件：IBM Lotus Symphony Documents（相对于微软 Office 的 Word）、IBM Lotus Symphony Spreadsheets（相当于微软 Office 的 Excel 电子表格）、IBM Lotus Symphony（相当于微软 Office 的 PowerPoint）。对于普通使用者来说，使用三个以上的组件时，完全在同一个软件窗口的不同卷标之间切换，大大降低了因为打开多个窗口的烦琐程度，也提升了启动速度。而对于开发人员来说，IBM Lotus Symphony 是建立在 Eclipse 之上整合型的办公软件产品，他们可以通过 Eclipse 插件的形式来扩展该产品。

（2）Microsoft Office

Microsoft Office 是美国微软公司开发的办公软件，它为 Microsoft 和 Apple Macintosh 操作系统而开发。与办公室应用程序一样，它包括联合的服务器和基于互联网的服务。Office 最初出现于 20 世纪 90 年代早期，最初是指一些以前曾单独发售的软件的合集，最初的 Office 版本包含 Word、Excel 和 PowerPoint，另外一个专业版包含 Microsoft Access。随着时间的流逝，Office 应用程序逐渐整合，共享一些特性，例如拼写和语法检查、OLE 数据整合和微软 Microsoft VBA（Visual Basic for Applications）脚本语言，Office 也被认为是一个开发文档的事实标准。随着 Microsoft Windows 的不断升级，Microsoft Office 也经历了从 Office 95、Office 97、Office 2000、Office XP、Office 2003、Officce 2007、Officce 2010、Officce 2013、Office 2016 版本的升级。

### 3.3.2 Office 的具体介绍

**1. 文字处理软件 Word 2016**

文字处理软件是办公软件中使用得最多的一种软件，经常用于制作和编辑办公文档，在文字处理方面功能十分强大，使用户在办公过程中能够更加轻松、方便。Word 2016 处理软件，主要具有如下几个方面的功能。

（1）文档管理功能

能够进行文档的建立，搜索满足条件的文档，以多种格式保存，文档自动加密、自动保存和文档的恢复等操作。Word 2016 还在原有版本基础之上提供了数字签名、编辑文档属性、检查文档等准备功能。利用 Word 2016 的模板库和 Microsoft Office Online 官方网站上提供的丰富的模板，用户还可以方便地创建出具有专业水准的文档，例如可以利用新闻稿模板快速制作一张图文并茂的新闻报，如图 3-11 所示。

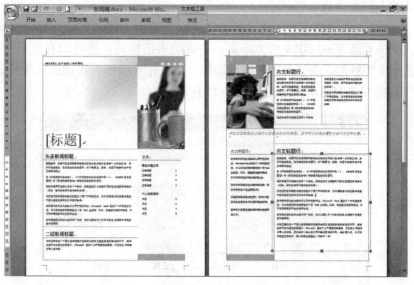

图 3-11 利用模板快速创建的文档效果

（2）编辑和排版功能

Word 2016 不仅能提供多种途径的输入方法、能够进行自动更正错误、拼写检查、简体繁体转换、大小写转换、查找与替换等；为段落、文本、页面等提供丰富的排版格式，用户还可以通过样式快速定义格式、复制格式；而且 Word 2016 还提供了更为丰富的样式库，方便用户高效快捷地对文档进行格式设置。例如利用图文混排功能能实现毕业论文封面的制作，如图 3-12 所示。

江西農業大學

JIANGXI AGRICULTURAL UNIVERSITY

本 科 毕 业 论 文（设 计）

图 3-12 图文混排效果

（3）表格和图形处理

Word 2016 可以在文档中方便地进行表格建立、编辑、格式化、计算、排序及生成图表等操作，提供了比 Word 2013 更为丰富、美观的表格样式；还可以在文档中插入图片、文本框和艺术字等对象，能够对图形进行编辑、格式化等操作，实现图文混排。例如，利用"样式"功能在文中创建表格，如图 3-13 所示。

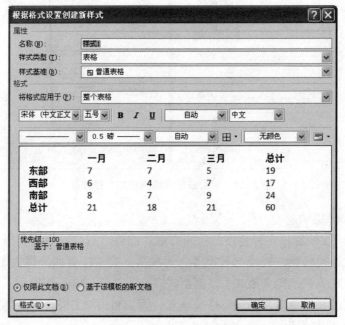

图 3-13　创建样式对话框

（4）高级功能

另外，Word 2016 还集成了文本的校对、审阅、目录生成等功能，用户可以根据自己的业务需求制作文档。例如，利用 Word 2016 用户可以制作出如图 3-14 所示的论文样张。

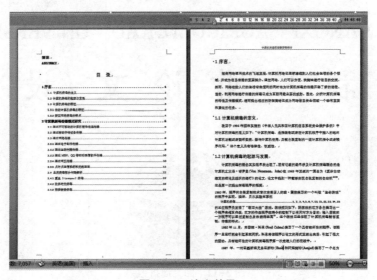

图 3-14　论文效果

Microsoft Word 从 Word 2013 升级到 Word 2016，主要的新增功能有以下几点。

①协同工作功能。

Office 2016 新加入了协同工作的功能，只要通过共享功能选项发出邀请，就可以让其他使用者一同编辑文件，而且每个使用者编辑过的地方，也会出现提示，让所有人都可以看到哪些段落被编辑过。对于需要合作编辑的文档，这项功能非常方便。

②搜索框功能。

打开 Word 2016，在界面右上方，可以看到一个搜索框，在搜索框中输入想要搜索的内容，搜索框会给出相关命令，这些都是标准的 Office 命令，直接单击即可执行该命令。对于使用 Office 不熟练的用户来说，将会方便很多。例如搜索"段落"可以看出 Office 给出的段落相关命令，如果要进行段落设置则单击"段落设置"选项，这时会弹出"段落"对话框，可以对段落进行设置，非常方便，如图 3-15 所示。

图 3-15　段落设置

③云模块与 Office 融为一体。

Office 2016 中云模块已经很好地与 Office 融为一体。用户可以指定云作为默认存储路径，也可以继续使用本地硬盘储存。值得注意的是，由于"云"同时也是 Windows 10 的主要功能之一，因此 Office 2016 实际上是为用户打造了一个开放的文档处理平台，通过手机、iPad 或是其他客户端，用户即可随时存取刚刚存放到云端上的文件，如图 3-16 所示。

④插入菜单增加了"应用程序"标签。

插入菜单增加了一个"应用程序"标签，里面包含"应用商店""我的应用"两个按钮。这里主要是微软和第三方开发者开发的一些应用 APP，类似于浏览器扩展，主要是为 Office 提供一些扩充性功能，帮助检查文档的断字或语法问题等，如图 3-17 所示。

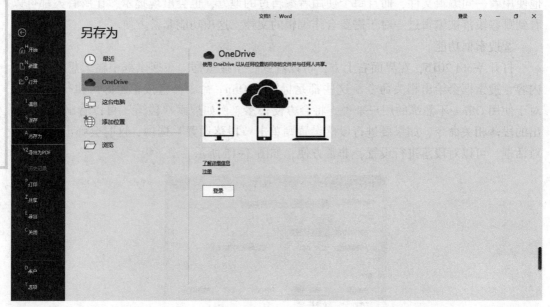

图 3-16　选择云作为存储路径

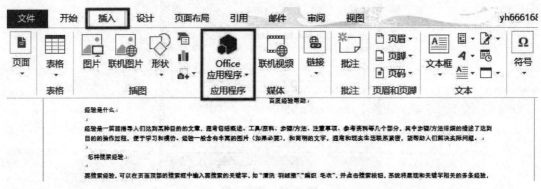

图 3-17　"应用程序"标签

### 2. 表格处理软件 Excel 2016

从 1983 年起微软公司开始新的挑战，其产品名称是 Excel，中文意思就是超越。先后推出了 Excel 4.0、Excel 5.0、Excel 6.0、Excel 7.0、Excel 97、Excel 2000、Excel 2002、Excel 2003 直至目前的 Excel 2016。Excel 因其具有十分友好的人机界面、出色的计算和图表功能，而成为广大用户管理公司和个人财务、统计数据、绘制各种专业化表格的得力助手，是最流行的微机数据处理软件。本书以 Excel 2016 版为蓝本，介绍电子表格的创建、编辑、格式化、图表、数据的管理与分析等功能。

（1）表格制作与函数计算功能

可以方便地制作各种形式的电子表格，Excel 2016 提供了丰富的主题和样式，帮助用户创建外观精美、统一专业的表格；提供了丰富的函数，可以对表格中的数据进行各种运算。

（2）图表功能

可以制作丰富直观的图表效果，Excel 2016 提供了大量的预定义图表样式和布局，用户可以快速应用一种外观精美的格式，然后在图表中进行所需的细节设置，如图 3-18 所示。

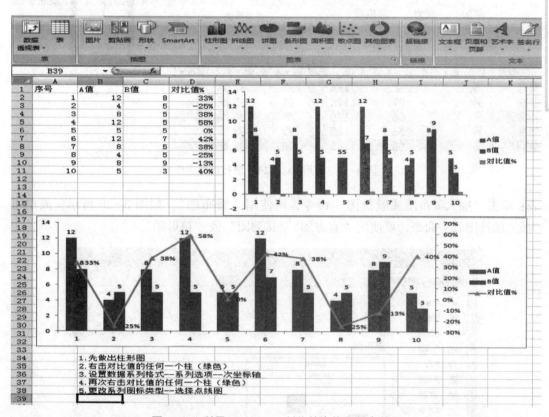

图 3-18　利用 Excel 2016 制作的表格和图表效果

（3）数据处理与统计功能

Excel 2016 集成了复杂的数据处理和统计功能，可以对数据进行排序和筛选，可以进行多级的分类汇总，进行数据的分析和预测功能，创建数据透视图或者透视表，如图 3-19 所示。

相对于以往版本，Excel 2016 新增的功能具体如下。

（1）六种图表类型

可视化对于有效的数据分析至关重要。在 Excel 2016 中，添加了六种新图表以帮助用户创建财务或分层信息的一些最常用的数据可视化，以及显示用户数据中的统计属性。在"插入"选项卡上单击"插入层次结构图表"命令，可使用"树状图"或"旭日图"图

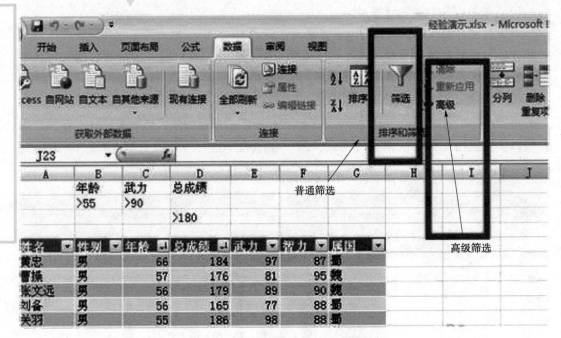

图 3-19　利用 Excel 2016 进行筛选操作

表；单击"插入瀑布图或股价图"命令，可使用"瀑布图"，如图 3-20 所示；或单击"插入统计图表"命令，可使用"直方图""排列图"或"箱形图"。

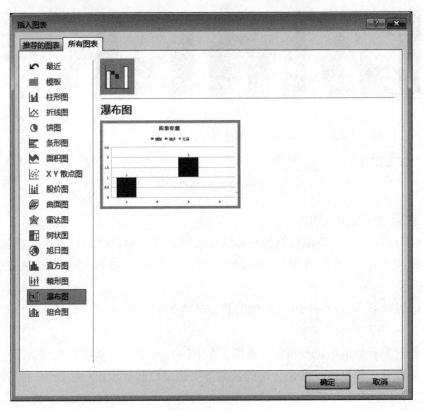

图 3-20　瀑布图

（2）一键式预测

在 Excel 的早期版本中，只能使用线性预测。在 Excel 2016 中，FORECAST 函数进行了扩展，允许基于指数平滑（例如 FORECAST. ETS（）…）进行预测。此功能也可以作为新的一键式预测按钮来使用。在"数据"选项卡上，单击"预测工作表"按钮可快速创建数据系列的预测可视化效果，如图 3-21 所示。在向导中，还可以找到由默认的置信区间自动检测、用于调整常见预测参数（如季节性）的选项。

图 3-21　预测图

（3）3D 地图

最受欢迎的三维地理可视化工具 Power Map 经过了重命名，现在内置在 Excel 中可供所有 Excel 2016 客户使用。这种创新的故事分享功能已重命名为 3D 地图，可以通过单击"插入"选项卡上的"3D 地图"选项随其他可视化工具一起找到。

（4）快速形状格式设置

此功能通过在 Excel 中引入新的"预设"样式，增加了默认形状样式的数量。

（5）使用操作说明搜索框

在 Excel 2016 功能区的一个文本框中，其中显示"告诉我您想要做什么"，这是一个文本字段，可以在其中输入与接下来要执行的操作相关的字词和短语，快速访问要使用的功能或要执行的操作。还可以获取与要查找的内容相关的帮助，或者对输入的术语执行智能查找。

### 3. 演示文稿软件 PowerPoint 2016

Microsoft Office PowerPoint 2016（简称 PowerPoint 2016）是集文字、图形、动画、声音于一体的专门制作演示文稿的多媒体软件。使用它可以制作讲演稿、宣传稿、投影幻灯片等，生动形象地表达使用者的意图。其主要功能有以下几个方面。

图 3-22　利用 PowerPoint 2016 制作的演示文稿效果

（1）可以制作内容丰富的演示文稿

可以创建包含文字、表格、形状、图片、声音和视频等内容的幻灯片，方便讲演者以形式多样的媒体信息展示内容，如图 3-22 所示。

（2）自定义动画使演示文稿妙趣横生

PowerPoint 2016 中高质量的自定义动画可使演示文稿更加生动活泼。用户可以创建很多动画效果，如同时移动多个物体，或者沿着轨迹移动对象，并且可以方便地安排动画效果的播放顺序及间隔时间等，如图 3-23 所示。

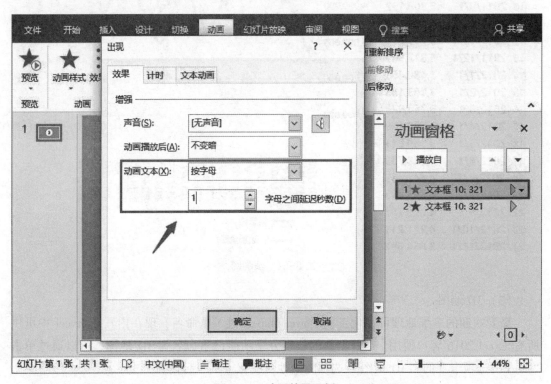

图 3-23　动画效果示例

（3）轻松的幻灯片演示功能

幻灯片放映工具栏使用户在播放演示文稿时可以方便地进行幻灯片放映导航，还可以使用墨迹注释工具、笔和荧光笔选项以及"幻灯片放映"菜单命令轻松演示幻灯片。

（4）提供丰富的模板

可以利用丰富的模板制作电子相册、日历等，如图 3-24 所示。

图 3-24　PowerPoint 2016 电子相册

PowerPoint 2016 新增和改进的工具可以让用户创作出更加完美的作品，主要有以下新增功能。

（1）丰富的 Office 主题

PowerPoint 2016 在 PowerPoint 2013 版本的基础上新增了 10 多种主题，如图 3－25 所示。

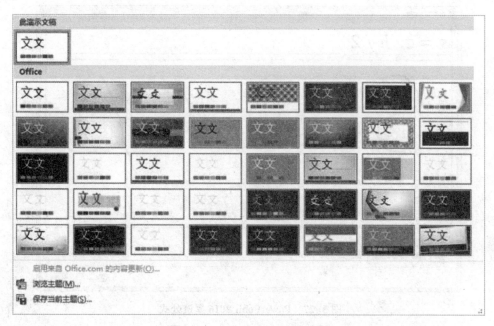

图 3-25　PowerPoint 2016 主题

（2）设计器

PowerPoint 2016 设计器能够根据幻灯片中的内容自动生成多种多样的设计版面效果，如图 3-26 所示。

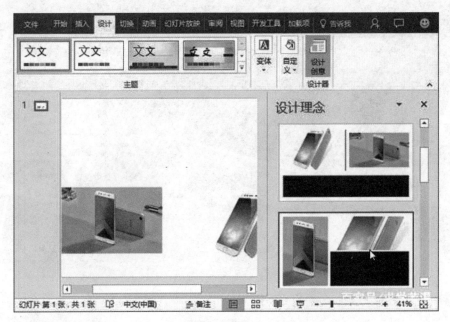

图 3-26　PowerPoint 2016 设计器

（3）墨迹公式

PowerPoint 2016 中提供了墨迹公式功能，通过它可快速将需要的公式手动写出来，并将其插入幻灯片中，如图 3-27 所示。

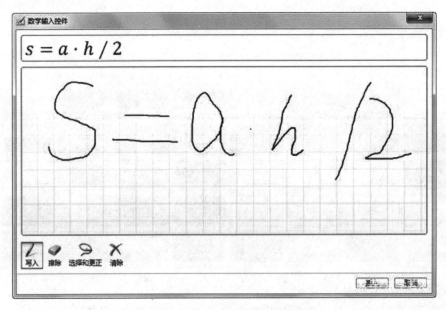

图 3-27　PowerPoint 2016 墨迹公式

（4）屏幕录制

PowerPoint 2016 提供了屏幕录制功能，通过该功能可以录制计算机屏幕中的任何内容。

（5）开始墨迹书写

可手动绘制一些规则或不规则的图形，以及书写需要的文字内容，让 PowerPoint 2016 慢慢实现一些画图软件的功能。

# 3.4　交互式使用方法

计算机的拟人化结构特征，让使用计算机的过程实际上也相当于计算机与人的交流过程，而交流的最基本最直接的方法是交互。我们坐在计算机前面直接与计算机交流，从而直接使用计算机，这种方式简称交互式使用方法，它是人们使用计算机的最基本方法。

一般地，计算思维隐藏在能力培养内容中，要靠学生"悟"出来，本节将详细阐述计算思维软件的交互式使用方法，使学生对软件有关基本问题求解方法有所认识，进而从中了解计算思维的基本方法，培养计算思维的基本能力，让学生自觉地去学习、去思考、去实践。

## 3.4.1　系统软件交互式使用应用模式

系统软件特别是针对交互式使用的图形用户操作界面的设计和实现蕴涵了计算机软件的各种设计思想，相应的系统软件交互式使用中蕴涵了各种应用模式，对这些应用模式的学习和理解，可以深入认识系统软件人性化设计的理念，有助于在操作中做到触类旁通。

**1. 自然化模拟**

当前计算机技术虽然不能完全实现人以自然交互方式与计算机交流，但是人们在构造软件时一直在不断努力，最主要的表现是操作界面的自然化模拟。

（1）图标

系统软件中的图标通常被设计成一个比较直观和直接的图形或动画，能快速地约束语义，特别在操作型语义表达方面，图标更具有其特殊作用。因此，基于图形用户界面的现代软件中都大量采用图标。如果软件使用者可以"用图生意"去理解图标及其功能，那么就能有利于计算机操作的熟练掌握，比如 ▨ 是与鼠标有关的问题；▨ 是和打印机有关的问题等。

（2）桌面

桌面（Desktop）是指使用系统软件时的屏幕画面，它实际上类似于我们工作的办公桌，坐在计算机前就像坐在办公桌前一样，办公桌上可以放一些办公用品，比如电话机、台历、笔和纸以及一些暂时不看的书等。同样，计算机桌面上也可以放一些工作时需要的物品，比如废纸篓（回收站）、文件夹（我的文档）、连接网络的工具（拨号连接）、计算器、记事本等，而这些都是通过图标的形式给出的。

**2. 个性化设计理念**

使用者可以按其爱好和需要对系统软件本身进行调整实现系统软件的个性化，这种调整可以是扩展或者缩减操作，也可以是对一些参数的不同选择设置。

系统软件将各种可以独立的数据部分以参数形式抽象出来，通过给参数赋予不同值以实现个性化要求。比如，屏幕各种显示颜色及其搭配调整、桌面的更换、为工作桌面覆盖上一张个人的生活照、更换一个图标、调整缓冲器的大小、调整磁盘交换区空间大小等；系统安装时针对各种参数都设定了默认值，这些默认值体现了大众化以及通用性，使用者可以不作调整直接使用，也可以按自己的喜好进行调整。

### 3. 使用方法的实现方式

交互式使用方法的实现如果是基于菜单方式的，那就是以动作的对象为中心，先确定动作对象，后确定动作，动作的确定已经统一为菜单；如果是基于命令方式的，则是以命令语言为主体，操作的基本模式是先确定动作，后确定动作对象，通过输入命令完成。

交互式使用方法的实现正在从过去的基于命令方式向菜单方式转变，这种变化不仅是操作方法的改变，也是认识思维的变迁，其本质反映了人类对软件本身的认识的深入，使软件技术由功能型为主转变为以数据型为主，最终演化为对象模型技术的诞生。

一般而言，选择对象的数量可能是一个、多个或者全部三种情况，因此，系统软件对对象的选择进行了归纳，进而形成统一的操作模式。比如 Windows 操作系统中，将对象选择模式定义为单个选择、连续多个选择、非连续多个选择、全部选择和反向选择 5 种基本模式，并规定通过 Shift 键配合鼠标实现连续多个对象选择。通过 Ctrl 键配合鼠标实现非连续多个对象选择。因此，遇到要选择多个连续对象时，自然可以使用同样的操作。

### 4. 建立向导机制

普通使用者面对与系统有关、较为复杂的操作或者涉及较多功能和参数设置时，自己处理有一定的困难，因此，系统软件设计中建立了向导机制。通过向导指导，使用者按步骤前进，最终完成复杂问题的解决。

为了更好地使用向导机制，使用者必须对所向导的抽象假设前提有所理解，否则就不能熟练回答向导操作步骤中的问题。向导机制对要处理的问题所涉及的操作进行了重新整理和安排，并给出了一定的解释，让我们操作起来简化了一些。比如，软件的安装可以自己完成，也可以通过安装向导完成，但两者需要理解的概念基本是一致的，只是通过安装向导，相对零碎的过程向导已经替你完成，使得整个安装过程简洁很多。

### 5. 树形结构组织和管理

在所有的软件操作中，凡是涉及资源的地方，都会通过浏览按钮或下拉列表、列表框等方式打开树形结构，方便我们查找，因此，我们所有的操作都建立在树形结构资源管理的思想基础之上，隐藏在整个系统软件中的资源的树形结构组织和管理，发挥着深远的影响。

### 6. 计算机网络世界

随着网络不断深入社会的各个角落，网络连接和访问成为系统软件必备的功能。通过网络构成计算机虚拟社会，这个虚拟社会中系统软件将所使用的计算机看成是网络中的一台计算机，而使用的计算机桌面则是面对整个计算机网络世界的，计算机的操作视野要比人类现实社会的操作视野要广泛得多，比如，我们可以将一个文件拖放到一台打印机上，而该打印机可以不在本地；可以将远在国外的某个计算机中的图片拖到自己的一个文件夹中；可以查阅世界各地的计算机前沿技术文献等，而这些仅需要在网络世界中为自己的计算机设置一个地址就足够了。

**7. 信息共享机制的实现**

自然生活中，我们在剪报时首先寻找感兴趣的信息资料，然后将其复制或剪下来，并将其粘贴到某个空白处，以后需要时就可以使用。现在计算机系统软件为了在不同人、不同文件之间共享多元化信息，也提供了剪贴板和剪贴簿技术，其思想与自然生活中的剪报十分类似，剪报时我们同样的操作完全适用于剪贴板和剪贴簿的相应操作。

剪贴板是指内存中的一块区域，用于暂存需要共享的信息；剪贴簿是在剪贴板基础之上发展起来的，它提供了多个不同信息的实时共享机制，并支持通过网络共享。

## 3.4.2 应用软件交互式使用应用模式

应用软件是运行在系统软件之上，通过系统软件从而达到访问计算机硬件资源的目的。因此，应用软件的运行受到系统软件的控制和管理，为了实现对应用软件的统一管理，系统软件必然会对应用软件的基本形态做出统一的规定。

**1. 应用软件的启动与退出**

基于系统软件基础的各种应用软件的运行，就是在系统软件中启动一个用于处理特定问题的任务。应用软件的启动和关闭是通过系统软件的相关操作完成的。为了方便应用程序的启动，系统软件为我们提供了多种寻找程序资源的方法。

（1）从"开始"菜单启动

通过"开始"菜单是启动各种应用程序最常见的方法。比如，要启动 Word 2010 时，具体操作为依次单击"开始"→"所有程序"→"Microsoft Office"→"Microsoft Office Word 2010"，类似地，启动其他应用程序也可以通过该方式进行。

（2）快捷方式

对于经常使用的程序，我们可以通过在桌面上建立快捷方式的方法，使得以后每次启动使用时，只要打开快捷方式即可，计算机会自动寻找相应程序并启动。快捷方式的表示图标是一个左下角带有一个小箭头的原程序对象的图标，小箭头表示指向原程序对象。比如，可以将 Office 2010 组件程序的快捷方式图标建立在桌面上，双击快捷方式图标启动应用程序。以创建 Word 2010 创建桌面快捷方式的具体操作是：在"开始"菜单内的"程序"菜单内选择"Microsoft Office Word 2010"图标，单击鼠标右键，在弹出的快捷菜单中选择"发送到"→"桌面快捷方式"选项。

（3）关联方式

在 Windows 操作系统中，通过文件名的扩展名部分识别某种工具适用的范围和对象。工具与其适用的范围和对象之间的联系称为关联。比如，.docx 是与 Word 工具关联的；.txt 是与记事本工具关联的；.bmp 是与画图工具关联的等。

（4）自动方式

自动方式是利用系统软件提供的搜索工具，通过提供的各种查找条件或者利用通配符实现在整个树形结构的模糊查找。这种方式的查找是一种穷举方法，时间较长，对于偶尔使用的资源或不知道其具体位置的资源，可以通过这种方式进行查找。

**2. 应用软件与其处理对象**

任何应用软件都是面向特定应用领域的，具有一定的适用范围和适用对象。因此，应该从应用软件的处理对象角度来学习和理解应用软件的各种概念和操作，这样，一旦理解了处理对象，就会轻松地掌握应用软件本身。

应用软件与其处理对象的关系体现了普遍性和特殊性关系的一种映射。各个具体的处理对象是特殊性问题，而应用软件则是在这些特殊性问题基础上抽象出来的普遍性问题。比如在 Office 2007 的学习中，Excel 应用软件是面向电子表格处理的，处理对象是工作簿，而工作簿实际上侧重于数据计算与管理；Word 应用软件是面向文档处理的，处理对象是文档，而文档实际上侧重于编辑与排版。

对象的特殊性在其操作界面的功能区也有所体现，Office 2010 组件的功能区由许多不同的选项卡组成，每个选项卡包含若干个命令按钮，选项卡中的命令按钮按照功能被划分成组，为用户提供了多种多样的操作设置选项，值得注意的是，这些选项卡有些是普遍存在的，另外一些则是根据对象的特殊性其选项卡有所不同，如在 Word 2010 中，选项卡包括"文件""开始""插入""页面布局""引用""邮件""审阅"和"视图"，而在 Excel 2010 中，功能区除了包括"文件""开始""插入""页面布局""审阅"和"视图"等普遍存在的选项卡以外，还有其特有的"公式""数据"等选项卡。

在学习 Office 2010 组件的过程中，学生应该通过侧重理解各种处理对象的特殊性，从而找到学习整个应用软件的普遍方法。

**3. 应用软件的普遍使用过程**

尽管各种应用软件对其处理对象的抽象定义名称不同，比如 Word 中称为文档、Excel 中称为工作簿、PowerPoint 中称为幻灯片、FrontPage 中称为网页、Access 中称为数据库，但从系统软件的资源管理角度来看，这些处理对象都可以归为"文件"。因此，学习掌握应用软件使用过程中普遍存在的规律，将会有利于学习者今后对各类应用软件的自我学习。

应用软件的功能通过菜单实现，菜单的组织具有一定的规律。一般提供一组相关命令的清单，包括与资源管理有关的操作、与编辑有关的操作、与查看有关的操作、与自身特殊应用有关的操作、与联机帮助手册有关的操作和界面窗口布局与调整有关的操作几部分。其中，除与自身特殊应用有关的操作外，其他部分的操作模式和设计思想基本上具有一致性。

菜单中有许多标记，它们表示不同的意义。了解这些菜单标记，可以更加方便地使用菜单。

## 3.5 计算思维

2006 年 3 月，美国卡内基·梅隆大学周以真教授首次系统地提出了计算思维的概念。周以真教授表示：计算思维是运用计算机科学的基础概念进行问题求解、系统设计以及人类行为理解等涵盖计算机科学之广度的一系列思维活动。计算思维的概念一经提出，计算思维的思想便迅速蔓延开来。随着计算机的普及和广泛应用，计算机已经不仅仅是一种工具。我们不仅要学会应用计算机，更要学会一种受益终身的思维方式。

操作系统作为一种软件，其目的是提供给用户一个良好的运行环境。可以从两个角度剖析操作系统：一方面，使计算机系统"高效"工作，分析如何有效发挥硬件的功能，如何合理共享资源；另一方面，使计算机系统使用"方便"，即使操作系统如何为用户提供方便的使用接口。上述两个方面——"高效"和"方便"，有时会发生矛盾，因此应根据不同使用者的要求，对技术和方案等进行权衡，合理折中取舍，以满足可用和可实施性的要求。以下内容介绍操作系统包含的若干计算思维实例。

（1）多道程序设计技术

现代计算机系统一般都支持多道程序设计技术，即允许多个计算问题同时装入一个计算机系统的主存储器并行执行。但多个程序共享主存空间，在单处理器环境下，多个程序就要竞争处理器。系统必须进行合理调度，以尽可能减少 CPU 的空闲时间，合理搭配作业，充分利用系统资源，提高计算机系统的效率。多道程序设计技术是现代计算机系统的核心技术之一，也是一种非常重要的计算思维。通过分析多道程序设计的需求，剖析实现的前提条件，如何在单处理器计算机系统中进行资源的分配和调度，控制进程的并发执行、实现进程的互斥与同步，这些都体现了计算思维能力。

（2）虚拟性

虚拟是指将一个物理上的实体映射为若干个逻辑上的对应物。前者是实际存在的，而后者则是虚的，是一种感觉上的存在。例如：多道程序系统中，虽然只有一个 CPU，但是采用分时技术，在一段时间间隔内，宏观上有多道程序在运行，每个用户都感觉到 CPU 在为自己服务。这样，一个 CPU 就被虚拟为多个逻辑上的 CPU。再如，由于访问磁盘比访问慢速设备效率高，利用虚拟设备，把作业信息从慢速设备输入磁盘，作业执行时，从磁盘读取信息，以缩短信息的传输时间，从而加快作业的执行，进一步提高系统的吞吐率，这些知识可以培养计算思维中解决实际问题的能力。

（3）中断技术

现代计算机系统利用中断技术和输入/输出控制系统，支持多进程并发执行，当 CPU 启动外设后，CPU 把控制权交给输入/输出控制系统，由输入/输出控制系统控制外围设备与主存储器之间的信息传送。外设独立工作，不再需要 CPU 的干预，于是 CPU 可继续执行其他程序。当外设工作结束后，应反馈设备的工作情况，反馈由中断来完成。中断技术属于计算思维训练的核心技术之一，是多道程序设计的基础。通过掌握中断处理技术，比较 Windows、Linux 和 UNIX 操作系统中实现中断的相同点和不同点，理解 Linux 操作系统和 UNIX 操作系统是采用什么方法来处理发生的中断，最终达到了什么目标。

（4）索引与冗余

文件是系统中常用的组织方式，文件管理提供给用户"按名存取"的功能。为了提高检索速率同时确保系统的安全性和可靠性，增加数据备份和校验信息同时建立多级索引；为了存储增加的这些数据，需要消耗一部分存储空间。由此可见，操作系统需要在存储空间利用率和检索效率或可靠性等性能之间寻求一种折中和平衡；合理取舍，这是典型的计算思维。

第 3 章习题

# 第 4 章
## 程序设计基础

　　计算机的简单指令集由有限个词汇构成，计算机执行各种操作都依照指令集中相应的指令来完成，这些指令依照一定的规则组合使用，从而形成了程序语言。就算最终会得出错误结果，计算机也只会按部就班地按照用户编写的程序执行各项指令，这未免让人感觉失望，但计算机确实是这样工作的。本章主要介绍程序设计的一些基本概念、程序设计语言及其发展、程序的基本构成、结构化程序设计和面向对象程序设计的一些基本思想和基本概念，同时还简单介绍了对源程序质量的一些基本要求以及程序设计的基本风格。本章主要让学生初步了解程序设计的思想与方法，激发学生对算法和程序设计的兴趣。

## 4.1  问题求解与程序设计

### 4.1.1  一般问题的解决过程

在日常生活中，我们会随时遇到各种各样的事情，面对各种各样的问题。家庭中的问题可能是正餐吃什么、今晚看什么电视节目、买哪一辆车等。工作中的问题可能是搞好同事关系、制定工作策略、处理好与客户的关系等。当我们面临一个需要解决的问题时，一般要经历下列几个步骤：明确问题、理解问题、寻找备选方案、方案选择、列出所选择的解决方案的步骤、评价解决方案。

**1. 明确问题**

解决问题的第一步是明确问题。如果问题不明确，就不会知道该用什么方法去解决。

**2. 理解问题**

分析并理解问题，了解问题所涉及的相关知识。也就是说，当为用户制定一套解决方案的时候，我们必须了解用户的知识范围和背景。例如，当一个对城市非常陌生的人询问如何去饭店时，我们就必须详细地告诉他每一个细节。当使用计算机解决问题时，计算机所能理解的有限语言和指令就是它的知识背景，超出这个范围的指令就不能使用。同样，了解我们自己的知识背景也很重要，如果不了解某个学科，我们就不可能了解问题的细节并解决它。

**3. 寻找备选方案**

尽可能全面地列出可选方案。可以征求不同人的意见以找到不同的解决方案，当然这些方案必须是可行的。

**4. 方案选择**

根据制定的评定标准对所有的方案进行评价，评价每种方案的利弊，并选出最佳方案。

**5. 列出所选择的解决方案的步骤**

运用有限的、分步的指令来描述已选定的方案。问题的解决步骤是一系列的指令，按照这些指令才能达到最后的结果。任何人或机器无法理解的指令都不能使用，特别是在使用计算机进行工作时，这种限制就更加严格。

**6. 评价解决方案**

通过执行方案，检查它的结果是否正确，是否令用户满意。如果结果错误或者不令人满意，就必须重新设计一个解决方案。

### 4.1.2  计算机求解问题的过程

计算机是如何来处理问题的呢？计算机是没有智能的，它不能分析问题并产生问题的解决方案。用计算机求解任何问题，首先必须给出解决问题的方法和步骤，也就是算法，再按照某种语法规则编写成计算机可执行的指令即程序，然后让计算机执行这些指令，这个过程就是程序设计过程。该过程分为以下 5 个主要步骤。

**1. 问题分析**

分析问题是第一步，也是最重要的步骤。在这个阶段，首先要明确和理解所要解决的问题是什么；已知条件和数据有哪些，如何获得这些数据；要输出的结果是什么，产生的结果以何种形式来输出；问题的定义中包含了哪些限制和约束；等等。只有在问题被准确定义并完全理解后才能研究问题的解决办法。

例如排序问题，输入数据是一组待排序的学生成绩，输出数据是由高到低排好序的学生成绩。学生成绩应为 0~100 之间的正整数等。

**2. 算法设计**

在这个阶段，需要给出求解问题的一系列步骤，即确定解决问题的算法，并对算法的正确性进行验证。算法是根据问题分析结果得来的，是对问题处理过程的进一步细化，但它不是计算机可以执行的，只是编写程序前对处理思想的一种描述。

算法设计往往是解决问题的过程中最难的一部分，一开始不要试图解决问题的每一个细节，取而代之的是采用自顶向下、逐步求精和模块化的设计方法。在自顶向下的设计中，首先列出需要解决的主要步骤，或称为子问题，之后通过求解每一个子问题来最后解决整个问题。这和我们撰写学期论文相似，开始编写论文提纲时，我们首先列出大标题的题目，之后为每一个大标题列出相应的小标题，一旦大纲完成，我们开始为每一个小标题编写内容。

**3. 实现算法**

问题分析和算法设计已经为程序设计规划好了蓝本，接下来的步骤是用计算机能够执行的形式实现算法。实现算法就是将一个算法描述正确地编写成计算机语言程序，即通常所说的"编码"。而程序设计语言的选择，可根据具体的问题和需求而定，需要考虑语言的适用性、问题求解的效率等。

用计算机语言编写的程序代码，必须保证程序没有语法错误。为了验证语法的正确性，需要通过编译器来运行代码。如果编译器产生了错误信息，则必须识别出代码中的错误并改正这些错误，然后再使用编译器来运行代码。

**4. 测试和验证程序**

编译器只保证程序没有语法错误，并不能保证程序没有错误而正确运行。在程序执行期间，程序可能因为逻辑错误而异常终止，例如 0 作为除数。即使程序正常结束，它仍然可能产生错误结果；比如我需要得到的结果是两个数的最大值，而程序得出的答案是最小值。这就需要测试程序来验证所有的需求功能是否正确实现。在实际应用中，不要仅仅依赖于一个测试用例，而是要多选择一些典型的数据运行程序，确保每一种情形都正确工作。

**5. 维护和更新程序**

维护和更新程序重点放在修改程序以去除以前没有检测到的错误或者根据用户需要升级改进程序。

正如所看到的，当人们要应用计算机求解问题时，需要编写出使计算机按人们意愿工作的程序。编程本质上就是为解决问题而设计算法，并实现算法使计算机能理解它们。算法设计直接影响计算机求解问题的成功与否。

## 4.2.1 算法的定义与特征

任何解决问题的过程都是由一定的步骤组成的，把解决问题所采取的方法和步骤称作算法。例如，烘烤巧克力夹心饼干的配方就是一个算法。任何一个人只要熟悉一点烹饪方法，就能仔细按照操作说明，烘烤出一炉可口的饼干。一首歌曲的乐谱，也可以称为该歌曲的算法，因为它指定了演奏该歌曲的每一个步骤，按照它的规定就能演奏出预订的曲子。同样的，为某人提供到你家的路线时，你定义的就是一个算法，遵循该算法他就能到达指定的目的地。在现代社会，算法十分普遍，因为我们经常面对一些不熟悉的任务，并且没有指令就不可能完成。你可能不知道如何组装一辆自行车，所以自行车附带的组装说明书提供的算法能够指导你完成这些任务。

利用计算机解决问题的关键就在于设计出合适的算法。也就是说，在一台计算机可以运行一个任务之前，必须给它一个算法来准确地告诉它要做什么。算法表达了解决问题的核心步骤，反映的是程序的解题逻辑。本书所关心的是用计算机语言描述的，并能在计算机上可执行的各种算法，例如计算 1 到 100 以内的奇数的乘积，将 100 个学生的考试成绩由高到低进行排序等。有的问题虽然可由计算机求解，但手工算法与计算机算法大不相同。

针对计算机算法，我们给出如下定义：算法是一组明确步骤的有序集合，它产生结果并在有限的时间内终止。计算机算法应该具备以下特征。

（1）有穷性

一个算法必须保证在执行有限运算步骤后终止。在实际应用中，算法的有穷性还应该包括执行时间的合理性。

（2）确定性

算法中的每一个步骤必须有确切的定义，不允许有模棱两可的解释，也不允许有多义性。

（3）有零个或多个输入

这里的输入是指在算法开始之前所需要的初始数据。对于要处理的数据，大多数通过输入得到，输入的方式可以通过键盘或文件等。一个算法也可以没有输入，例如，求 5!，在执行算法时不需要输入任何信息。

（4）有一个或多个输出

算法的目的是求解，"解"就是输出。一个没有输出的算法是毫无意义的。因此，当执行完算法之后，一定要有输出的结果。

（5）有效性

算法中的每一个步骤都应当能被有效地执行，并得到确定的结果。如算法执行过程中出现 $x/0$、负数开方等操作将导致算法无法执行。

用精确的步骤来解答问题需要经验、创造力以及缜密的思维。然而，一旦想好求解问题的算法，任何人只要遵循算法步骤就可以求解这一特定的问题。对于一般最终用户来说，他们并不需要在处理每一个问题时都要自己设计算法和编写程序，可以使用现成的算法和程序，用户只需根据已知算法的要求给予必要的输入，就能得到输出的结果。

### 🖥 4.2.2　程序的基本结构

一个完整的源程序一般包含两大结构，即数据结构和控制结构。源程序中数据结构大部分由说明语句来标识，这是一些编译后不生成目标代码的语句，称之为"非执行语句"；控制结构是由一些指挥计算机产生动作的可执行语句组成的。

**1. 程序中的数据类型**

计算机程序的处理对象是描述客观事物属性的数据，由于客观事物的多样性，数据有不同的形式，如整数、实数、字符，以及所有计算机能够接受、存储和处理的符号集合。

在程序中，形式不同的数据采用数据类型来标识。整数、实数、字符等都是数据类型，都是在数据的基础上，抽象出它们本质上的共有特征而得到的。每种不同类型的数据，在计算机内部都有不同的表示方式，而且都有相应的存储方式和取值范围。源程序中数据结构基本上由说明语句来标识，说明语句是一些编译后不生成目标代码的语句，仅为编译程序提供编译信息，程序被执行时也不产生机器动作和执行结果，所以称之为"非执行语句"。

所有数据类型不仅定义了一组形式相同的数据集，也定义了对这组数据可施行的一组操作集。比如，对于整数和实数类型的数据，可以对它们进行加、减、乘、除等算术运算，也可以对它们进行比较大小等关系运算；对于字符类型的数据，很显然就不能对它们进行乘、除等算术运算了，但是可以对它们进行比较大小等关系运算。

**2. 程序中的三种基本结构**

（1）顺序结构

程序就是语句的有序集合。通常情况下，计算机按照程序员指定的顺序执行每一条指令。第一条语句先执行，接下来是第二条，……，一直到程序末尾。下面是一段用 C 语言编写的程序，用以输出 "This is the first line." 和 "This is the second line."。

```
printf("This is the first line. ");
printf("This is the second line. ");
```

虽然大部分现在的编程语言不需要写行号，但有些旧的编程语言则要标注行号，例如下面这段用 BASIC 最初版本写的程序：

```
100 PRINT "This is the first line. "
200 PRINT "This is the second line. "
```

如果程序中标了行号，计算机就会从行号最小的语句开始执行，接着是次小的。图 4-1 中的流程图表述了一段小的顺序指令。

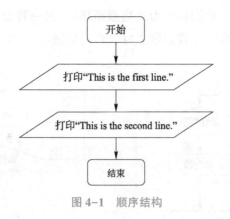

图 4-1　顺序结构

（2）选择结构

选择控制结构也称为决定结构或分支，告诉计算机根据所列条件的正确与否选择执行路径。比较简单的选择结构是 if-else 语句。下面这段程序使用 if-else 结构判断输入的数字是否大于 10。若大于 10，打印"That number is greater than 10."否则，不打印这条信息。

```
int Number;
    printf("Enter a number from 1 to 10: ");
scanf("% d",&Number);
    if (Number>10) printf("That number is greater than 10.");
else printf("That number is 10 or less. ");
```

图 4-2 用流程图描述了计算机如何执行这种结构。

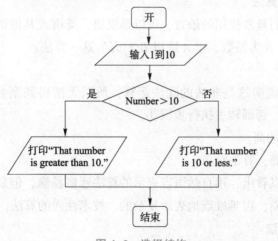

图 4-2　选择结构

（3）循环结构

循环结构又称重复控制结构为或迭代结构，可以重复执行一条或多条指令直到满足退出条件。一般，高级程序设计语言有两种形式的循环结构：一种是先判断条件是否满足，如果满足就反复执行指令，我们称之为"当型循环"；另一种是先执行指令再判断条件是否满足，满足就再次执行指令，我们称之为"直到型循环"。图 4-3 分别表示出两种结构的区别。

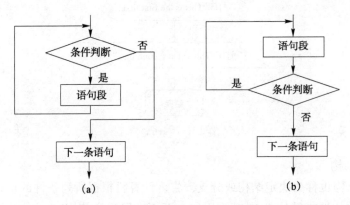

图 4-3　循环结构构

（a）当型循环结构；（b）直到型循环结构

### 4.2.3　算法的表示

强调算法和它的表示的区别是非常重要的，这就好像一个故事和一本书的区别。一个故事本质上是抽象的，一本书是一个故事的物理表示。如果一本书被翻译成其他语言，仅仅是故事的表示改变了，而故事本身并没有变化。表示算法的方式有多种，常用的方法包括自然语言、流程图、伪代码和计算机语言等，不同的表示方法有不同的特点和作用。

**1. 自然语言表示算法**

自然语言就是人们日常使用的语言，可以是汉语、英语或其他语言等。例如，我们用自然语言来描述"$A$、$B$ 为整数，求 $A$ 除以 $B$ 的商"这一算法。

①输入 $A$、$B$ 的值。

②如果 $B$ 为零则说明这是非法的除法运算，所以无法得到余数，输出"除数为零"报错信息，算法结束；否则转去执行步骤③。

③计算 $A$ 除以 $B$ 的商。

④输出计算出的商，算法结束。

从上面的例子可以看出，用自然语言表示的算法通俗易懂，但是，该方式的主要问题是冗长、语义容易模糊，很难准确地表示复杂的、技术性强的算法。

**2. 流程图表示算法**

流程图是算法的图形表示法，它用规定的一系列图形、流程线及文字说明来表示算法中的基本操作和控制流程。美国国家标准化协会 ANSI（American National Standards Institute）规定了一些常用的流程图符号，已为世界各国程序工作者普遍采用。常用的流程图符号及其含义如表 4-1 所示。

表 4-1 流程图基本符号及其含义

| 图形符号 | 名称 | 含义 |
|---|---|---|
| ⬭ | 起止框 | 表示算法的开始和结束 |
| ▭ | 处理框 | 表示处理或运算等功能 |
| ▱ | 输入/输出框 | 表示进行输入/输出操作 |
| ◇ | 判断框 | 表示算法中的条件判断操作 |
| →或↑ | 流程线 | 表示算法执行的路径，箭头代表方向 |

其中，判断框的作用是对一个给定的条件进行判断，根据给定的条件是否成立决定如何执行其后面的操作。判断框有一个入口，两个出口，两个出口分别表示条件成立和不成立时的执行顺序，通常标注 Yes 和 No 或 True 和 False 或"真"和"假"等字样。

图 4-4 给出了三种基本结构的流程图表示。

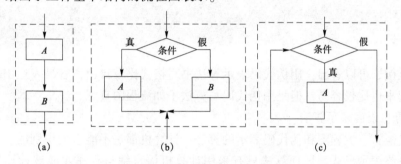

图 4-4 三种基本结构的流程图
（a）顺序结构；（b）选择结构；（c）循环结构

例如，对于上述"$A$、$B$ 为整数，求 $A$ 除以 $B$ 的余数"这一算法我们可以使用图 4-5 的流程图来进行描述。

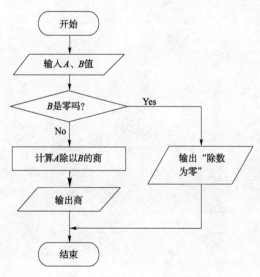

图 4-5 算法的流程图表示

通过这个例子，我们可以看出用流程图来表示算法直观形象、易于理解，较清楚地显示出各个框之间的逻辑关系和执行流程。当然，这种表示法也存在着占用篇幅大、画图费时和不易修改等缺点。

### 3. 伪代码表示算法

伪代码是一种介于自然语言和计算机语言之间的表示形式。它比自然语言简单，又比计算机语言灵活，没有严格的语法规则，但很容易转换成计算机语言程序。

例如，"从 1 开始的连续 $n$ 个自然数求和"的算法，可以用伪代码表示如下：

```
input n
i=1
sum=0
while i<=n do
   sum=sum+i
   i=i+1
end do
print sum
```

从以上例子可以看出，用伪代码表示算法书写格式比较自由，容易表达出设计者的思想，修改起来也比较容易，但是用伪代码写算法不如流程图直观。

### 4. 计算机语言表示算法

用自然语言、流程图和伪代码表示的算法，计算机都是不能直接识别的。计算机语言是算法的最终表示形式，任何算法只有采用计算机语言编写程序才能被计算机识别和执行。用计算机语言表示算法必须严格遵循所用语言的语法规则，这是和伪代码不同的地方。

例如，求 1+2+3+…+100 的值，我们用 C 语言表示如下。

```c
#include<stdio. h>
int main( )
{
    int i=1,sum=0;
    while(i<=100)
    {
      sum=sum+i;
      i++;
    }
    printf("sum=% d\n", sum);
    return 0;
}
```

## 4.2.4 基本算法

有一些算法在计算机科学中的应用非常普遍，我们称之为基本算法。本节将对一些基本算法进行讨论。讨论只是概括性的，具体的实现则取决于所采用的程序设计语言。

**1. 求和**

计算机科学中经常用到的一种算法是求和。求和问题的思路比较简单，无非是将所有的数累加起来。对于两个或三个数相加，我们可以很容易实现。但是，如果求和的数比较多，我们怎样才能实现呢？对于求和问题，一般在循环中使用加法操作来实现，其流程图如图4-6所示。

求解此类问题的基本步骤，可以概括如下：

①首先将和 sum 初始化。

②循环，每次将一个新数加到和 sum 上。

③退出循环后返回结果。

**2. 乘积**

另一个常用算法是求出一系列数的乘积，例如求 1×2×3×4。对于乘积问题，一般在循环中使用乘法操作来实现，其流程图如图4-7所示。

求解此类问题的基本步骤，可以概括如下：

①首先将乘积 product 初始化。

②循环，每次将一个新数与乘积 product 相乘。

③退出循环后返回结果。

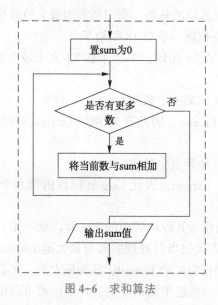

图 4-6  求和算法          图 4-7  乘积算法

**3. 最大和最小**

求最大或最小值是我们在日常生活中经常会遇到的事情，比如在参加计算机考试的所有同学中找出成绩最高者和最低者，在一屋子人中找出年龄最大者和最小者，在温度列表中找出每天的最高温度和最低温度等。解决这类问题，我们通常采用的方法是进行比较。

在计算机科学中，寻找最大值和最小值也是我们经常使用的算法之一。现在，我们考虑如何从一组任意的正整数中找出其最大值的算法，这个算法必须具有通用性并且与整数的个数无关。

要解决这个问题，先用少量的一组正整数求其最大值，然后将这种解决方法扩大到任意多的正整数。图4-8给出了从6个正整数（18、23、9、36、12、67）中寻找最大值的方法。

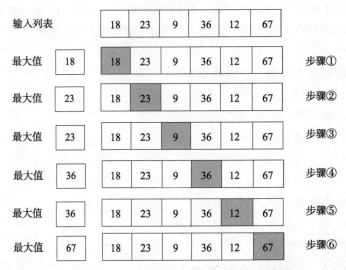

图4-8　在6个整数中找出最大值

①首先检查第一个整数18。因为还没有检查其他的整数，所以当前的最大值就是第一个数。算法中定义了一个称为Largest的变量，并把第一个数18赋给了它。

②把上一步得到的最大值Largest和第二个数23比较。第二个数23大于最大值18，将23赋值给Largest，然后进入下一步。

③该步中最大值没有改变，因为当前Largest比第三个数9大。

④目前的最大值是23，但是新的数36大于Largest，因此把36赋给Largest，然后进入下一步。

⑤该步中最大值没有改变，因为当前Largest比第五个数12大。

⑥目前的最大值是36，但是新的数67大于Largest，因此Largest应该由第六个数67代替，把67赋给Largest。

分析上面给出方案，可以看出第一步中的动作与其他步骤中的不一样。第一步，把最大值Largest设为第一个数。第二步到第六步，依次把当前处理的数与最大值Largest进行比较。如果当前处理的数大于最大值Largest，则把它赋给Largest，成为最大值。在算法设计中，可以通过判断结构找到两个数的较大值。再把这个结构放在循环中，就可以得到一组数中的最大值。

我们将这个算法泛化，给出从 $n$ 个正整数中寻找最大值的基本步骤：

①将第一个数置为最大值Largest。

②循环，每次将一个新数与最大值Largest比较，如果大于Largest，则将Largest置为当前数。

③退出循环后返回结果。

求解一组数中的最小值和上面的方法相似，不同之处在于用判断结构找出两个数中的较小值。

**4. 排序**

排序问题要求按照某种顺序重新排列数据项，如对学生成绩从高到低排序、电子邮件列表按照日期排序、通信录中朋友的姓名按照字母顺序排列等。在计算机领域，把无序列表转化成有序列表是很常见的操作，目前已有几十种排序算法，本节主要介绍三种排序方法：选择排序、冒泡排序和插入排序。

（1）选择排序

选择排序算法可能是最容易的排序算法，因为它反映了如何手动地对列表中的值进行排序的过程。设想如果交给你一份由数字元素组成的列表，要求按照由小到大的顺序进行排序，我们可以采用如下的方法：

①找到最小的数字，把它写到另一张纸上。

②从原始列表中删除这个数字。

③继续这一循环，直到原始列表中的所有数字都被删除，写入了第二个列表，此时第二个列表就是有序的。

这个算法虽然简单，但有缺陷，它需要两个完整列表的空间。即使不考虑内存空间，复制操作显然也很费时。不过对这种手动方法稍作修改，可以免除复制空间。当从原始列表删除一个数字后，就空出了一个位置，因此不必把最小值写入第二个列表，把它与应该所在的位置处的当前值交换即可。整个排序过程分成比较和交换两个大步骤。

在选择排序中，数字列表被分为两个子列表，即未排序部分和已排序部分，它们通过假想的一堵墙分开。找到未排序子列表中最小的元素并把它和未排序数据中的第一个元素进行交换。经过每次选择和交换，两个子列表中假想的这堵墙向前移动一个元素，这样每次排序子列表中将增加一个元素，而未排序子列表中将减少一个元素，每次把一个元素从未排序子列表移到已排序子列表就完成了一次分类扫描。一个含有 $n$ 个元素的列表需要 $n-1$ 次扫描来完成数据的重新排列。

图 4-9 给出了对 7 个整数进行排序的步骤，其中灰色表示已排序部分。该图显示出了在已排序子列表和未排序子列表之间的那堵墙在每次扫描中是如何移动的。

选择排序算法使用两重循环，外层循环每次扫描时迭代一次。内层循环在未排序子列表中寻找最小的元素。图 4-10 给出了选择排序的流程图。

（2）冒泡排序

2020 年伊始，突如其来的新冠病毒疫情席卷全国，雄安新区某村因为疫情交通受阻，生活物资十分缺乏。紧急情况下，问题怎样解决呢？因为当时所有轮渡都已经停航，京东物流调用无人机派送，本来绕行需要 100 多千米的距离，在无人机的帮助下，变成了 2 千米，全程只需要十几分钟就完成了任务。在实际物流派送中，无人机如何自动安排派送次序，从而保证客户总等待时间最短？显然，若订单派送时长已知，将订单按照派送时长由小到大的顺序进行排序，即可缩短客户总等待时间。这里运用的就是冒泡排序方法。

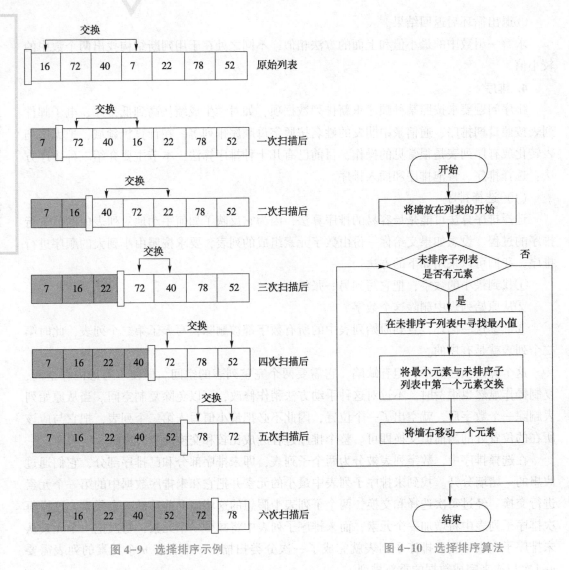

图 4-9　选择排序示例　　　　图 4-10　选择排序算法

冒泡排序是最为常用的一种排序方法，其基本思想是：在要排序的一组数据中，对当前还未排好序的范围内的全部数，自下而上对相邻的两个数依次进行比较和调整，让较大的数往下沉，较小的往上冒。即每当两相邻的数比较后发现它们的排序与排序要求相反时，就将它们互换。

在冒泡排序法中，数字列表被分为两个子列表：已排序的和未排序的。在未排序的子列表中，最小的元素通过冒泡的方法选出来并移到已排序的子列表中。当把最小的元素移到已排序子列表后，将墙向前移动一个元素，使得已排序的元素个数增加 1 个，而未排序的元素个数减少 1 个。每次元素从未排序子列表中移到已排序子列表中，便完成一次分类扫描。含有 n 个元素的列表，冒泡排序需要 n-1 次扫描来完成数据排列。

图 4-11 给出了每次经过扫描后墙移动一个元素的过程，其中灰色部分表示已经排好序的元素。第一次扫描，从 52 开始并把它与 78 比较，因为 52 小于 78，将这两个元素进行位置交换。继续下一个元素，52 和 22 进行比较，位置未发生改变。继续 22 和 7 进行比

较，也未发生变化直到 7 和 40 进行比较，由于 7 比 40 小，这两个元素进行位置交换。继续下一个元素，因为 7 向左移动一个元素，它现在和 72 比较，显然这两个元素需交换位置。最后，7 和 16 比较并交换位置。经过一系列交换 7 被放置在第一的位置，并且墙向前移动了一个位置。

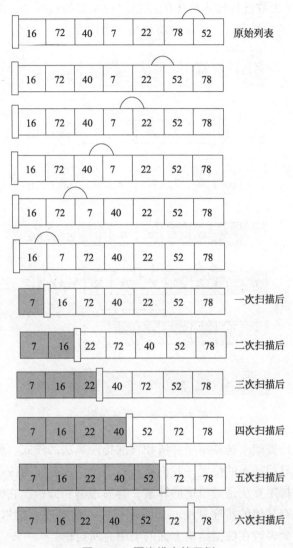

图 4-11  冒泡排序的示例

注意在墙到达列表的末端之前，我们已经停止了，因为列表已经是有序的了。

冒泡排序也使用两重循环，外层循环每次扫描过程中迭代一次；每次内层循环则将某一元素冒泡至顶部（左部）。

（3）插入排序

插入排序是常用的排序技术之一，经常在扑克牌游戏中使用。游戏人员将每张拿到的牌插入手中合适的位置，以便手中的牌以一定的顺序排列。插入排序的特点就是将待排序的元素一个个插入已经排好序的列表里去，而这涉及插入位置的确定。显然，要确定一个元素的插入位置，需要将待排序的元素与已排序好的元素进行比较。

在插入排序中，和本章中讨论的其他两种排序方法一样，排序列表被分为两部分：已排序的和未排序的。在每次扫描过程中，未排序子列表中的第一个元素被取出，然后转换到已排序的子列表中，并且插入合适的位置。可以看到，含有 $n$ 个元素的列表至少需要 $n-1$ 次排序。

图 4-12 演示了 7 个数进行插入排序的过程。每次扫描过程中，当从未排序子列表中移动一个元素到已排序子列表时，墙便向前移动一个位置。

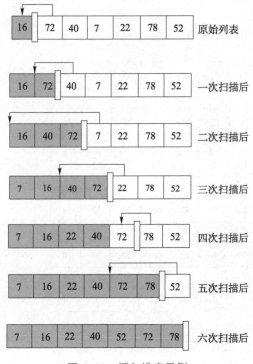

图 4-12　插入排序示例

插入排序法的设计类似于选择排序算法和冒泡排序算法的模式。外层循环每次扫描迭代一次，内层循环则寻找插入的位置。我们将流程图留给读者作为练习。

上述讨论的三种排序算法是最简单的算法，容易理解和分析，它们是更高效算法的基础。除了这三种，还有其他的排序算法，如快速排序、堆排序、希尔排序、合并排序等，这些高级排序算法的大多数在数据结构方面的书中有所讨论。

**5. 查找**

查找是我们在日常生活中经常要做的一项工作，例如，在学生名单中查找一名特定的学生，在图书馆的藏书中找某一本书，在互联网上搜索一个特定的术语，在最节省燃料的情况下，寻找货车投递包裹的最佳路线等。

在计算机科学领域，计算机经常要存储和维护大量信息，并且需要从数据中检索特定的值。例如，典型的商用数据库通常包含大量记录，诸如产品库存或者工资数据等，并允许用户检索特定表项的信息。如果计算机以一种无序的方式查找信息，精确定位列表中的某一项将非常费时和麻烦。假定在一个大型工资数据库中检索一条特定的记录，如果计算机只是随机选择表项并与期望的记录比较，就不能保证最终能找到正确的表项。这就需要一种系统化的方法确保找到目标项，无论它在数据库中的哪个位置。

在计算机科学里有一种常用的算法叫作查找，是一种在列表中确定目标所在位置的算法。如果目标值在列表中，我们认为查找成功，反之则认为查找失败。对于列表有两种基本的查找方法：顺序查找和折半查找。顺序查找可以在任何列表中查找，折半查找则要求列表是有序的。

（1）顺序查找

为了进入这个问题，想象我们如何在一个大概有 20 条记录的来宾表中寻找一个特定的姓名。在这种情况中，我们可以从头开始扫描整个表，将每一条记录与目标姓名进行比较。如果我们找到了目标姓名，那么查找就将以成功结束。当然，如果我们到达表的最后仍然没有找到目标，我们的查找就以失败告终。这种查找就是所谓的顺序查找。

顺序查找是从表头开始查找，当找到目标元素或确信查找目标不在列表中时（因为已经查找到列表的末尾了），查找过程结束。图 4-13 演示了查找数值 29 的步骤。

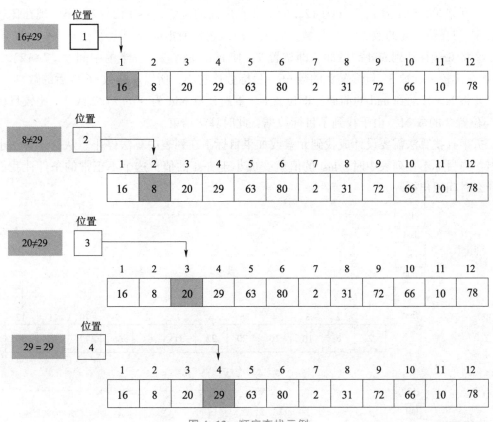

图 4-13　顺序查找示例

这种算法很简单，而且只要目标项在当前列表中，就一定能找到，但这种算法执行起来比较费时。如果目标项在列表末尾，或者根本不在列表中，那么采用这种算法，在返回结果之前，将不得不搜索列表中的每一项。顺序搜索 10 或 100 项的列表还看不出有什么区别，但如果列表中有成千上万项，这种方法就不切实际了。

（2）折半查找

如果列表中元素的排列没有任何规律可循，则顺序查找是我们唯一的武器。但问题是我们可以对列表中的元素进行排序，那么在列表元素有序排列的情况下，我们怎么查找呢？

在实际生活中有时我们会玩"猜价格"的游戏，就是给定商品的价格范围，在规定时间内猜出这件商品的价格，给的提示只有"高了"和"低了"。现在假定商品的价格在1到100元之间，为了快速找到答案，通常我们从中间值50开始猜，如果高了，则进一步从1到50的中间值25再开始猜；如果低了，则从50到100的中间值75开始猜；如果50就是商品的价格，则恭喜你成功。这种查找就是算法里面的折半查找。

折半查找是从一个列表的中间的元素来测试的，如果列表的中间项就是我们要查找的元素，那么我们就可以说查找成功了。否则，如果中间项大于目标项，将可能范围缩小到中间项左边部分；如果中间项小于目标项，将可能范围缩小到中间项右边部分。换句话说，可以通过判断排除一半的列表。重复这个过程直到找到目标或是目标不在这个列表里。

图4-14给出了查找目标31的过程，其中使用了三个变量：first、mid、last。

①开始时，first为1，last为12。使mid在中间的位置，(1+12)/2或6。现在比较目标数31与在位置6的数22。目标数比它大，所以忽略前半部分。

②将first移动到mid的后面，即位置7，使mid在第二个一半的中间，(7+12)/2或9，现在比较目标数31与位置9的数66。目标数比它小，所以忽略数66以后的数。

③将last移动到mid的前面，即位置8。重新计算mid为(8+7)/2或7。比较目标数31与位置7的数31。由于找到了目标数据，此时算法结束。

折半查找算法需要设计成找到元素或如果目标不在列表中算法停止。从这个算法也能看出：当目标不在列表中时，last的值就变成小于first的值，这个不正常的条件让我们知道什么时间退出循环。

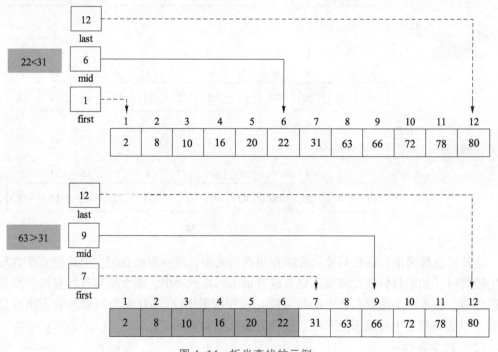

图4-14 折半查找的示例

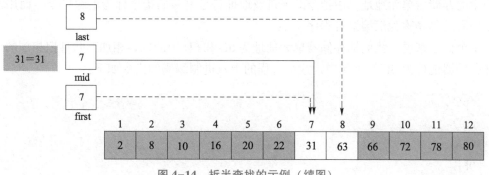

图 4-14  折半查找的示例（续图）

## 4.3  程序设计语言

### 4.3.1  程序设计语言的演化

如前所述，计算机解决问题的过程实质上是机械地执行人们为它编制的指令序列的过程。为了告诉计算机应当执行什么指令，就需要一种意义清晰、人使用起来方便、计算机能理解的描述方式。也就是说，需要一种描述程序的语言。供人编写计算机程序的语言就是程序设计语言，也常称为编程语言。程序设计语言经过多年的发展已经从机器语言演化到高级语言。

#### 1. 机器语言

本质上计算机只能识别"0"和"1"这样的二进制信息，在计算机内部，一切信息都以二进制编码的形式存在，计算机存储并执行的程序也不例外。在计算机发展的早期，唯一的程序设计语言是机器语言。机器语言的程序全部由"0"和"1"表示出来，是计算机硬件唯一能理解的语言。用机器语言写出的程序称为机器语言程序。

用机器语言编写的程序，计算机可以直接识别，同时由于机器语言程序是直接针对计算机硬件的，因此它的执行效率比较高，能充分发挥计算机的速度和性能优势。但它至少有两个缺点：首先，机器语言是与机器有关的，特定的机器语言只能用在特定的一类机器上，不是通用的。其次，人们用这种语言编写程序很不方便，非常烦琐，工作效率极低，写出的程序难于理解，不论是阅读程序还是调试程序都非常困难。因此，除非特殊情况，一般我们不采用机器语言直接编程。

#### 2. 汇编语言

为了解决机器语言难以记忆、理解和阅读等问题，人们设计出第二代语言——汇编语言。汇编语言不再使用机器语言中所使用的用数字编码来代表操作码和操作数的方法。最终，为各种操作码分配各种助记符，比如，用"ADD"代表加操作，用"SUB"代表减操作，用"LOAD"表示将主存中的数据装入寄存器，用"STORE"表示将寄存器中的数据传输到主存等。这些助记符的使用增加了汇编语言的可读性。对于操作数而言，则由程序员为存储器中的位置分配描述性的名字符号并在存储器中定位，并且使用这些符号代替在指令中的存储器单元地址。用指令助记符及地址符号书写的指令称为汇编指令，而用汇编指令编写的程序称为汇编语言程序。

举个例子来说，我们把存储器单元地址为 6C 和 6D 中的内容相加，并且把相加的结果放在存储器地址为 6E 的单元中。这个过程的十六进制编码的指令如下：

```
156C
166D
5056
306E
C000
```

如果我们为地址 6C 分配一个名字 a，为地址 6D 分配一个名字 b，为地址 6E 分配一个名字 c，于是我们可以使用助记符来表示相同的程序：

```
LOAD R5, a
LOAD R6, b
ADDI R0, R5 R6
STORE R0, c
HALT
```

虽然编写汇编语言程序对程序员来说难度降低了很多，但是很遗憾，汇编语言程序不能为计算机硬件直接识别与执行，必须经过称为汇编程序的特殊程序将汇编语言代码"翻译"为机器语言才能被硬件执行。通常，将汇编语言程序称为源程序，汇编后得到的机器语言程序称为目标程序。

尽管汇编语言与机器语言相比有不少的优势，但它还是有一些不足。汇编语言与机器语言一般是一一对应的，因此，汇编语言也是与具体使用的计算机有关的，程序设计人员仍然需要从机器语言的角度去思考。这种情况类似于房屋设计——我们毕竟还是要根据木板、钉子和砖块等来设计。确实，在实际的房屋建造中，最后的确还需要一个基于这些基本元素的描述，但是如果我们考虑根据诸如房间、窗户和门等的更大一些的单元来设计，设计过程会更简单一些。

**3. 高级语言**

汇编语言虽然相比机器语言有了很大进步，但仍然需要程序员在所用的硬件上花费大部分精力。用符号语言编程也很枯燥，因为每条机器指令都得单独编码。为了提高程序员效率以及从关注计算机转到关注要解决的问题，导致了高级语言的发展。

高级语言吸收了人们熟悉的自然语言和数学语言的某些成分，它由表达各种意义的"词""数学公式"及特定的语法规则组成。例如，在高级语言中，语句 c = a+b 描述了将 a 和 b 的值相加并保存在 c 中的过程。显然这更加类似于我们从小就熟悉的数学语言，很容易理解和学会使用。

高级语言适用于许多不同的计算机，使程序员能够将精力集中在应用程序上，而不是计算机的复杂性上。数年来，人们开发了各种各样的高级语言，如 FORTRAN、BASIC、

Pascal、COBOL、C、C++和 Java 等。但不管是哪种高级语言写的源程序必须经过"翻译"生成机器语言程序，才能被计算机执行。

今天几乎所有软件开发都采用高级编程语言，这没有什么奇怪的。但是应该注意到，低级语言并没有过时。正如你将在下一节中见到的那样，用高级语言编写的程序在执行之前仍然必须翻译成适用于特定计算机的机器语言。在应用领域中，执行速度是关键，为了优化内存和指令序列的使用，现代程序员有时仍然要使用汇编语言和机器语言。

**常见的高级语言主要有以下 5 种。**

①C 语言：主要编写与操作系统、硬件驱动相关的程序。无论是 Windows 还是 Linux 系统，几乎都是由 C 语言编写的。C 语言可以被认为是一种机器语言与高级语言的过渡语言，或称为中间语言。

②VB 语言：具有整洁的编辑环境，易学、即时编译导致简单、迅速的原型；有大量可用的插件。但程序很大，而且运行时需要几个巨大的运行时动态链接库。虽然表单型和对话框型的程序很容易完成，但要编写好的图形程序却比较难，而且调用 Windows 的 API 程序非常笨拙，因为 VB 的数据结构没能很好地映射到 C 语言中，且移植性非常差。

③C++语言：是在 C 语言的基础上，添加了许多现代高级语言的特性，包括面向对象、封装、继承与多态等特性。它既具有低级语言可以直接操作内存地址的指针，又具有高级语言的类、对象等概念，可以说是最全面、复杂的一门语言。目前主要应用于大型桌面应用、游戏引擎的开发。

④Java 语言：是 1995 年推出的一门运行在 Java 虚拟机上的编程语言，具有"一次编译、处处运行"的特点。它摒弃了 C++语言的许多缺点，包括多继承、指针等概念，又兼容并包含了 C++语言的优点。目前 Java 语言主要应用于企业级网站的搭建。

⑤Python 语言：伴随着人工智能的火热，成为当下许多公司的宠儿。Python 是一种脚本语言，不需要编译，直接由 Python 解释器逐行执行。目前随着深度学习的火爆，Python 语言的应用会越来越广泛。

## 4.3.2 翻译

通过上面的介绍，我们对什么是低级语言和什么是高级语言有了一定的了解，而且认识到了计算机只能读懂机器语言。为了在计算机上运行程序，使用高级语言编写的程序要被翻译成目标计算机的机器语言。将一种语言的程序转换成另一种语言的程序的过程就是翻译。高级语言程序被称为源程序，被翻译成的机器语言程序称为目标程序。高级语言的翻译有两种方式：解释和编译。

**1. 解释**

解释方式是指按照源程序中语句的执行顺序，逐条翻译语句并立即予以执行。即由事先置入计算机中的解释程序将高级语言源程序的语句逐条翻译成机器指令，翻译一条执行一条，直到程序全部翻译执行完为止。解释程序几乎是实时生成结果，因为它是逐条读取并执行指令，这种实时性尤其适用于高度交互式应用程序。事实上，JavaScript 就是按照这种方式执行的。然而解释型语言的缺点是执行速度慢。解释程序必须花时间翻译每一条语句，因而每条语句在执行时都会有短暂延迟。

解释方式类似于不同语言的口译工作。假设将一段演讲从中文翻译成英文，通常是演讲者说一句中文，翻译人员立即将它翻译成英文。即使演讲者后来说了同样的话，翻译人员还是要重新翻译。实际上，翻译人员变成了原始演讲者的替身，在短暂延迟之后，用不同的语言重复演讲者的话，这种方式的优点是提供了实时翻译。

**2. 编译**

编译方式是先由编译程序把整个源程序翻译成目标程序，然后再由计算机执行目标程序，得到计算结果。编译的特点是"一劳永逸"，整个源代码一旦编译完毕，今后就可以在任何时候多次执行目标代码。而且一旦编译完毕，程序的执行速度就非常快。C++语言就是用编译程序翻译的。然而，编译型语言的缺点是，程序员每次修改了程序，都必须花时间重新编译整个程序。

编译方式类似于不同语言的笔译工作。我们同样将一段演讲从中文翻译成英文，如果没有必要提供同声传译，翻译人员可以在事后翻译全部讲话，并生成一个英文录音。虽然这种方式不如同声传译及时，而且更费时，但它的一个重要优点是，一旦翻译完毕，听众就可以听很多遍，不用重复翻译。另外，听众在听讲话内容时不必经受延迟。

程序质量的基本要求和程序设计风格

## 4.4 程序设计中的计算思维

程序设计是将分析和解决问题的思维活动转化成计算机程序的过程。因此以计算思维的方式分析和解决问题是程序设计成败的关键所在。

### 4.4.1 穷举和迭代

在现实生活中要想解决一些问题，进行反复试验是很有用的。比如说数学中最小公倍数的问题，如果知道最小公倍数的定义，我们可以使用试验的方法来找到答案。假如要求出两个数 $a$ 和 $b$ 的最小公倍数，可以从这两个数中较大的那个数开始（假设 $a$ 较大），先判断 $a$ 是否是两个数的公倍数，如果不是再考察 $a+1$ 是不是公倍数、$a+2$ 是不是公倍数，……，如此进行下去找到的第一个满足 $a$、$b$ 两个数的公倍数一定是最小公倍数。这就是计算机程序设计中使用的穷举法。了解到这种方法的解题思路后，有人会认为这种方法虽然能有效地解决问题，但是在现实中人工去实施还是不太合适，因为要耗费大量的时间。但是计算机不一样，作为一种计算工具，它进行重复试验的速度是很快的，这样的穷举对于计算机来说是很容易的。因此在程序设计过程中，不能以常识认为穷举是一种"笨方法"，而是充分利用计算机的计算速度、具有计算思维的好方法。

迭代与穷举的基本原理类似，也是充分利用了计算机的计算速度快这一特点。生活中有这样一个问题：一个人有 100 元钱，银行存款的年利率为 5%，问这个人把钱存到银行多少年后本金和利息和为 200 元？大部分人遇到这个问题时会这样思考：假设要存 $n$ 年后可以达到目标，那么根据条件可知 $100 \times (1+0.05)^n = 200$，要求出 $n$ 就必须求对数了。学过数学的人都知道求对数不是一件容易的事，如果不借助计算工具可能无法求出。实际上，这个问题按照计算思维的思想来求解应该这样做：因为不知道存多少年才能达到目标，所以可试着一年年地存下去，第一年后本利和是 $100×(1+0.05)$ ，结果记录在变量 $x$ 中；第二年本利和是 $x×(1+0.05)$ ，结果还是记录在 $x$ 中；……；如此继续，到第 $n$ 年，算出的本利和如果大于等于 200 就达到目标了，也就不用再继续试算下去了，至此，答案也就求出来了。这就是用计算思维的思想解决了这个问题，但是没有求对数，而是在每次计算本利和时用了上一年的本利和，这就是迭代。

### 4.4.2 排序

几乎所有计算机中的序列都是被排过序的。电子邮件列表按照日期排序，最新的邮件被放置在最顶端；播放器中的歌曲按照名字或歌手名排列在一起，以便你快速查找到最喜欢的那首；文件名则往往是按照字母顺序排列的。那么计算机是如何进行排序的呢？

为了理解计算机的排序原理，我们可以先来考虑一下在现实生活中是如何排序的。在一次考试结束后，同学们把试卷都交上来了，老师为了便于评阅试卷和登记成绩，需要将试卷按学生的学号顺序排列好。假如你被老师安排来完成这项试卷排序的工作，你会怎么做呢？最通常的做法是：首先从这摞试卷中随便取出一份放在一边作为排好序的试卷，然后再从未排序的试卷中依次移出每张试卷将它们插入排好序的试卷中的正确位置（这里所说的正确位置是指插入后始终保持这摞整理好的试卷是按学号排好序的）。每成功插入一次，即意味着未排序的试卷减少了，排好序的试卷增加了，直到所有试卷被完全排列好。扑克牌玩家通常也是使用这种方法来理牌的。我们把这种方法称为直接插入排序法，这也是最简单的排序方法。该算法的重点在于如何将数值放入左侧序列（即已排好序的序列）中的正确位置上，而不是去考虑该在右侧的序列要挑出哪一个数值。

另一种常用的排序方法也可以这样去做：考虑 10 个小朋友排队，为了让这些小朋友能按照身高从矮到高的次序站成一条整齐的队伍，我们可以先让第一个小朋友和第二个先比一比，让个子矮的站第一个、个子高的站第二个；然后让第二个和第三个比，同样让矮的站前面、高的站后面；……；如此下去，当比完第九个和第十个小朋友后，最高的小朋友就排到最后一个位置了。第二趟我们只需要对第一个到第九个小朋友按照相邻的进行比较，高的站后面，同样可以让第二高的小朋友排到第九个位置上。这样反复进行下去，直到第九趟对第一个和第二个小朋友进行比较后排好，所有排队工作就完成了。在排队过程中，我们可以发现每趟完成后，在排队范围内个子最高的小朋友就排到最后去了。在计算机学科中，形象地把这种排序方法称为冒泡排序。冒泡排序是一种需要将整个序列反复扫描，并交换所有相对位置错误的相邻数据的方法。当检查整个序列发现不用交换任何数据时便证明序列已被排好序了。

### 4.4.3 分治思想

在遇到复杂问题时，通常会考虑将这个问题进行划分，划分后的子问题又是规模更小的原问题，而划分后的子问题的解答可能是非常直观的，或是非常容易得到的，当子问题解决以后原问题也就解决了。这就是分治的基本思想。

（1）二分查找

查找也称检索。计算机最重要的功能之一就是在浩瀚的数据中找到用户所要的信息。但是计算机的速度还并没有快到能瞬间完成这一过程的程度，而且等待计算机查找的数据集往往是异常庞大的，因此我们需要更快捷、更有效的搜索方式。最直观的查找方法就是顺序查找，计算机进行搜索时从储存数据的开头开始找，直到找到指定数据时结束查找。

这种查找对计算机来说是非常慢的。如果所有待查找的数据元素按递增（或递减）有序，则可以采用二分查找。这是一种使用了分治思想、效率较高的查找方法。

二分查找是如何找到待查数据的呢？我们还是来看看生活中曾经见过的例子。在一些电视综艺节目中出现过"价格竞猜"的游戏环节。主持人开始给出某一商品的价格范围，参与者说出一个价格，然后主持人会告知猜的价格是高了还是低了，参与者进行下一轮竞猜。很显然，每次竞猜完毕后，商品价格范围就缩小了，下次的竞猜一定是在这个较小的范围内进行。假如一开始设定的竞猜价格范围是 0 到 100，比较明智的做法是：参与者首先猜想价格为 50，如果主持人告知价格猜高了，下次竞猜价格就在 0 到 49 之间进行；反之，如果价格猜低了，就在 51 到 100 之间进行下次竞猜；如此反复进行，直到猜到商品的具体价格为止，这就是二分查找的思想。因为不知道商品的具体价格，在开始给出的价格范围内的任何一个数值都可能是商品的具体价格，参与者要做的就是在 0 到 100 之间查找到表示商品真实价格的数据。这和在一批数据中进行指定数据的查找是一样的。需要注意的是，二分查找效率虽然较高，但必须先将待查找数据进行排序——这是二分查找方法的前提条件或代价。

（2）递归

在日常生活中，字典就是一个递归问题的典型实例。字典中的任何一个词都是由"其他词"解释或定义的，但是"其他词"在被定义或解释时又会间接或直接地用到那些由它们定义的词。

数学中阶乘的定义是 $n! = n \times (n-1) \times (n-2) \times \cdots \times 2 \times 1$，其实，也可以用递归的思想定义正整数 $n$ 的阶乘，将它写成 $n! = n \times (n-1)!$。在计算时，可以利用 $(n-1)!$ 来计算 $n!$，同理再用 $(n-2)!$ 来计算 $(n-1)!$，即 $(n-1)! = (n-1) \times (n-2)!$，以此类推，直到用 $1! = 1$ 逆向递推出 $2!$，再依次递推出 $3!$、$4!$、$\cdots$、$n!$ 时为止。

当用递归的方法解决问题时，显然不能像字典那样，词 A 的含义用词 B 来解释，而词 B 又用词 A 来解释，字典之所以可以这样做是由于事先假设使用者在词 A 和词 B 中至少有一个的含义是了解的。要想解决实际问题需要像数学中求阶乘的递归方法一样，才能真正解决问题。因此，要想使用递归解决问题必须满足以下两个条件。

① 由其自身定义的与原始问题类似的更小规模的子问题。它使得递归过程持续进行（例如递归求阶乘中，$n>1$ 时，$n! = n \times (n-1)!$，只要将 $(n-1)!$ 求出来，$n!$ 也就求出来了，这样就将问题的规模缩小了）。

② 递归的最简形式。它是一个能够用来结束递归过的条件（例如递归求阶乘中，$n = 1$ 时，直接求解 $n! = 1$）。

对于一些复杂问题，直接求解的难度非常大，但是分析以后用递归的方法来解决就非常简单直观了。

第 4 章习题

# 第 5 章
## 数据库技术基础

  数据库技术是 20 世纪 60 年代后期兴起的一种数据管理技术，主要研究如何存储、使用和管理数据。从其诞生到现在，形成了坚实的理论基础、成熟的商业产品和广泛的应用领域，吸引了越来越多的研究者加入。几十年来，国内外已经开发建设了成千上万个数据库。它已成为企业、部门乃至个人日常工作、生产和生活的基础设施。同时，随着应用的扩展与深入，数据库的数量和规模越来越大，数据库的研究领域也已经大大地拓宽和深化了。数据库技术体现了当代先进的数据管理方法，数据库信息量的大小和使用频度，已经成为衡量一个国家信息化程度的重要标志。借助数据库技术，可以方便有效地存储和管理大量复杂的数据。数据库技术使得计算机应用迅速渗透到社会的每一个角落，并改变着人们的工作方式和生活方式。学习"数据库技术"，可以让我们更加有效地利用计算机为我们服务，提高工作效率。

  本章主要介绍数据库系统的基本概念、数据模型、关系数据库及其标准查询语言等。

## 5.1 数据库系统基础

### 5.1.1 信息、数据与数据处理

数据库（DataBase，简称 DB）起源于 20 世纪 50 年代初，当时美国为了战争的需要，把各种情报集中在一起，存储在计算机里，称为 Information Base 或 DataBase。数据库技术是计算机科学与技术的一个重要分支，是各种信息系统的核心和基础。数据库是数据处理技术发展的产物。数据是数据库系统研究和处理的对象，信息是现实世界的反映，数据与信息是两个既有联系又有区别的概念。

（1）信息

"信息"（Information）是当代使用频率很高的一个概念，很难给出确切的定义，到目前为止，围绕信息定义所出现的流行说法已不下百种。我们可以认为信息是向人们（或计算机）提供关于现实世界新的事实的知识。信息是现实世界各种事物的存在特征、运动形态以及不同物体间的相互联系等诸要素在人脑中的抽象反应，进而形成概念。例如，"2014 年 7 月在华单月销量达 6 858 辆，同比增长高达 47.8%"，这是一条有关某品牌汽车销售量的信息；"8 月 8 号，多云，最高温 31°C，最低温 23°C，北风，相对湿度 84%"，这是一条有关天气的信息。信息是可以被感知和存储的，并且可以被加工、传递和再生。

①信息是某一个事件的情报。

②信息是一种固有的知识（如 $H_2O$ 是由 H 和 O 化合成的）。

③信息是资源（为某一特定目标而提供的决策依据）。

④信息是现实世界的反映。

（2）数据

一切可以被计算机接受并能被计算机处理的符号称为数据（Data）。数据不只是简单的数字，还包括文字、图形、图像、声音、物体的运动状态等，它是对信息的一种符号化表示。数据是信息的载体，而信息是数据的内涵。

例如某校每年学生入学人数是信息，而每年具体招生 1 500～1 800 名就是数据。在计算机处理数据时，不仅仅是指具有量化大小的数据，如价格、工资、产量、人数、工龄等，而且还可以处理很多非数值型数据，如姓名、地址、文章、图形、简历、出生年月、工作时间、是否党员等。

（3）数据处理

数据处理是将数据转换成信息的过程，包括对数据的收集、存储、加工、检索、传输等一系列活动，其目的是从大量的原始数据中抽取和推导出有价值的信息。数据处理的目的是借助计算机，科学地保存和管理复杂的大量的数据，以便用户能方便而充分地利用这些宝贵的信息资源。

可以用一个等式来简单地表示信息、数据与数据处理之间的关系：信息 = 数据 + 数据处理。

## 5.1.2　数据管理技术的发展

计算机对数据的管理是指对数据的组织、分类、编码、存储、检索和维护提供操作手段。计算机管理技术随着计算机软、硬件技术和应用范围的发展而不断发展，多年来大致经历了如下几个阶段。

（1）人工管理阶段

20世纪50年代中期以前是人工管理阶段。这一阶段，在硬件方面，外存只有纸带、卡片，没有磁带等用来直接存取的存储设备，而且计算机主要用于科学计算，在计算时将数据输入，计算完毕将数据输出，因此数据不保存；在软件方面，没有操作系统，更没有专门管理数据的软件；在数据方面，数据无结构，数据之间缺乏逻辑组织，且数据依赖于特定的应用程序，因此数据无法共享，缺乏独立性。

（2）文件系统阶段

20世纪50年代后期到60年代中期，出现了磁盘等直接存取数据的存储设备。计算机开始应用于以加工数据为主的事务处理阶段。这种基于计算机的数据处理系统也就从此迅速发展起来。这种数据处理系统是把计算机中的数据组织成相互独立的数据文件，系统可以按照文件的名称对其进行访问，对文件中的记录进行存取，并可以实现对文件的修改、插入和删除，这就是文件系统。文件系统实现了记录内的结构化，即给出了记录内各种数据间的关系。但是，从整体来看文件是无结构的，其数据面向特定的应用程序，因此数据共享性、独立性差，且冗余度大，管理和维护的代价也很大。

（3）数据库系统阶段

20世纪60年代后期，计算机的软硬件得到了进一步的发展，更重要的是出现了容量大、存取速度快的磁盘，需要管理的数据量急剧增加，数据管理技术得到了很大的提高。1968年，美国IBM公司成功开发了世界上第一个数据库管理系统IMS，标志着数据管理技术进入了数据库系统阶段。数据库系统克服了文件系统的缺陷，应用程序与存储的数据分离开来，提供了对数据更有效的管理。数据库系统中的数据由数据库管理系统统一控制，按一定的模式组织与存储，数据共享性高，冗余度低，易扩充，具有一定的与程序之间的独立性。

## 5.1.3　数据库技术新的研究领域

数据库技术与计算机技术的结合使得数据库中新的技术层出不穷。最初的数据库系统主要应用于银行管理、飞机订票等事务处理环境。进入20世纪80年代以后，出现了一大批新的数据库应用，如工程设计与制造、软件工程、办公自动化、实时数据管理、科学与统计数据管理、多媒体数据管理等。进入90年代以来，随着Internet和Web技术的飞速发展，数据库应用环境发生了巨大的变化，一大批新一代数据库应用已经产生，如电子商务、移动数据库、支持高层决策的数据仓库、OLAP分析、远程教育、数据挖掘、数字图书馆、电子出版物、Web医院、虚拟现实、工作流管理、Web上的信息管理与检索等。

下面介绍几种目前具有代表性的数据库技术的应用领域和研究方向。

（1）Web数据库

Internet的飞速发展使得网络迅速成为一种重要的信息传播和交换手段，Web正在逐渐成为全球性的自主分布式计算环境。如何将遍布全球的 Web 资源集成起来，构建 Web 信息集成系统，使得 Web 成为一个全球统一的数据库并为全球人民共享，已成为一个被广泛关注的研究领域。

（2）面向对象数据库

面向对象数据库系统是面向对象设计方法与数据库技术相结合的产物。面向对象数据库系统集成了关系数据库系统的优点和面向对象数据库的模型能力，具有根据用户应用需要扩展数据类型和函数的机制，支持大数据类型的存储和操作，支持数据和函数的集成，具有规则管理能力。例如，Infomix Universal Server、IBM DB2 Universal Database 等都属于商业化的对象关系数据库系统。

（3）多媒体数据库

多媒体数据包括声音、图像、动画等各种媒体数据。随着远程通信基础设施的迅速发展，如何存取、传播和管理分布式环境下的多媒体数据，已经受到人们的高度重视。目前，在分布式多媒体数据研究方面，人们主要研究如何在分布式环境下分布和存储多媒体数据，以及分布式多媒体数据库系统的研究和开发等问题，并取得了很多新成果。

（4）并行数据库

最近十几年来，并行计算机系统的发展十分迅速，很多大规模并行计算机系统（Massively Parallel Processing System，MPP），如 nCUBE、Paragon 等，已经投入市场。随着高速通信网络技术（如 ATM 和光纤通信技术）的出现和操作系统的发展，基于网络的多媒体计算机集群、并行计算机环境（又称集群并行计算环境）开始出现，如 NECTAR、PVM 等系统。在 MPP 和集群并行计算环境的基础上建立的数据库系统称为并行数据库系统。并行数据库系统的研究主要围绕关系型数据库和面向对象的数据库进行，并已经取得了很多研究成果，很多商品化的并行关系数据库系统已经推向市场。

（5）人工智能领域的数据库

人工智能是从 20 世纪 60 年代发展起来的研究机器智能和智能机器的高科技学科，它需要大量的演绎和推理规则的支持，通过将人的知识抽象化、条理化、利用数据库技术建立起来的知识库，使数据库智能化。

（6）数据仓库

数据仓库是为了有效地支持决策分析而从操作数据库中提取并经过加工后得到的数据集合，是一种特殊的数据库。联机分析处理（On-Line Analytical Processing，OLAP）是数据仓库最重要的应用，是决策分析的关键。数据仓库已经成为十分活跃的数据库研究领域。

（7）XML 数据管理

目前大量的 XML 数据以文本文档的方式存储，难以支持复杂高效的查询。用传统数据库存储 XML 数据的问题在于模式映射带来的效率下降和语义丢失。一些 Native XML 数据库的原型系统已经出现，半结构化的 XML 数据给 Native XML 数据库中的存储系统带来了更大的灵活性。

（8）DBMS 的自适应管理

随着关系数据库管理系统（Relative DataBase Management System，RDBMS）的复杂性以及新功能的增加，对 DBA 的技术需求和熟练数据库管理人员的薪水支付都在大幅增长，导致企业人力成本支出也在迅速增加。基于上述原因，对数据库自调优和自管理的研究也逐渐成为热点。

（9）移动数据管理

目前，蜂窝通信、无线局域网以及卫星数据服务等技术的迅速发展，使得人们随时随地访问信息的愿望成为可能。移动计算机，诸如笔记本电脑、个人数字助理（Personal Digital Assistant，PDA）、智能手机等，都装配无线联网设备，从而能够与固定网络或其他的移动计算机相连。用户不需要固定地连接在某一个网络中不变，而是可以携带移动计算机自由地移动，这样的计算环境，称为移动计算（Mobile Computing）。研究移动计算环境中的数据管理技术，已成为目前分布式数据库研究的一个新方向，即移动数据库技术。

（10）微小型数据库技术

数据库技术一直随着计算的发展而不断进步，随着移动计算时代的到来，嵌入式操作系统对微小型数据库系统的需求为数据库技术开辟了新的发展空间。微小型数据库技术目前已经从研究领域走向应用领域。随着智能移动终端的普及，人们对移动数据的实时处理和管理要求也不断提高，嵌入式移动数据库越来越体现出其优越性，从而被学术界和业界所重视。

（11）数据库用户界面

随着数据库应用及信息检索系统的广泛普及，越来越多的非专业用户需要一种易于掌握的界面去访问所需要的信息。数据库自然语言界面（NLIDB）最符合这类用户的需求。数据库自然语言界面向用户提供了直接以人类语言（而不是人工语言或机器语言）的方式向数据库系统发问以获得所需信息的途径，从而大大改善了人机交互的友好程度。国外早在 20 世纪七八十年代就开始了这方面的大量研究工作，并研制出若干数据库自然语言界面系统，中国的中文自然语言查询系统 NChiql 在这方面也做了有益的尝试。

随着计算机技术的蓬勃发展，新的数据库技术研究领域还将不断涌现。

## 5.1.4 数据库系统的组成

数据库系统（DataBase System，DBS）是指在计算机系统中引入数据库技术后的系统构成。一般由数据库、数据库管理系统（及其开发工具）、相关的软硬件和各类人员组成。其组成如图 5-1 所示。

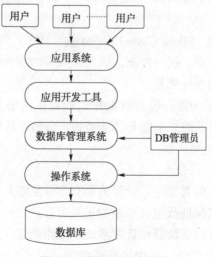

图 5-1 数据库系统构成

（1）数据库

数据库是数据库系统的核心部分，是数据库系统的管理对象。所谓的数据库，是指以一定的组织方式将相关的数据组织在一起，长期存放在计算机内，可为多个用户共享，而应用程序彼此独立，统一管理的数据集合。

更加直观地，我们可以把数据库理解为存放数据的仓库。只不过这个仓库是在计算机的大容量存储器上，如硬盘。

（2）数据库管理系统

数据库管理系统（DataBase Management System，DBMS）是管理数据库的软件的集合，位于用户（或应用程序）与操作系统之间的一层数据库管理软件，是用户访问数据库的接口。数据库管理系统的主要任务是科学有效地组织和存储数据、高效地获取和管理数据、接受和完成用户访问数据的各种请求。

如图 5-2 所示，数据库管理系统的主要功能包括以下几个方面：

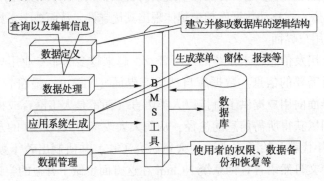

图 5-2　DBMS 的组成

① 数据定义功能（Data Definition Language，DDL），用户通过它可以方便地对数据库中的数据对象进行定义。例如对数据库、表、索引进行定义。

② 数据操作功能（Data Manipulation Language，DML），用户通过它可以实现对数据库的基本操作。例如对表中数据的查询、插入、删除和修改等。在具体的设计实现中，DDL 和 DML 通常合二为一，构成一体化的语言——结构化查询语言（Structured Query Language，SQL）。

③ 数据库运行控制功能（Data Control Language，DCL）。数据库在建立、运用和维护时由数据库管理系统统一管理、统一控制，以保证数据的安全性、完整性、多用户对数据的并发使用及发生故障后的系统恢复。

④ 数据库的建立和维护功能。包括数据库初始数据的输入、转换功能，数据库的转储、恢复功能，数据库的重新组织功能和性能监视、分析功能等。这些功能通常是由一些使用程序完成的。

（3）硬、软件平台

数据库系统对硬件平台的要求是：计算机要有容量足够大的存储器（内存和外存）以及性能较高的传输信道，以保证数据库系统的正常运行。

数据库系统的软件主要包括数据库管理系统、操作系统、以数据库管理系统为核心的应用开发工具和数据库应用系统。其中操作系统是支持 DBMS 运行的系统，没有操作系统，DBMS 的运行无从谈起。常见的应用开发语言和工具包括 C ++、Java、Visual Basic. NET 和 Delphi 等，通过这些工具，应用程序开发人员能够开发出合乎用户需求的数据库应用系统，比如一个教务管理系统、图书借阅管理系统等。

（4）人员

开发、管理和使用数据库系统的人员主要包括三类：数据库管理员、应用程序开发人员和最终用户。

数据库管理员（DataBase Administrator，DBA）是指从事数据库管理工作的人员。DBA 负责完成数据库的规划、设计、协调、维护和管理等工作。由于 DBA 责任重大、工作繁重，通常情况下，DBA 不只是一个人，而是一个数据库管理部门。在开发数据库应用系统时，应该明确 DBA 的责任，保证 DBA 的权限。

应用程序开发人员负责编写数据库应用系统的各个模块，并进行调试和安装。

最终用户（End User）通过数据库应用系统的接口使用数据库。常用的接口方式有图形、菜单、控件、浏览器、表格操作、报表书写等，最终用户通过数据库应用系统的这些友好界面实现对数据库的浏览、查询、修改等操作。

## 5.2 数据模型

用事物的本质属性或人们关心的属性描述事物，这就是数据模型。它是对现实世界中事物的抽象，即抽取事物的本质属性，而忽视非本质的及人们不关心的属性。根据对事物抽象的不同层次，数据模型可分为概念模型和结构模型。概念模型是对现实世界的第一层抽象，它与数据库技术没有直接的联系，是数据库开发人员与用户交流的工具。结构模型是在概念模型基础上的再次抽象，它与数据库技术有着直接的联系，可分为层次模型、网状模型、关系模型。

数据库系统都是基于某种数据模型的，数据模型是数据库系统的数学形式框架，是数据库系统的核心和基础。

### 5.2.1 概念模型与 E-R 方法

**1. 相关术语**

概念模型将涉及以下几个基本术语。

（1）实体（Entity）

将现实世界抽象成概念数据模型首先要识别出要研究的应用系统中存在哪些客观对象。客观存在并可相互区别的事物称为实体（Entity）。实体可以是具体的人、事、物，如一名商场员工、一件商品、一个仓库等都是实体；实体也可以是抽象的概念，如订货合同、工资报表等。

（2）属性（Attribute）

属性是指实体所具有的某一特性。一个实体可由若干属性来描述。例如，学生实体可用学号、姓名、性别、出生日期等来描述。属性所取的具体值称作属性值。例如，某个学生的姓名为李洁，这是学生实体的"姓名"属性的取值；该学生的年龄为 20，这是学生实体"年龄"属性的取值。可以用形如"（201402303055，孙浩，男，1996/12/4）"的属性组合来描述一个学生，这里描述的是学号为201402303055、出生在1996年12月4日的名叫孙浩的男生。

（3）域（Domain）

域是属性的取值范围。例如，"性别"的域是（男，女），"成绩"的域为0到100，"专业"的域为学校所有专业的集合。

（4）实体型（Entity Type）

具有相同属性的实体必然具有共同的特征和性质。用实体名及其属性名集合来描述和刻画同类实体，称为实体型。例如，学生（学号，姓名，性别，出生日期）就是一个实体型。注意实体型与实体（值）之间的区别，后者是前者的一个实例，例如实体（201402303055，孙浩，男，1996/12/4）是实体型"学生"的一个实例。

（5）实体集（Entity Set）

同一类型、属性相同的实体的集合称为实体集。例如，某校全体教师就是一个实体集。

（6）主键（Primary Key）

唯一标识实体的属性集称为主键，又称主关键字。例如，学号是学生实体的主键，学号和课程号两个属性的组合是学生选修课程情况的主键。一个实体集中任意两个实体在主键上的取值不能相同。

（7）联系（Relationship）

现实世界中事物内部以及事物之间是有联系的，这些联系同样也要抽象和反映到信息世界中来，在信息世界中将抽象为实体型之间的联系。联系是多种多样的，常见的联系类型可以分为三类。

①一对一联系。

如果对于实体集A中的每一个实体，实体集B中至多有一个实体与之联系，反之亦然，则称为实体型A与实体型B具有一对一的联系，记为1：1。例如，人与DNA，一个人只有一个DNA，而一种DNA只对应一个人，实体人与实体DNA具有一对一联系。

②一对多联系。

如果对于实体集A中的每一个实体，实体集B中有$n$个实体（$n \geq 0$）与之联系，反之，对于实体集B中的每一个实体，实体集A中至多只有一个实体与之联系，则称为实体型A与实体型B具有一对多的联系，记为1：$n$。例如，企业中部门和职工的关系，一个部门有多名职工，而一个职工只在一个部门工作，则实体部门和实体职工之间具有一对多联系。

③多对多联系。

如果对于实体集A中的每一个实体，实体集B中有$n$个实体（$n \geq 0$）与之联系，反之，对于实体集B中的每一个实体，实体集A中有$m$个实体（$m \geq 0$）与之联系，则称为实体型A与实体型B具有多对多的联系，记为$m$：$n$。例如，药店和药品的关系，一个药店出售多种药品，一种药品也在多家药店出售，则实体药店和实体药品之间具有多对多联系。

实际上，一对一联系是一对多联系的特例，一对多联系又是多对多联系的特例。用图形来表示两个实体型之间的联系，如图5-3所示，A和B分别表示两个实体集。

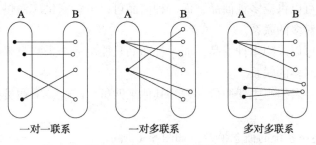

图 5-3 两个实体型之间的 3 类联系的示意图

**2. 实体–联系模型**

概念模型的表示方法很多,其中最为著名的是 1976 年 P. P. S. Chen 提出的实体–联系方法(Entity-Relationship Approach)。该方法用 E-R 图来描述现实世界的概念模型,称为实体–联系模型,简称 E-R 模型。

(1)实体的表示

在 E-R 图中,用矩形表示实体,矩形框内写明实体的名称。实体的属性用椭圆表示,椭圆框内写明属性名,如果该属性是主码,则在其属性名下加下划线表示。属性和实体之间用无向边连接起来。例如,采购员实体型的 E-R 图如图 5-4 所示。

(2)联系的表示

在 E-R 图中,联系用菱形表示,菱形框内写明联系的名称,分别用无向边将其与相关的实体型连接起来,在连线上注明联系的类型($1:1$,$1:n$ 或 $m:n$)。联系也可以有属性,属性和联系之间也用无向边连接。例如,供应商和商品之间的供应联系如图 5-5 所示。

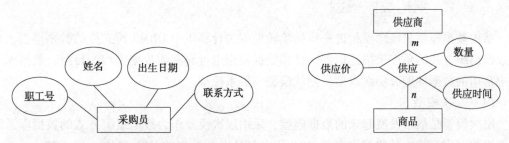

图 5-4 采购员实体型的 E-R 图      图 5-5 多对多联系的 E-R 图

**3. 整体 E-R 图实例**

在建立概念模型时,为了对现实世界有一个整体的认识和抽象,用户关心的所有实体和联系都集成到一个完整的 E-R 图中。当实体和联系的数量较多时,E-R 图的结构比较大,为了清晰起见,可以将实体及其属性分开画。

以某商场的采购管理子系统为例。该系统涉及的实体如下:

①供应商:属性有供应商编号、名称、地址、供应商品类型、联系电话等。

②商品:属性有商品编号、名称、批号、单价等。

③采购员:属性有职工号、姓名、性别、出生日期、联系电话等。

实体之间的联系有:

①一家供应商可以供应多种商品，而一种商品可以由多家供应商供应。因此，供应商和商品之间存在多对多的联系。

②一个采购员可以采购多种商品，而一种商品只能由一个采购员采购。因此，采购员与商品之间存在一对多的联系。

③采购员中的一名担当主任职位，领导其他采购员。因此，采购员内部存在一对多的领导联系。

用 E-R 图描述该系统的概念模型，如图 5-6 所示。

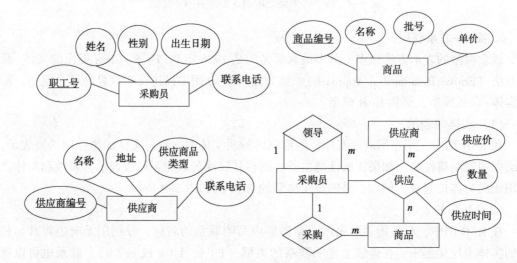

图 5-6　整体 E-R 图实例

## 5.2.2　结构数据模型

结构数据模型是概念模型进一步抽象转换成为计算机中 DBMS 所支持的数据模型，它从数据组织方式的角度来描述信息。结构数据模型也可简称为数据模型。目前，数据库领域中常用的数据模型有层次模型、网状模型、关系模型。

（1）层次模型

层次模型是最早发展起来的数据模型，采用层次模型作为数据组织方式的数据库系统是层次数据库系统，其典型代表是 1968 年由 IBM 公司推出的 IMS（Information Management System）。

层次模型采用倒立的树形结构表示实体以及实体间的联系，它需要满足以下两个条件：

①有且仅有一个结点没有双亲结点，这个结点称为根结点。

②其他结点有且仅有一个双亲结点。

同一双亲的子女称为兄弟结点，没有子女的结点称为叶结点。这种树形结构方式在现实世界中很普遍，如家族结构、行政组织结构等。

图 5-7 给出了某学院结构设置的一个层次模型示例。其中，"学院"是根结点，"计算机系""GIS 系""信息管理系""计算机科学教研室""软件工程教研室""图形图像教研室"是从属结点。

（2）网状模型

在层次模型中，如果允许每一个结点可以有多个双亲结点，便形成了网状模型。网状数据模型的典型代表是 DBTG 系统，也称 CODASYL 系统，它是 20 世纪 70 年代数据系统语义研究会（Conference On Data System Language，CODASYL）下属的数据库任务组（DataBase Task Group，DBTG）提出的一个系统方案。这个系统方案所提出的概念、方法和技术对网状数据库系统的研制和发展起了重大的作用。典型的网状数据库管理系统有 Cullinet Software 公司的 IDMS 等。

网状模型可以描述实体之间的复杂联系，它需要满足以下条件：

① 允许一个以上的结点无双亲。

② 一个结点可以有多于一个的双亲。

③ 在两个结点之间可以有两种或多种联系。

④ 可能有回路存在。

网状模型的优点是能够更为直接地描述现实世界；具有良好的性能，存取效率高。其主要缺点是结构复杂，不利于扩充，不容易实现。图 5-8 给出了一个网状模型的示例。网状模型是比层次模型更具有普遍性的数据结构，层次模型是网状模型的特例。

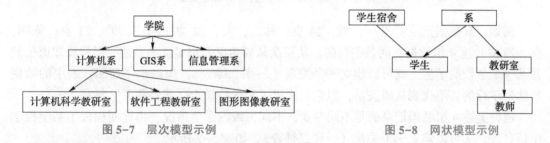

图 5-7　层次模型示例　　　　　　　　图 5-8　网状模型示例

（3）关系模型

尽管网状数据模型比层次模型更具有普遍性，由于其结构比较复杂，不利于应用程序的实现，操作上也有很多不便。为此，现在主流数据库大都是基于关系模型（Relation Model）的数据库系统。

关系数据模型是由 IBM 公司的 E. F. Codd 于 1970 年提出的，关系模型的"关系"具有特定的含义。一般来说，任何数据模型都描述一定事物数据之间的关系。层次模型描述数据之间的从属层次关系；网状模型描述数据之间的多种从属的网状关系。而关系模型则用二维表表示事物间的联系。

关系模型的数据结构非常单一。在关系模型中，现实世界的实体以及实体间的各种联系均用关系来表示。在用户看来，关系模型中数据的逻辑结构是一张二维表。现在以图 5-9 为例，介绍关系模型中的一些术语。

①关系（Relation）：一个关系对应一张二维表，表名即关系名。

②元组（Tuple）：表中的一行即为一个元组，又称为行或记录。

③属性（Attribute）：表中的一列即为一个属性，给每一个属性起一个名称即属性名。

④域（Domain）：关系中的每一属性所对应的取值范围叫属性的域。

⑤分量（Component）：元组的一个属性值。

⑥主键（Primary Key）：唯一标识关系中的任何一个元组的属性或者属性组称为该关系模式的主键。

⑦外键（Foreign Key）：如果关系 R 中某个属性或属性集是其他关系模式的主键，那么该属性或属性集是 R 的外键。

⑧关系模式（Relation Scheme）：即关系的结构，一般表示为：关系名（属性1，属性2，…，属性n）。

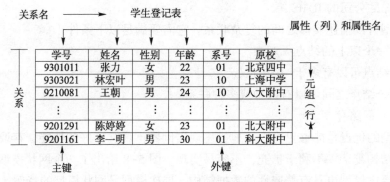

图 5-9　关系模型中的各个术语对应图

例如，有数据记录：王一，男，24 岁；林二，女，22 岁；李三，男，21 岁；陈四，女，23 岁。这 4 组数据之间是平行的，从层次从属角度看也是无关系的，但假设知道他们是某一个学校的学生，就可以建立一个关系（一张二维表），如表 5-1 所示。表中的数据虽然是平行的，不代表从属关系，但它们构成了某学校学生"属性关系"结构。

假设上述 4 组数据记录的是不同专业、不同班级的学生情况，由此便构成了某学校学生信息表，又可以建立一个关系（一张二维表），如表 5-2 所示。

表 5-1　某学校学生信息表

| 姓名 | 性别 | 年龄 |
| --- | --- | --- |
| 王一 | 男 | 24 |
| 林二 | 女 | 22 |
| 李三 | 男 | 21 |
| 陈四 | 女 | 23 |

表 5-2　某学校学生分布情况表

| 班级 | 姓名 | 性别 | 年龄 |
| --- | --- | --- | --- |
| 01 会计 | 王一 | 男 | 24 |
| 02 网工 | 林二 | 女 | 22 |
| 03 软工 | 李三 | 男 | 21 |
| 04 商务 | 陈四 | 女 | 23 |

以上两表其实就是关系模型结构，表格中的每一数据都可看成独立的数据项，它们共同构成了该关系的全部内容。

关系模型的优点是：能保证数据操作语言的一致性；结构简单直观、用户易理解；有严格的设计理念；存取路径对用户透明，从而具有更高的独立性、更好的安全保密性，也简化了程序员的工作和数据库开发建立的工作量。缺点是：由于存取路径对用户透明，造成查询速度慢，效率低于非关系型模型。

数据库的性质是由数据模型决定的。在数据库中数据的组织结构如果支持层次模型的特性，则该数据库为层次数据库；数据的组织结构如果支持网络模型的特性，则该数据库为网络数据库；数据的组织结构如果支持关系模型的特性，则该数据库为关系数据库。

Access 数据库管理系统是支持关系模型特性的，所以由 Access 创建的数据库为关系数据库。

## 5.3 关系数据库

关系数据库系统是支持关系数据模型的数据库系统。关系数据库应用数学方法来处理数据库中的数据。最早提出将这类方法用于数据处理的是 CODASYL 于 1962 年发表的《信息代数》一文，之后有 David Child 于 1968 年在 7090 机上实现的集合论数据结构，但系统而严格地提出关系模型的是美国 IBM 公司的 E. F. Codd。1970 年 E. F. Codd 连续发表了多篇论文，奠定了关系数据库的理论基础。

关系模型是目前最重要的一种数据模型。关系模型由关系模型的数据结构、操作集合和完整性约束三部分组成。

### 5.3.1 关系模型的数据结构

关系数据结构非常简单，在关系数据模型中，现实世界中的实体以及实体之间的联系均用关系表示。关系就是二维表。

**1. 关系数据库中的常用术语**

（1）关系（Relation）

一个关系对应一张二维表，二维表名就是关系名。

（2）属性（Attribute）和值域（Domain）

二维表中的列（字段），称为属性。列的值称为属性值，属性值的取值范围称为值域。

（3）元组（Tuple）

二维表中的一行（记录），称为一个元组。

（4）分量（Component）

分量是元组中的一个属性值。

（5）候选键（Candidate Key）

如果在一个关系中，存在一个（或一组）属性的值能唯一标识该关系的一个元组，则这个属性（组）称为该关系的候选键，一个关系可能存在多个候选键。

（6）主键（Primary Key）

一个关系有多个候选键，选定其中的一个作为该关系的主键。

（7）外键（Foreign Key）

当关系中的某个属性（组）虽然不是该关系的主键或只是主键的一部分，但是另一个关系的主键时，称该属性（组）为这个关系的外键。

（8）参照关系（Referencing Relation）和被参照关系（Referenced Relation）

参照关系也称从关系，被参照关系也称主关系，它们是以外键相关联的两个关系。外键所在的关系称为参照关系，相对应的另一个关系，称为被参照关系。被参照关系与参照关系是通过外键相联系的，这种联系通常是 $1:n$ 的联系。

**2. 关系模式**

关系模式是对关系的描述，是一个关系的具体结构，即关系模式是型。一般表示为：关系名（属性1，属性2，…，属性 $n$）。例如，表5-1所示的学生关系，其关系模式记为：

学生（姓名，性别，年龄）

对于数据库要分清型（Type）和值（Value）的概念，数据库的型是指对数据库的结构和属性的说明，关系数据库的型即对关系数据库结构的描述。数据库的值是型的一个具体赋值，关系数据库的值是这些关系模式在某一时刻对应的关系的集合。数据库的型是稳定的，而数据库的值是随时间不断变化的，因为数据库中的数据在不断变更。

**3. 关系的性质**

关系是一种规范化的二维表，当关系作为关系数据模型的数据结构时必须满足下列性质：

①每个属性必须是不可分的数据项。这是关系数据库对关系的最基本的一条规定，即不允许表中还有表。

②每一列的属性名必须不同。

③同一列是同质的，即各元组在同一属性上的取值，具有相同的类型和取值范围。不同的列可来自同一个域。

④元组的顺序（即行的顺序）无关紧要，各元组的次序可任意交换。

⑤属性的顺序（即列的顺序）无关紧要，各属性的次序可任意交换。

⑥元组不可以重复，即在一个关系中任意两个元组不能完全一样。

## 5.3.2 关系模型的完整性约束

关系模型的完整性规则是对关系的某种约束条件，以保证数据库中数据的有效性。关系模型中有三类完整性约束：实体完整性、参照完整性和用户自定义完整性，在对数据库中的数据执行插入、删除和修改操作时，需要遵循这些完整性约束。

**1. 实体完整性**

实体完整性是指关系的主键不能为空值，要求构成主键的所有属性都不能取空值。所谓空值就是"不知道"或"无意义"的值。由于一个关系对应现实世界的一个实体集，现实世界中的实体是可以相互区分的，如果主键为空值，意味着这个实体无法标识，即不可区分，这显然是错误的。

例如"学生"关系：学生（学号，姓名，性别，出生年月，院系编号）中，主键为"学号"，则"学号"不能取空值；"选课"关系：选课（学号，课程编号，成绩）中，主键为"学号，课程编号"，则"学号"和"课程编号"两个属性都不能取空值。

**2. 参照完整性**

参照完整性是指参照关系中外键的取值，要么为被参照关系中实际存在的值，要么为空值。在关系模型中，实体及实体间的联系都是用关系来描述的，这样就自然存在着关系与关系之间数据的参照（引用），参照完整性是对关系间数据引用的限制。

例如，"学生"关系和"院系"关系：

学生（学号，姓名，性别，出生年月，院系编号）

院系（院系编号，院系名称，联系电话）

"院系编号"是"院系"关系的主键，是"学生"关系的外键，"学生"关系是参照关系，"院系"关系是被参照关系。"学生"关系中"院系编号"的取值要么是参照"院系"关系中实际存在的编号值取值，要么是空值（学生所在院系还未确定）。

**3. 用户自定义完整性**

用户自定义的完整性，通常是定义对关系中除主键与外键之外的其他属性取值的约束，是对关系中属性取值的正确性的限制，包括数据类型、精度、取值范围、是否允许空值等。例如，"学号"应该是长度一定的数字字串，"成绩"应该是一个 0 到 100 的整数，"院系名称"应该是该学校中存在的院系等。

思政元素：关系模型是通过严格的数学定义来完成关系之间的各种操作，因此关系模型是一个数学模型。关系模型能一直流行至此，与它自身的数学基础有直接关系，因而在发展的过程中经得起推敲和验证，所以学生在做学术研究时一定要脚踏实地。某些学术研究只有建立在数学基础上，经过严格的数学推导和演绎，才能具有正确性、可信性和持续性。学生要树立正确的价值观，诚信为本，杜绝学术造假。

### 5.3.3 关系运算

对关系数据库进行查询时，若要找到用户关心的数据，就需要对关系进行一定的关系运算。关系运算的操作对象是关系，运算的结果仍是关系。

关系运算有两种：一种是传统的集合运算（并、差、交、广义笛卡儿积等）；另一种是专门的关系运算（选择、投影、连接）。

（1）传统的集合运算

传统的集合运算（并、差、交、广义笛卡儿积）不仅涉及关系的水平方向（即二维表的行），而且涉及关系的垂直方向（即二维表的列）。设有关系 R 和 S 具有相同的关系模式，如表 5-3（a）、（b）所示，则：

①并（Union）：R 和 S 的并是由属于 R 或属于 S 的元组构成的集合，如表 5-3（c）所示。

②差（Difference）：R 和 S 的差是由属于 R 但不属于 S 的元组构成的集合，如表 5-3（d）所示。

③交（Intersection）：R 和 S 的交是由属于 R 且属于 S 的元组构成的集合，如表 7-4（e）所示。

④广义笛卡儿积（Extended Cartesian Product）：设关系 R 和 S 的属性个数分别为 $r$、$s$，则 R 和 S 的广义笛卡儿积是一个有（$r+s$）列的元组的集合。每个元组的前 $r$ 列来自 R 的一个元组，后 $s$ 列来自 S 的一个元组，记为 R×S，如表 5-3（f）所示。

表 5-3　传统的集合运算

R

| A | B | C |
|---|---|---|
| a1 | b1 | c1 |
| a1 | b2 | c2 |
| a2 | b2 | c1 |

（a）

S

| A | B | C |
|---|---|---|
| a1 | b2 | c2 |
| a1 | b3 | c2 |
| a2 | b2 | c1 |

（b）

R∪S

| A | B | C |
|---|---|---|
| a1 | b1 | c1 |
| a1 | b2 | c2 |
| a2 | b2 | c1 |
| a1 | b3 | c2 |

（c）

R−S

| A | B | C |
|---|---|---|
| a1 | b1 | c1 |

(d)

R∩S

| A | B | C |
|---|---|---|
| a1 | b2 | c2 |
| a2 | b2 | c1 |

(e)

R×S

| R.A | R.B | R.C | S.A | S.B | S.C |
|---|---|---|---|---|---|
| a1 | b1 | c1 | a1 | b2 | c2 |
| a1 | b1 | c1 | a1 | b3 | c2 |
| a1 | b1 | c1 | a2 | b2 | c1 |
| a1 | b2 | c2 | a1 | b2 | c2 |
| a1 | b2 | c2 | a1 | b3 | c2 |
| a1 | b2 | c2 | a2 | b2 | c1 |
| a2 | b2 | c1 | a1 | b2 | c2 |
| a2 | b2 | c1 | a1 | b3 | c2 |
| a2 | b2 | c1 | a2 | b2 | c1 |

(f)

（2）专门的关系运算

①选择（Selection）：选择运算是在关系 R 中选择满足条件的所有元组，构成一个新的关系，记作 $\sigma_F(R)$，其中 F 表示选择条件，是一个表达式。例如，表 5-4 （a）、（b）所示的关系 R1，若要找出所有女学生的元组，就可以用选择运算来实现：$\sigma_{性别 = "女"}(R1)$，得到如表 5-4 （c）所示的结果。

②投影（Projection）：投影运算是在关系 R 中选择某些属性列，构成一个新的关系，记作 $\Pi_A(R)$，其中 A 表示 R 中的属性列。例如，表 5-4 所示的关系 R1，若只要显示所有学生的学号和姓名，就可以用投影运算来实现：$\Pi_{学号,姓名}(R1)$，得到如表 5-4 （d）所示的结果。

表 5-4　选择运算和投影运算

| 学号 | 姓名 | 性别 |
|---|---|---|
| 2012304201001 | 丛珊瑚 | 女 |
| 2012304201002 | 李鹏 | 男 |
| 2012309202001 | 刘磊涛 | 男 |
| 2012309202002 | 肖昀昀 | 女 |

（a）

| 学号 | 课程编号 | 成绩 |
|---|---|---|
| 2012304201001 | 2001 | 81 |
| 2012304201001 | 3001 | 76 |
| 2012309202002 | 2002 | 77 |
| 2012309202002 | 2004 | 82 |

（b）

| 学号 | 姓名 | 性别 |
|---|---|---|
| 2012304201001 | 丛珊瑚 | 女 |
| 2012309202002 | 肖昀昀 | 女 |

（c）

| 学号 | 姓名 |
|---|---|
| 2012304201001 | 丛珊瑚 |
| 2012304201002 | 李鹏 |
| 2012309202001 | 刘磊涛 |
| 2012309202002 | 肖昀昀 |

（d）

③连接（Join）：连接运算是从两个关系的笛卡儿积中选取属性间满足一定条件的元组。例如，对关系 R1 和关系 R2 进行广义笛卡儿积运算，运算结果如表 5-5 （a）所示。

若进行条件为 R1. 学号=R2. 学号的连接运算，则连接结果如表 5-5（b）所示，可以看出表 5-5（b）是表 5-5（a）的一个子集。用投影运算，只显示部分字段的信息，结果如表 5-5（c）所示。

表 5-5　连接运算

| R1. 学号 | 姓名 | 性别 | R2. 学号 | 课程编号 | 成绩 |
|---|---|---|---|---|---|
| 2012304201001 | 丛珊瑚 | 女 | 2012304201001 | 2001 | 81 |
| 2012304201001 | 丛珊瑚 | 女 | 2012304201001 | 3001 | 76 |
| 2012304201001 | 丛珊瑚 | 女 | 2012309202002 | 2002 | 77 |
| 2012304201001 | 丛珊瑚 | 女 | 2012309202002 | 2004 | 82 |
| 2012304201002 | 李鹏 | 男 | 2012304201001 | 2001 | 81 |
| 2012304201002 | 李鹏 | 男 | 2012304201001 | 3001 | 76 |
| 2012304201002 | 李鹏 | 男 | 2012309202002 | 2002 | 77 |
| 2012304201002 | 李鹏 | 男 | 2012309202002 | 2004 | 82 |
| 2012309202001 | 刘磊涛 | 男 | 2012304201001 | 2001 | 81 |
| 2012309202001 | 刘磊涛 | 男 | 2012304201001 | 3001 | 76 |
| 2012309202001 | 刘磊涛 | 男 | 2012309202002 | 2002 | 77 |
| 2012309202001 | 刘磊涛 | 男 | 2012309202002 | 2004 | 82 |
| 2012309202002 | 肖昀昀 | 女 | 2012304201001 | 2001 | 81 |
| 2012309202002 | 肖昀昀 | 女 | 2012304201001 | 3001 | 76 |
| 2012309202002 | 肖昀昀 | 女 | 2012309202002 | 2002 | 77 |
| 2012309202002 | 肖昀昀 | 女 | 2012309202002 | 2004 | 82 |

（a）

| R1. 学号 | 姓名 | 性别 | R2. 学号 | 课程编号 | 成绩 |
|---|---|---|---|---|---|
| 2012304201001 | 丛珊瑚 | 女 | 2012304201001 | 2001 | 81 |
| 2012304201001 | 丛珊瑚 | 女 | 2012304201001 | 3001 | 76 |
| 2012309202002 | 肖昀昀 | 女 | 2012309202002 | 2002 | 77 |
| 2012309202002 | 肖昀昀 | 女 | 2012309202002 | 2004 | 82 |

（b）

| 学号 | 姓名 | 性别 | 课程编号 | 成绩 |
|---|---|---|---|---|
| 2012304201001 | 丛珊瑚 | 女 | 2001 | 81 |
| 2012304201001 | 丛珊瑚 | 女 | 3001 | 76 |
| 2012309202002 | 肖昀昀 | 女 | 2002 | 77 |
| 2012309202002 | 肖昀昀 | 女 | 2004 | 82 |

（c）

## 5.4 关系数据库标准查询语言

SQL（Structured Query Language），结构化查询语言，于20世纪70年代诞生于IBM公司在加利福尼亚San Jose的实验室中，国际标准化组织和美国国家标准协会分别于1986年、1992年和1999年三次发布SQL标准，1999年发布的是最新标准SQL99。SQL是众多关系型数据库的通用语言，能够实现数据库生命周期的所有操作，包括数据定义、数据操纵（查询和更新）和数据控制。

数据定义主要是定义数据库的逻辑结构，包括定义、修改和删除表结构、视图和索引等。数据操纵包括数据查询和数据更新两大功能，其中数据更新包括数据的插入、修改和删除。数据控制包括基本表和视图的授权、完整性规则的描述以及事务开始和结束的控制等功能。本节主要介绍SQL的数据查询和数据更新功能。

### 5.4.1 SQL的数据查询

（1）SELECT基本句法

SQL的查询语句是SELECT语句，其功能是对数据库进行查询并返回符合查询要求的数据。SELECT语句的基本语法格式如下，其中［］表示可选项：

```
SELECT 列名1[, 列名2, …]
FROM 表名
[WHERE 条件];
```

语句中SELECT关键词之后的列名表示构成查询结果的属性列，还可以使用"＊"表示返回表格中所有的列；FROM关键词之后的表名表示要进行查询操作的表格，可以有多张表格，将各个表名依次排列在FROM关键词之后，用逗号隔开；WHERE可选子句用来表示查询条件，符合条件的数据将被作为查询结果返回。

在WHERE条件从句中可以使用以下一些运算符来设定查询条件：

```
=    等于
>    大于
<    小于
>=   大于等于
<=   小于等于
<>   不等于
AND   与(并且)
OR    或(或者)
NOT   非(否定)
```

除了上面提到的运算符外，LIKE运算符也是一个重要的运算符，能够实现字符串的模糊匹配，通常与通配符"%"和"_"一起使用。"%"通配任意个字符（0个或多个），"_"通配任意1个字符。例如：

```
SELECT   *
FROM 学生
WHERE 年龄<20   AND   性别 ="男"   AND   姓名 LIKE "王%";
```

这条语句实现的功能是在学生表中查找年龄在 20 岁以下、姓王的男生的元组。

比较特殊的，判断是否空值的运算符是 IS [NOT] NULL，而不是用=或<>，某些情况下对空值的判断非常有用，例如，要查询某学生（假设学号为"2013304201001"）还未参加考试的课程的课程编号，可以用以下语句实现：

```
SELECT 课程编号
FROM 学生选课
WHERE 学号 ="2013304201001"   AND 成绩 IS NULL;
```

"成绩"属性列为空值意味着目前还没有成绩，表示未参加考试。

（2）SELECT 完整句法

SELECT 语句中还可包含 GROUP BY 子句和 ORDER BY 子句，这里给出完整的 SELECT 语句的语法形式：

```
SELECT 列名 1[, 列名 2, …]
FROM 表名
[WHERE 条件]
[GROUP BY <列名> [ HAVING <条件>]]
[ORDER BY <列名> [ASC|DESC][, <列名> [ASC|DESC]……]];
```

语句中的 GROUP BY 子句可将查询结果的各元组按某属性列取值相等的原则进行分组，HAVING 短语可将分组后的各组按条件作进一步筛选；ORDER BY 子句将查询结果的各元组按某属性列取值作升序（ASC）或者降序排序（DESC）。

同时，SQL 提供了以下聚集函数对一组值作计算：

```
AVG:求一组值的平均值
MIN:求一组值中的最小值
MAX:求一组值中的最大值
SUM:求一组值的总和
COUNT:计算一组值的个数
```

查询语句中使用聚集函数可以完成要求更为复杂的查询，例如，要查询各被选课程的最高分，可以按课程编号对学生选课表中的元组进行分组，再计算每个分组"成绩"属性列的最大值，具体的查询语句如下：

```
SELECT 课程编号, MAX(成绩)
FROM 学生选课
GROUP BY 课程编号;
```

再例如，要查询至少有 10 个学生选修了的课程的课程编号，可以按课程编号对学生选课表中的元组进行分组，计算每个分组包含多少个元组（即选课人数），满足个数大于等于 10 的分组，其课程编号即为所求，具体的查询语句如下：

```
SELECT 课程编号
FROM 学生选课
GROUP BY 课程编号
HAVING COUNT( 学号)>=10;
```

### 5.4.2 SQL 的数据更新

（1）数据插入

SQL 使用 INSERT 语句向数据库表格中插入新的数据行，语法格式如下：

```
INSERT INTO  表名 [(列名 1[ ,列名 2] , …)]
VALUES( 值 1[, 值 2,] …);
或者
INSERT INTO 表名 [(列名 1[ ,列名 2] , …)]
TABLE( 元组 1, 元组 2, …);
或者
INSERT INTO 表名 [(列名 1[ ,列名 2] , …)]
SELECT 查询语句
```

其中，第一种形式用于插入一个元组，第二种形式用于插入多个元组，第三种形式将 SELECT 语句的查询结果插入数据表中。例如，以下 INSERT 语句向课程数据表中插入了一条有关"数据库技术与应用"课程的新数据：

```
INSERT INTO 课程
VALUES( "2010","数据库技术与应用" , 2.5);
```

这条语句中，INTO 子句中的表名后没有列名，这种省略是可以的，但要求新插入的数据必须在每个属性列上均有值。

若要向数据表中插入多条数据，可以使用第二种形式，例如：

```
INSERT INTO 课程(课程编号,课程名,学分)
TABLE(( "2011","计算机网络基础" , 3),( "2012","操作系统" , 2));
```

（2）数据修改

SQL 使用 UPDATE 语句修改数据表中满足指定条件的数据，语法格式如下：

```
UPDATE 表名
SET <列名 1>=<表达式 1>[,<列名 2>=<表达式 2>]. . .
[WHERE 条件];
```

例如，以下 UPDATE 语句将学生选课表中所有编号为"2001"的课程的成绩提高5分：

```
UPDATE 学生选课
SET 成绩＝成绩+5;
WHERE 课程编号 ="2001";
```

（3）数据删除
SQL 使用 DELETE 语句删除数据表中满足指定条件的元组，语法格式如下：

```
DELETE　FROM 表名
[WHERE 条件];
```

例如，以下 UPDATE 语句将删除学生表中所有学号以"2012"开头的学生数据：

```
DELETE FROM 学生
WHERE 学号 LIKE "2012%";
```

要注意的是，若使用 DELETE 语句时没有设定 WHERE 子句，则数据表中的所有元组将全部被删除。
（4）数据表删除
若要删除整个数据表，可以使用 SQL 中的 DROP TABLE 语句，其语法格式如下：

```
DROP TABLE 表名;
```

例如，语句"DROP TABLE 课程;"将从数据库中删除"课程"这张数据表。与 DE-LETE 语句不同的是，DROP TABLE 语句删除的是某个数据表对象，而 DELETE 语句最多是将表中的数据全部删除，但数据表仍存在于数据库中。

正如前面所述，SQL 语言的功能远不止如此，它还有很多功能，可以完成更高级、更复杂的任务。在不同的数据库管理系统中所使用的 SQL 语言，其功能、语法结构等不完全相同，都有别于标准 SQL，一般都会对标准 SQL 做一定的扩充。

思政元素：SQL 可以用来定义和操纵数据库，按一定条件或条件组合从已知数据库中检索满足用户需求的数据，从中得到精确的、有价值的信息，并且条件放置顺序的不同，也会带来不一样的检索效率和资源利用率。学生们在解决学习或者工作中遇到的问题时，要理论联系实际，实事求是，要勇于扛起民族复兴大旗，担当起民族伟大复兴之责任。

常用的数据库软件

## 5.5　日常生活数据管理中的计算思维

　　我们周围的世界充斥着数据，为什么你能够记住一种特定的味道、分辨出一张特定的脸或者会唱一首特定的歌？是因为我们的大脑在不停地处理这些数据，即使在我们根本没有意识到的时候。眼睛捕捉不同亮度和颜色的光线，大脑将这些数据翻译成人能够理解的图像；耳朵捕捉一些声音，大脑分析它们的本质并突出应该予以关注的部分。人的所有感官都在不停地捕捉数据，这些数据流向我们的大脑，并在那里进行分析和筛选，重点突出需要立即予以关注的部分，或者悄悄地丢弃不重要的部分。

　　在需要处理大量非自然的数据时，人的大脑并不好使。比如一个人很难记住所有他认识的人的电话号码，于是他就把每个人的姓名以及电话号码记下来；小便利店的老板会把进货、欠款、销售这样一些重要的生意信息记录在不同的笔记本上，并随时保持这些记录的最新状态。人们一直都有对信息进行存储的需求，过去的人们将信息记录在木头、石头和纸张这样一些介质上，为了搜索这种方式存储的信息，需要阅读大量信息，但很少有人能够穷其一生来分析这些文档。所以简单地存储数据是不够的，还需要一种方法来帮助人们搜索需要的信息。

　　所以说很多现实问题中都存在着对数据管理的要求，比如前面提到的记录电话号码的例子，无论是手抄的电话本还是手机里的通信录，实际上就可以把它看作是联系人的一个顺序列表，每个联系人都列出了一些属性：姓名、地址和电话号码，人们可以根据姓名来找到一个特定的联系人，找到这个姓名后，就可以发现其他属性。再比如我们常用的"词典"，它存储的是单词及其含义，它按照字母顺序来存储单词，读者能够采取一种自然的搜索技术，在成千上万的单词中快速找到一个特定的单词。还有在出版和图书馆行业中，对图书按照分类进行编目，使用索书号和条码形成对图书的索引，便于图书的上架和检索。

　　对于诸如此类问题的数据管理，人们在长期实践中形成的对数据管理的有效方法，借助数据库技术把要管理的数据抽象成数据库中的数据模型，使用计算机系统进行存储并将管理过程自动化，这就是数据管理中的计算思维。

　　在化学数据库中，数据、常数、谱图、文摘、操作规程、有机合成路线、应用程序……都是数据。数据库能存储大量信息，并可根据不同需要进行检索。根据谱图数据库进行谱图检索，已成为有机分析的重要手段，首先将大量的谱图（红外、核磁、质谱等）存入数据库，作为标准谱图，然后由实验测出未知物的各种谱图，把它们和标准谱图进行对照，就可求得未知物的组成和结构。

　　随着大数据的兴起，越来越多的领域用到了数据挖掘等数据分析技术。数据分析在数据管理中占有重要地位，我们应该站在数据分析和知识发现的角度，研究数据库在数据管理中的地位。人们从客观世界提取数据，通过整理、分析数据使之成为信息，存放在数据库和数据仓库中，通过数据挖掘从大量的数据中寻找潜在规律以形成规则和知识，最终将这些知识应用于客观世界指导人们的活动和决策。我们从客观世界获取数据，经过整理用一定的数据模式（通常是关系模式）把数据存放在数据库中；我们用 SQL 命令管理数据和查询数据，大量历史数据经过重新组织存放进数据仓库中，在数据仓库上我们可以进行多维的数据分析操作，可以有效率地对数据进行复杂的查询；我们还可以进一步运用数据挖掘技术从数据库或数据仓库的大量数据中寻找规律得到知识，并最终指导我们的决策。

在淘宝知道了我们的购物习惯，百度了解了我们的网页浏览习惯，而微信有我们的社交关系网的时代，作为社会科学这门研究人类社会的学科的学生，不管今后是选择直接就业还是继续进行科研工作，都需要具备强烈的数据意识。对不同专业的学生进行计算思维培养的着眼点不应该在技术方面，而应该在信息素养方面。数据作为信息的重要载体，对其进行有效的采集、存储、分析、理解和展示，将极大地促进相关科研活动的进展，适应专业发展的需求。

2020 年年初，面对严峻的新冠病毒疫情，我国迫切需要做好疫情防控和复工复产工作，2 月 15 日国务院相关部门指导阿里云、支付宝快速开发全国一体化健康码，数据及大数据技术助力战疫经过研发人员的不断努力，仅用 10 天的时间，将全国一体化健康码应用推广。健康码的研发和实现不仅体现了中国先进的科技创新能力，更体现了中国政府强大的组织和社会动员能力。

如今，在大数据时代，个人信息泄露事件的频发，为电信诈骗提供了众多潜在受害者的资料，对于有可能成为电信诈骗对象的学生来说，必须要提升防诈骗的意识。学生在接到陌生电话后一定要提高警惕预防有可能遇到的诈骗行为，如果是有关个人信息变动的情况，去正规渠道进行核实，不要轻易相信电话或是短信中的说明。通过数据库安全性教育，学生在思想上要认识信息安全的重要性，保证数据库系统各项软硬件安全，而且还要努力学习，学会如何防范恶意代码、网络入侵等，把"技术兴国、技术强国"的价值观"润物细无声"地武装进自己的大脑，提升计算机专业的育人综合水平。

第 5 章习题

# 第 6 章
## 多媒体技术

　　多媒体技术的应用日益普及，它给人们的生活、工作带来了越来越多的体贴、快捷和趣味。随着计算机技术和数字信息处理技术的发展，多媒体技术使得计算机具有综合处理声音、文字、图形、图像、动画和视频信息的能力，它以丰富的图、文、声、像等媒体信息和友好的交互性，极大地改善人机界面，改变了人们使用计算机的方式。本章围绕多媒体的关键技术，介绍了多媒体计算机系统组成、多媒体压缩编码技术、多媒体存储技术及多媒体传输技术等。

## 6.1 多媒体计算机技术概述

### 6.1.1 多媒体计算机的概念

媒体（Medium）在计算机领域中有两种含义：一种是指用以存储信息的实体，如磁盘、磁带、光盘和半导体存储器；另一种是指信息的载体，如数字、文字、声音、图形图像和视频等。

国际电报电话咨询委员会（CCITT）将媒体分为五类，具体如下。

①感觉媒体：指人类通过其感官直接能感知的信息（声音、文字、图像、气味、冷热等）。感觉媒体可通过各类传感器生成相应的模拟电信号（模拟信息）。例如声音、文字、图像及物质的质地、形状等。

②表示媒体：指由感觉媒体生成的模拟电信号，经编码器转换为相应的数字电信号（数字信息）。即以二进制编码形式存在和传输信息的媒体。例如语言、图像、视频的编码方式。

③显示媒体：指信息输入媒体（键盘、摄像头、麦克风等）与输出媒体（显示屏、打印机、扬声器等）。

④存储媒体：指对信息存储的媒体（硬盘、光盘、软盘、ROM、RAM 等）。

⑤传输媒体：指承载与传输模拟或数字信息的媒体。这类媒体包括双绞线、同轴电缆、光纤等。

各种媒体之间的关系如图 6-1 所示。多媒体是融合两种或两种以上感觉媒体的人-机互动的信息交流和传播媒体。在这个定义中包含以下含义：

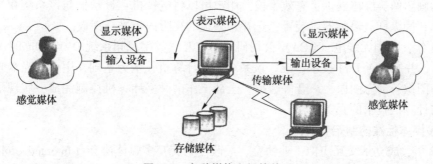

图 6-1　各种媒体之间的关系

①多媒体是信息交流和传播媒体，从这个意义上来说，多媒体和电视、报纸、杂志等媒体的功能是一样的。

②多媒体是人-机交互媒体，这里所指的"机"，主要是计算机，或者由微处理器控制的其他终端设备。"交互性"是多媒体的重要特性，也是区别于模拟电视、报纸、杂志等传统媒体的重要特性。

③多媒体信息都是以数字的形式而不是模拟信号的形式存储和传输的。

④传播信息的媒体种类多样，如文字、声音、图像、图形、动画等。虽然融合任何两种或两种以上的媒体称为多媒体，但通常认为多媒体中的连续媒体（声音和电视图像）是人-机互动的最自然的媒体。

## 6.1.2　多媒体技术的发展历史

多媒体技术伴随着计算机技术的发展经历了以下几个发展阶段。

**1. 视窗的出现**

1984 年，美国苹果（Apple）公司在 Macintosh 机上引入了视窗的概念，即将计算机的界面设计为窗口和图标，用鼠标和菜单取代了键盘操作，使计算机操作变得简单、方便。计算机使用者不用再输入烦琐的指令，而是使用鼠标，通过点击窗口中的图标，实现相应的功能。

1985 年，美国微软（Microsoft）公司推出了 Windows，它是一个多用户的图形操作环境，由于 Windows 界面具有友好的多层窗口操作功能，使非专业人员能很快学会使用计算机，从而打开了计算机的销路，将视窗概念带入了千家万户。

**2. 第一台多媒体计算机**

1985 年，美国 Commodore 公司推出世界上第一台多媒体计算机 Amiga，经不断完善，形成一个完整的多媒体计算机系列。Amiga 机采用了 Motorola M68000 微处理器作为中央处理器（CPU），并配置了动画制作芯片 Agnus 8370，音响处理芯片 Pzula 8364 和视频处理芯片 Denise 8362 等专用芯片，大大提高了处理图像、音频、视频、文字等信息的速度。

**3. 交互式系统的出现**

交互式系统的出现是多媒体技术雏形。1986 年，荷兰的 Philips 公司和日本的 Sony 公司联合研制并推出了 CD-I（Compact Disc Interactive，交互式光盘系统），并公布了该系统所采用的 CD-ROM 光盘的数据格式。该项技术对大容量存储设备光盘的发展产生了巨大影响，经过国际标准化组织（ISO）认证成为国际标准。该系统为存储和表示声音、文字、静止和动画图像等媒体提供了有效手段。用户可以将电视机、显示器与该系统相连，通过操纵鼠标、操纵杆、遥感器等装置，选择感兴趣的视听内容进行播放。

1987 年，美国无线电（RCA）公司研制了交互式数字视频系统 DVI（Digital Video Interactive），并制定了 DVI 技术标准。该系统是以计算机技术为基础，用标准光盘来存储和检索静态图像、动态图像、声音等数据，全部工作由微型计算机控制完成，实现了彩色电视技术与计算机技术的完美结合。

**4. 多媒体标准的制定**

1987 年，成立了交互声像工业协会，后改名为交互多媒体协会（Interactive Multimedia Association，IMA）。1990 年 11 月，Microsoft 公司和 Philips 等多家厂商召开了多媒体开发者大会，成立了多媒体计算机市场协会，并制定了多媒体个人计算机（Multimedia Personal Computer）的第一个标准 MPC1。该标准对多媒体计算机所需要的软件和硬件，规定了最低标准和指标，促进了多媒体计算机生产和销售的统一化和标准化。

1993 年，多媒体计算机市场协会制定了第 2 代多媒体个人计算机标准 MPC2，提高了基础部件的性能指标。

1995 年，多媒体计算机市场协会制定了第 3 代多媒体个人计算机标准 MPC3。在提高基础部件的基础上，增加了全屏幕、全动态视频及增强版 CD 音质的音频和视频标准。

目前多媒体计算机的配置已远远高于 MPC3 的标准。1995 年之后，随着国际互联网的普及，使多媒体技术由单机系统向网络系统发展，促进了多媒体的普及和应用。

### 6.1.3 多媒体技术的特点

多媒体技术有以下几个特点。

**1. 多样性**

多媒体的多样性是指信息的多样化。如输入信息时除了可以使用键盘、鼠标外，还可以用声音、图像或触摸屏。

**2. 集成性**

多媒体技术是多种媒体和多种技术的综合应用。多媒体的集成性一方面指将单一的、零散的媒体有机地组合成一体，形成一个完整的多媒体信息；另一方面指把不同的媒体设备集成在一起，形成多媒体系统。多媒体系统将信息采集设备、处理设备、存储设备、传输设备等不同功能、不同种类的设备集成在一起，共同完成信息处理工作。例如，多媒体家用系统就是将电视、录像、网络、计算机等设备集成为一体，在播放节目的同时，显示声音、图像、文字等，可以在家中通过电视上的菜单选择电视节目或片断，由机顶盒将选择的信息通过网络发送给节目制作中心，再通过网络将所要求的信息送回到机顶盒，并通过电视机显示出来。

**3. 交互性**

多媒体的交互性是指在处理文字、声音、图形和图像等多种媒体时不是简单地堆积，而是将多种媒体相互交融、同步、协调地进行处理，并将结果综合地表现出来。例如，多媒体教学不仅展示文字内容，而且在文字内容播放中穿插图片、声音、动画，甚至是视频，这些媒体相互交融，从而达到良好的教学效果。多媒体的交互性也体现在使用者可以和计算机系统按照一定的方式交流，按照自己的思维习惯和意愿主动地选择和接受信息，可以控制何时呈现何种媒体，拟定观看内容的路径。

**4. 数字化**

数字化是指多媒体中的各种媒体都以数字形式表示。由于多媒体需要在计算机运行下进行综合处理，而计算机只能处理和存放数字信息，所以非数字化的声音、图像等媒体都要在多媒体计算机系统中进行数字化处理，以数字的形式存储和传播。

**5. 实时性**

多媒体系统的多种媒体之间，无论在时间上还是空间上都存在着紧密的联系，是具有同步性和协调性的群体。如音频、视频和动画，甚至是实况信息媒体，它们要求连续处理和播放。多媒体系统在处理信息时要有严格的时序和很高的处理速度。

多媒体系统要实时地综合处理声、文、图等多种媒体信息，这就需要采用与处理文本信息不同的技术。

多媒体技术的应用

## 6.2 音频信息的获取和处理

### 6.2.1 音频信息

声音是由于机械振动使空气中的媒质发生波动，产生一种连续的波，叫声波。声波传到人耳的鼓膜时，鼓膜感到压力的变化，这就是声音。图 6-2 是声音传播的一个示意图。产生声波的物体称为声源（也称音源），例如，人的声带、乐器等。声音有高有低、有强有弱，声音的高低和强弱由音频信息的两个基本参数描述：频率和振幅。

图 6-2 声音传播示意图

**1. 频率**

频率是指单位时间内声源振动的次数，用赫兹（Hz）表示。例如，图 6-3(a) 为声源振动一次的波形，图 6-3（b）为声源振动 4 次的波形。图 6-3（a）和图 6-3（b）相比，同样时间内图 6-3（b）的波形数比图 6-3（a）的波形数多，说明图 6-3（b）的频率比图 6-3（a）的频率高。

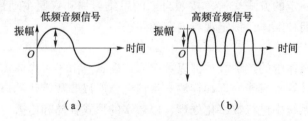

（a）　　　　　　　　　　（b）

图 6-3 音频信号波形示意图

（a）低频音频信号波形；（b）高频音频信号波形

声音的高低体现在声波的频率上，频率越高，声音越高。人们通常听到的声音并不是单一频率的声音，而是多个频率的声音复合。人们把频率小于 20 Hz 的信号称为亚音信号，或称为次音信号；高于 20 kHz 的信号称为超音频信号或超声波；频率范围在 20 Hz～20 kHz 的信号称为音频信号。人说话的声音频率范围为 300 Hz～3 000 Hz，人们把在这种范围内的信号称为语音信号。在多媒体技术中，处理的信号主要是音频信号，包括音乐、语音、风声、雨声等。

声音信号的频率范围称为频带，如高保真声音的频率范围为 10 Hz～20 000 Hz，它的频带约为 20 kHz。声源不同频带也不相同。频带也是描述声音质量的一种评价方法，频带越宽，声音的层次感越丰富，音频质量越好。

表6-1中，数字激光唱盘的频带比较宽，所以音频质量好。数字电话的频带比较窄，基本上是语音的频带宽度，所以如果在电话中听音乐，将达不到理想的效果。

表6-1 不同声源的频带宽度

| 声源 | 频带宽度（Hz） |
| --- | --- |
| 数字激光唱盘 | 10~22 000 |
| 调频广播 FM | 20~15 000 |
| 调幅广播 AM | 50~7 000 |
| 数字电话 | 200~3 400 |

**2. 振幅**

声波的振幅指的是音量，它是声波波形的高低幅度，表示声音信号的强弱，如图6-3所示，振幅是指波形的幅度。当人们调节播放器的"音量"时，就是通过调节振幅的大小改变声音的强弱的。一个音响设备的最大播放声音与最小播放声音相差越大，音响效果越好。

生活中听到的"纯音"就是因为该音频信息的频率和振幅固定不变。纯音通常是由专门设备创造出来的，声音单调而乏味；而非纯音，又称"复音"，则是具有不同的频率和不同的振幅。大自然中绝大部分声音都是复音。复音由于具有多种频率和不同的振幅，听起来饱满、有生气。

## 6.2.2 音频信息的数字化

由于计算机只能处理离散的数字信号，因此，必须对连续的模拟声音信号进行数字化，在时间轴上按一定时间间隔（采样频率）进行信号点的采样，获得有限个声音信号；在幅度轴上，按一定量化等级进行幅度值的量化，获得有限个幅值，如图6-4所示。所以，与图像的数字化过程相似，声音的数字化一般也要经过采样、量化和编码过程。

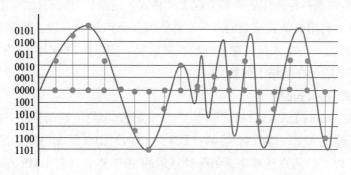

图6-4 声音的采样和量化

**1. 采样**

采样是指每隔一定时间间隔在模拟声音波形上取一个幅度值，单位时间内采样的次数称为采样频率。根据奈奎斯特理论（Nyqust Theory）：当采样频率不低于信号最高频率的两倍时，可以无失真地还原原始声音。目前通用的标准采样频率有 8 kHz、11.025 kHz、

16 kHz、22. 05 kHz、44. 1 kHz 和 48 kHz 等，采样频率越高，声音的保真度越好。

**2. 量化**

量化是指对采样得到的每个样本值进行模/数转换（称为 A/D 转换），即用数字表示声音幅度，转换得到的数字量用二进制表示。二进制的位数（亦即转换精度）有多种选择：16、12 或 8 个二进位，位数越多，量化得到的值越精确。

**3. 编码**

编码是指对量化得到的二进制数据进行编码（有时还需进行数据压缩），按照规定的统一格式进行表示。

一段 1 分钟的双声道声音，若采样频率为 44. 1 kHz，采样精度为 16 位，数字化后不进行任何压缩，需要的存储容量为：44. 1×1 000×16×2×60/8 = 10 584 000 （B） ≈10.34 （MB）。

### 6.2.3  声音的合成

声音的另一种表示方法是合成法，它主要适用于音乐的计算机表示。这种方法把音乐乐谱、弹奏的乐器、击键力度等信息用符号记录下来，目前应用较多的一种标准称为乐器数字接口（Musical Instrument Digital Interface，MIDI）。与数字波形法相比，MIDI 的数据量要少得多，编辑修改也很容易，但它主要适用于表现各种乐器所演奏的乐曲，不能用来表示自然界声音、语音等其他声音。

### 6.2.4  数字音频的文件格式

数字化后的音频信息在计算机中以文件的形式存储。以下介绍几种常见的数字音频格式。

**1. WAV 格式（ * . wav）**

WAV 文件格式是一种通用的音频数据文件格式。由微软公司开发，用于保存 Windows 平台的音频信息。利用该格式记录的声音文件能够和原声基本一致，质量非常高，但是由于 WAV 格式存放的一般是未经压缩处理的音频数据，所以体积很大（1 分钟的 CD 音质需要 10M 字节），不适于在网络上传播。

**2. MP3 格式（ * . mp3）**

MP3（MPEG Audio Layer3）格式诞生于 20 世纪 80 年代的德国，是一种以高保真为前提下实现的高压缩格式，一般只有 * . wav 文件的 1/10。MP3 是 MPEG 标准中的音频部分，具有(10∶1) ~(12∶1)的高压缩率，每分钟音乐的 MP3 格式只有 1 MB 左右。MPEG 音频文件的压缩是一种有损压缩，是一种利用人类心理学特性，去除人类很难或根本听不到的声音，例如，MP3 损失了 12 kHz 到 16 kHz 的高音频信息，所以音质低于 WAV 格式的声音文件。但是由于 MP3 基本保持了低音频部分不失真，其文件尺寸小，所以 MP3 格式在网上非常流行，几乎成为网上音乐的代名词。

**3. WMA 格式（ * . wma）**

WMA（Windows Media Audio）格式是在保持音质的同时通过减少数据流量提高压缩

率的一种音频文件格式。WMA 的压缩率比 MP3 更高，一般可以达到 1：18。WMA 的另一个优点是内置了版权保护技术，可以限制播放时间和播放次数甚至播放的机器等。WMA 适合在网络上在线播放，并且不需要安装额外的播放器，在操作系统 Windows XP 中，WMA 是默认的编码格式，只要安装了 Windows 操作系统就可以直接播放 WMA 音乐。由于 WMA 的音质可以与 CD 和 WAV 媲美，压缩率又高于 MP3，所以 WMA 格式逐渐成为网络音乐的主导。

**4. Real 格式**

Real 格式是 Real 公司推出的用于网络广播的音频文件格式，主要有 RA（Real Audio）、RM（Real Media）等格式。

（1）RA 格式（＊.ra）

RA 格式的特点是可以实时传输音频信息，尤其在网速较慢的情况下，仍然可以较为流畅地传输数据。RA 格式的压缩比可以达到 96：1，所以主要适用于在网络上的在线音乐欣赏。这种格式的特点是可以随网络带宽的不同而改变声音的质量，在保证大多数人听到流畅声音的前提下，保障带宽较宽裕的听众获得较好的音质，同时可以边播放、边下载。

（2）RM 格式（＊.rm）

RM 格式的特点也是可以在非常低的带宽下（低至 28.8 kb/s）提供足够好的音质让用户能在线聆听。由于 RM 是在网络环境较差的条件下发展过来的，所以 RM 的音质不理想，音质比 MP3 差。由于 RM 的用途是在线聆听，不适于编辑，所以相应的处理软件不多。

**5. MIDI 格式（＊.mid）**

MIDI 是 Musical Instrument Digital Interface（乐器数字接口）的缩写，它提供了电子乐器与计算机内部之间的连接界面和信息交流方式，主要用于在计算机上创作乐曲。MIDI 文件可以用计算机中的作曲软件写出，也可以通过声卡的 MIDI 接口把外接音序器演奏的乐曲输入计算机中，制成 ＊.mid 文件。MIDI 文件格式记录声音的信息，然后告诉计算机中的声卡如何再现音乐的一组指令。由于 MIDI 文件记录的是一系列指令而不是数字化后的波形数据，所以它占用的存储空间比 MAV 小很多，一个 MIDI 文件每存 1 分钟的音乐只需 5~10 KB 的存储空间。MIDI 文件重放的效果完全依赖计算机中声卡的档次。

MIDI 文件容易编辑，可以随意修改曲子的速度、音调，也可以改变乐器的种类，产生合适的音乐。MIDI 文件的另一个优点是声音的配音方便，MIDI 音乐可以作背景音乐，和其他的媒体，如数字电视、图形、动画、语音等一起播放，加强演示效果。例如当多媒体系统中播放波形声音文件时（例如，语音朗诵），若还需配上某种音乐作为背景音乐增强朗读的效果时，使用 MIDI 文件可以避免两个波形声音文件无法同时调用的难点。

MIDI 也有不足之处，由于 MIDI 数据表示的是音乐设备的声音，而不是实际的声音，因此只有 MIDI 的播放设备与制作 MIDI 的设备一样，才能确保再现的效果。

**6. CD 格式（＊.cda）**

CD 格式是音质最好的音频格式。标准 CD 格式采用 44.1 kHz 的采样频率，声音近乎原声。CD 光盘可以在 CD 唱机中播放，也能用计算机中的各种播放软件播放。注意：不能直接复制 CD 格式的 ＊.cda 文件到硬盘上播放，需要使用将 CD 格式的文件转换成 WAV 格式，或用专门 CD 格式播放器播放。

**7. APE 格式（\*.ape）**

APE 是流行的数字音乐无损压缩格式之一，与 MP3 这类有损压缩格式不可逆转地删除数据以缩减源文件体积不同，APE 这类无损压缩格式，是以更精炼的记录方式来缩减体积，还原后数据与源文件一样，从而保证了文件的完整性。APE 由软件 Monkey's audio 压制得到，开发者为 Matthew T. Ashland，源代码开放，因其界面上有只"猴子"标志而出名。APE 有查错能力但不提供纠错功能，以保证文件的无损和纯正；其另一个特色是压缩率约为 55%，体积大概为原 CD 的一半，便于存储。

### 6.2.5　数字声音的采集和编辑

**1. 数字声音的获取**

获取数字声音有以下几种方法。

（1）录制声音

使用计算机直接录音，需要配置声卡、麦克风、连线、音箱和相应的软件。录制声音时要注意选择声音的质量参数，如采样频率、采样精度、声道数。录制的声源可以是语音、录音机等。

现在 MP3 播放器、数字录音笔都可以将声音直接录制成数字格式音频文件，直接复制到计算机中。

（2）分离视频中的声音

如果想自用数字视频中的声音，可以使用视频编辑软件或声音编辑软件打开视频文件，选择声音轨道，单独保存其中的声音。

（3）网上下载

互联网上有许多音乐、歌曲，它们常以 MP3、WAV、RA、WMA、MIDI 等常用格式提供。

**2. 数字声音的编辑**

Windows 环境下的常用的音频编辑软件有 Windows 附件中的"录音机"、Cool Edit、Sound Forge、GoldWave、Cakewalk Pro Audio 等。这些软件的主要功能包括录音、声音的编辑处理、特殊效果和转换功能等。

### 6.2.6　声音的压缩

数字化的音频信号在存储和传输之前必须经过压缩编码，才能得到好的音质效果。音频信号压缩编码主要依据人耳的听觉特性，当音频信号低于某值时，人们通常听不到该信号的声音，所以在压缩编码时可以去除这部分信息。大多数人对低频信息比较敏感，最敏感的频段为 2 000~5 000 Hz。另外，人的听觉存在屏蔽效应，当几个强弱不同的声音同时存在时，强声使弱声难以被听到，所以压缩编码时也可以删除部分强音中的弱音。以下介绍几种音频压缩标准。

**1. 电话质量的音频压缩标准**

电话质量语音信号的频率范围是 300~3 400 Hz，采用标准的 PCM 编码，该编码是把连续声音信号变换为数字信号的一种方式。PCM 编码的采样频率为 8 kHz，8 位量化位数，数据速率为 64 kb/s。1972 年国际电报电话咨询委员会（CCITT）为电话质量和语音压缩制定了 PCM 标准 G.711，1984 年 CCITT 公布了自适应差分脉冲编码调制 DPCM 标准

G. 721，使信号的压缩比大幅度提高。1989 年美国制定了数字移动通信语音标准 CTIA，增加了通信中的保密性能。

**2. 调幅广播质量的音频压缩标准**

调幅广播质量音频信号的频率范围是 50~7 000 Hz。CCITT 在 1988 年制定了 G. 722 标准，采用 16 kHz 采样，14 位量化，音频信号数据速率为 224 kb/s。利用 G. 722 标准可以在窄带综合服务网 N-ISDN 中的一个 B 信道上传送调幅广播质量的音频信号。

**3. 高保真立体声的音频压缩标准**

高保真立体声音频信号的频率范围是 50~20 000 Hz，采用 44. 1 kHz 采样频率，16 位量化进行数字转换，数据速率可达到 705 kb/s。1991 年国际标准化组织 ISO 和 CCITT 制定了 MPEG 标准，其中 ISO CD11172-3 作为 MPEG 音频标准成为国际上公认的高保真立体声音频压缩标准。

音频信息基本操作

### 6.2.7　常用的音频软件

音频后期处理广泛存在于广播、电视等专业领域，比如在平时栏目包装或专题片的制作过程中，免不了需要进行音乐的剪辑制作。所以我们或多或少会接触到这类软件。而这类软件有很多，简单罗列就有十几种，这里简单谈谈 Cool Edit Pro、Adobe Audition 和 Cubase 的特点和使用方法。

**1. Cool Edit Pro**

Cool Edit Pro 虽然已经被 Adobe 收购，推出了 Adobe Audition，但它依然有着广泛的应用群体，因为用惯了它的人会一直用它，对于一般的音频处理，它的能力已是绰绰有余的。Cool Edit Pro 是美国 Syntrillium Software Corporation 公司开发的一款功能强大、效果出色的多轨录音和音频处理软件。它是一个非常出色的数字音乐编辑器和 MP3 制作软件。它可以在普通声卡上同时处理多达 64 轨的音频信号，具有极其丰富的音频处理效果，并能进行实时预览和多轨音频的混缩合成，是个人音乐工作室的音频处理首选软件，界面如图 6-5 所示。

图 6-5　Cool Edit Pro 界面

Cool Edit Pro 具有丰富的声音素质处理功能，能够按照一般的声音素材制作任务。在声音素材的制作中，首先需要进行声音的录入，不论是人声还是其他的声音素材，Cool Edit Pro 软件能够联合带声卡的计算机进行声音的录入和合成。Cool Edit Pro 软件能够记录多种设备音源，如进行 CD 内的音源的重新录音，并且能够对转录中出现的噪声进行处理，给这些音源添加立体环绕、3D 回响等特殊的音效；而且 Cool Edit Pro 制作的声音素材能够以各种格式的文件呈现，如 MP3 格式、WAV 格式等，满足声音素材不同的后续需求；Cool Edit Pro 软件具有很强的兼容性，比如在制作自创曲目的声音制作和处理中，需要运用到专业的作曲软件，以当下流行的 CakewalkProaudio 软件为例，只需要该作曲软件的版本是 5.0 以上的，就可以在 CakewalkProaudio 软件的工具栏目中找到 Cool Edit Pro，直接进行声音素材的制作，而不需重新另存曲子，重新打开 Cool Edit Pro，进行音源录入、编辑，适用性较强。另外，上文提到的 Cool Edit Pro 软件操作性编辑的特点主要是因为在 Cool Edit Pro 软件中预置（Presets）模式，能够直接生成自己满意的声音素材，并且生成后的声音素材在你还未进行保存生成文件时，可以通过多次的取消，还原成最初的音源，重新展开编辑处理。在 Cool Edit Pro 软件的处理中，拥有的编辑功能主要同 Word 文字编辑功能一样简便，如剪切、粘贴、复制、移动等，将声音素材的编辑制作变得容易操作。

不少人把 Cool Edit 形容为音频"绘画"程序。你可以用声音来"绘"制音调、歌曲的一部分、声音、弦乐、颤音、噪声或是调整静音。它还提供了多种特效为你的作品增色，放大、降低噪声、压缩、扩展、回声、失真、延迟等。你可以同时处理多个文件，轻松地在几个文件中进行剪切、粘贴、合并、重叠声音操作。使用它可以生成的声音有：噪声、低音、静音、电话信号等。该软件还包含有 CD 播放器。其他功能包括：支持可选的插件；崩溃恢复；支持多文件；自动静音检测和删除；自动节拍查找；录制等。另外，它还可以在 AIF、AU、MP3、Raw PCM、SAM、VOC、VOX、WAV 等文件格式之间进行转换，并且能够保存为 RealAudio 格式！另外，Cool Edit Pro 同时具有极其丰富的音频处理效果，完美支持 Dx 插件（安装插件后需要刷新效果插件列表才可显示）。另外，还有以下特性：

- 128 轨音频；
- 增强的音频编辑能力；
- 超过 40 种音频效果器，mastering 和音频分析工具，以及音频降噪、修复工具；
- 音乐 CD 烧录；
- 实时效果器和图形均衡器（EQ）；
- 32 bit 处理精度；
- 支持 24 bit/192 kHz 以及更高的精度；
- loop 编辑、混音；
- 支持 SMPTE/MTC Master，支持 MIDI 回放，支持视频文件的回放和混缩。

随着信息技术的发展，声音不再是不能存储的，在专业的、科学的技术处理之下，人们可以模仿制作出各种不同的声音，将美好的、独特的声音留存下来。Cool Edit Pro 软件是一个当前较常用的数字音乐编辑器和 MP3 制作软件，可以说，Cool Edit Pro 软件具有音频绘画的功能作用，其能够轻松地进行声音的处理，提供多样的特效为已有的音频作品增色。Cool Edit Pro 制作声音素材的优势如下：

①Cool Edit Pro 软件制作声音素材操作更简单。Cool Edit Pro 有手机版和电脑版本，其能够在任何的手机或电脑版本中进行录歌、录铃声等。与此同时，Cool Edit Pro 软件拥有几个较好的效果较高的插件，在声音处理中可以直接运用。

②Cool Edit Pro 软件制作声音素材成本较低。众所周知，制作一首高质量的声音素材，要求有多轨数码录音机、音乐编辑机、专业合成器等多种设备，而这些设备的造价较高，不适合个人或非专业性制作声音素材的对象。而 Cool Edit Pro 软件可以通过电脑进行软件下载、插件下载，将电脑模拟成一座全功能的录音棚和后期制作室，制作出美妙的音乐。

总之，利用 Cool Edit Pro 制作声音素材能够满足音乐发烧友或工作学习中各种对于声音素材的制作需求。与此同时 Cool Edit Pro 软件具有的一些功能特点，对于声音素材的制作更是具有很大的便捷性。如 Cool Edit Pro 能够自动保存中断的工作，减少损失，提高制作效率。

## 2. Adobe Audition

Adobe Audition（简称 Au）是由 Adobe 公司开发的一个专业音频编辑和混合环境。Audition 专为在照相室、广播设备和后期制作设备方面工作的音频和视频专业人员设计，可提供先进的音频混合、编辑、控制和效果处理功能。

Adobe Audition 是 Adobe 公司收购 Syntrillium Software Corporation 后推出的，最初几个版本的界面与 Cool Edit Pro 非常相似，同样提供一个专业音频编辑和混合环境。Adobe Audition 专为在广播设备和后期制作设备方面工作的音频和视频专业人员设计，可提供先进的音频混合、编辑、控制和效果处理功能。最多混合 128 个声道，可编辑单个音频文件，创建回路并可使用 45 种以上的数字信号处理效果。Adobe Audition 是一个完善的多声道录音室，可提供灵活的工作流程并且使用简便。无论你是要录制音乐、无线电广播，还是为录像配音，Adobe Audition 中的恰到好处的工具均可为你提供充足动力，以创造可能的最高质量的丰富、细微音响，其界面如图 6-6 所示。相对于 Cool Edit Pro 主要改进如下：

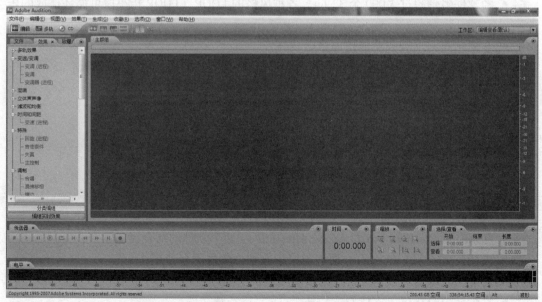

图 6-6　Adobe Audition 界面

- 全新界面，支持界面记忆；
- 支持 ASTO 与 VST 插件，可听快速修改功能（Audiblescrubbing），快速找到所需编辑的位置；
- 模拟多段压缩器；
- 全新调音台，支持大部分硬件控制器；
- 全新均衡相位仪；
- 全新频谱分析仪；
- 支持更多视频格式；
- 更快的混音引擎，速度提升三倍以上。

其他分类细节：

（1）录音与混音
- 实时包络线录制（软硬件皆可），可录制音量、声相、效果量等包络；
- 音频发送（send）与插入（insert）功能，使得混音更有弹性；
- 输入信号实时效果监听；
- 录音锁定功能（Quick Punch），使录音更加安全；
- 插件延迟补偿；
- 调音台各轨效果链（模仿 Sam 的）；
- 录音文件自动保存在工作文件夹里（以前是临时文件夹），节省了更多硬盘空间；
- 无限轨数；
- 同步录入最多 80 轨。

（2）新增功能列表
- 用户指定工作文档，调音台与效果器的各种预制参数（preset）可保存；
- 提供即可使用的音乐背景素材；
- 随软件附带超过 5 000 个 32 bit、各种风格的 LOOP（LOOP 指小段可循环播放的乐曲）；
- 音视频同步（视频功能更加稳定）；
- Adobe Bridge 技术，随意在主界面各个窗口之间自由拖动文档进行编辑；
- 支持 XMP 多媒体数据，搜索与分类文件更加方便。

（3）编辑与母带
- 母带机架编辑窗口，编辑母带专用；
- 魔幻频谱编辑窗，新增套索工具；
- 魔幻频谱编辑窗中的频谱颜色可改，可为某个频段指定颜色；
- 对数频谱分析仪；
- 可保存 CD 的 Layout 参数，方便对 CD 的日后使用；
- 与 Adobe Premiere Pro 和 Adobe After Effects 两个软件的结合更加紧密；
- 支持广播音频 BWF，可方便地与第三方硬件软件配合使用；
- 可导入效果器与频谱分析仪的预制参数；
- 柱形相位分析仪、支持 Ogg Vorbis（OGG）音频文件。

最新的版本已经有了很大变化，看上去显得更加专业，功能也更强。新功能包括：

①支持 VSTi 虚拟乐器。这意味着 Audition 由音频工作站变为音乐工作站。

②增强的频谱编辑器。可按照声像和声相在频谱编辑器里选中编辑区域,编辑区域周边的声音平滑改变,处理后不会产生爆音。

③增强的多轨编辑,可编组编辑,做剪切和淡化。

至于 Adobe Audition 的使用方法这里就不做过多的介绍,毕竟 Adobe Audition 与 Cool Edit Pro 是一脉相承,很多用法都一致,再加上 Adobe 一向"平易近人",该软件也很容易让人上手。

### 3. Cubase SX3

Steinberg 公司推出的 Cubase SX3 旗舰音乐工作站软件,为音乐制作开创了一个新纪元。SX3 在过去的基础上,又新增了 70 多项新功能,其中包括功能强大的 Audio Warp Realtime Time stretching(音频实时拉伸)、直观的 Play Order Track(播放顺序音轨)以及方便快捷的 Inplace Editing(就地编辑)等新的编辑功能,这为广大音乐人提供了更多的选择。Cubase SX3 音乐工作站首次将全功能的音频和 MIDI 录制编辑、虚拟设备以及功能强大的音频混合与灵活多变的、以 100P(循环)和 Pattern(样式)为基础的排列及混音完美结合在一起。Cubase SX3 音乐音频工作站可在 Windows XP 以及 Mac OSX 操作系统下运行,并且可支持多种音乐插件。在外部音频以及 MIDI 硬件的有力支持下,Cubase SX3 为音乐制作技术做出了一番新的诠释,界面如图 6-7 所示。

图 6-7　Cubase SX 界面

如果要用一个词来形容 Cubase SX3 的特点，那就是"全面"。这个软件，可以说是一个强大的音乐工作站系统，它不仅扮演着音序器的角色，更多的也担任着录音的工作。在游戏音乐制作中，前期的 MIDI 输入、编辑、修改都靠它完成；后期的独奏乐器录音（如武侠风格游戏中民乐独奏乐器古筝、二胡、琵琶等）也离不了它，最终的成品调整、输出、效果处理也是在它之中完成的。Cubase SX3 中十项最具吸引力的功能如下：

①Cubase SX3 音频弯曲功能：可实时进行时间延伸及变调操作，同时，加入了对 ACID 文件格式的支持，循环样板可自动采用 Cubase SX3 中的设定拍速，音频文件可实时改变拍速。

②Cubase SX3 播放定制音轨功能可将歌曲按样板为单位分割成多个部分，自动进行重新分配，通过重新混音和母带处理，最终变成另外一个版本的歌曲。

③新型 In place Editor（就地编辑器）可支持超快速的直接 MIDI 事件编辑，并且是在项目结构页面内。在音频或视频的环境下也可对 MIDI 事件进行编辑。

④新型的 MIDI 设备图像以及控制板可支持与外部 MIDI 硬件的直接连接，并且用户能利用可自定义的图形式编辑控制板。此外，可引入 VST Mixer Maps 或设计出你自己的编辑控制台，甚至包括 Track Inspector（音轨监视器）以及混音器的 channel strip（控制列）。

⑤用户可自定义的管理界面（视窗布局）能帮助你合理组织桌面设置，可根据需要在音乐制作过程中，为每一个步骤都独立创建并保存一个管理界面，并能实时进行管理界面的切换，感觉好像是在多台计算机或监视器上同时进行工作一样。

⑥支持音频工作站连接"Total Recall（全面回忆）"（可与 Yamaha 的 StudioManager2 相整合）。这可算得上是在软件/硬件整合领域中迈出的第一步。该组合式编辑系统在虚拟与实体录音室之间，建立起一座功能强人的桥梁。打开一个项目结构能够回忆起整个录音室的设置情况，并且这一过程能在很短的时间内完成。

⑦支持外部 FX 插件，可允许将外部硬件效果处理器与 VST 音频混响器直接整合在一起。因此，你可以自由使用最喜欢的外部设备，比如说一系列的插件，这其中包括了自动的延迟补偿。

⑧"Freeze"（冻结）功能得到进一步的增强，为虚拟设备和音频轨道的使用提供了更大的灵活性，使其表现更为出色。可在有插入效果或无插入效果两种情况下冻结虚拟设备，然后自动卸下该设备从而释放更多的 RAM（内存）。通过冻结有插入效果的音频轨道，可以大大减少 CPU 占用程度。

⑨新型音量包络控制可直接调节力度变化，也可实时解决信号级别问题，这并不需要浪费自动化音轨，能携带着音量包络直接移动事件（events）。

⑩可使用彩色代号自定义音轨以及 VST 混响器通道，使其在复杂的操作中便于识别，定位也更加准确。至于软件的使用，大家可以购买 Cubase 的教程来好好学习，毕竟这是一款相当专业的软件，如数字音乐博士 Clark Murray。也许还会有人会问 Cubase 和 Audition 究竟哪个更专业，那当然是 Cubase 更专业，它用的是 Steinberg 独创的 VST 驱动平台。Audition 是 Cool Edit 发展而来的，用的是 Windows 自己的 MME 驱动。但是如果你想上手快些，那么 Audition 更容易。另外，最新的 Cubase5 也已发布，相对于 Cubase4 对 CubaseSX3 的改进，Cubase5 的改进和创新会更具吸引力，比如直接在 Project 工程窗口里加入速度轨（Tempo Track）和节拍轨（Time Signature Track）了，而且可以直接进行编辑。

还有 Vari Audio，它使你可以在采样编辑器窗口里直接探测并处理单音音频。如果你够专业，你就会对它爱不释手。

## 6.3　图像信息的获取和处理

### 6.3.1　图形与图像

**1. 图形**

图形又称矢量图形、几何图形或矢量图，它是用一组指令来描述的，这些指令给出构成该画面上的所有直线、曲线、矩形、椭圆等的形状、位置、颜色等各种属性和参数。这种方法实际上是用数学方法来表示图形，然后变成许多的数学表达式，再编制程序，用语音来表达。计算机在显示图形时从文件中读取指令并转化为屏幕上显示的图形效果，如图 6-8 所示。

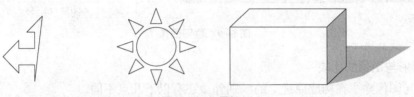

图 6-8　矢量图形

通常将图形绘制和显示的软件称为绘图软件，如 AutoCAD、Visio、CorelDRAW 等。它们可以有人工操作交互式绘图，或是根据一组或几组数据画出各种几何图形，并方便地对图形的各个组成部分进行缩放、旋转、扭曲和上色等编辑和处理工作。

矢量图形的优点在于不需要对图上的每一点进行量化保存，只需要让计算机知道所描绘的对象的几何特征即可，比如一个圆只需要知道其圆半径和圆心坐标，计算机就可以调用相应的函数画出这个圆，因此，矢量图形所占用的存储空间相对较少。矢量图形主要用于计算机辅助设计、工程制图、广告设计、美术字和地铁等领域。

**2. 图像**

图像又称点阵图像或位图图像，它是指在空间和亮度上已经离散化的图像。可以把一副位图图像理解为一个矩形，矩形中的任一元素都对应图像上的一个点，在计算机中对应于该点的值为它的灰度或颜色等级。这种矩形元素就称为像素，像素的颜色等级越多则图像越逼真。因此，图像是由许许多多像素组合而成的，如图 6-9 所示的位图图像。每一个像素点对应的都是一个灰度级别，范围为 0~255。

计算机上生成图像和对图像进行编辑处理的软件通常称为绘画软件，如 Photoshop、PhotoImpact 和 PhotoDraw 等，它们的处理对象都是图像文件，它是由描述各个像素点的图像数据再加上一些附加说明信息构成的。位图图像主要用于表现自然、人物、动植物和一切引起人类视觉感受的景物，特别适用于逼真的彩色照片。通常图像文件总是以压缩的方式进行存储的，以节省内存磁盘空间。

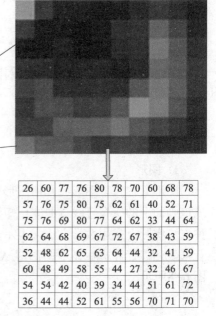

| 26 | 60 | 77 | 76 | 80 | 78 | 70 | 60 | 68 | 78 |
|----|----|----|----|----|----|----|----|----|----|
| 57 | 76 | 75 | 80 | 75 | 62 | 61 | 40 | 52 | 71 |
| 75 | 76 | 69 | 80 | 77 | 64 | 62 | 33 | 44 | 64 |
| 62 | 64 | 68 | 69 | 67 | 72 | 67 | 38 | 43 | 59 |
| 52 | 48 | 62 | 65 | 63 | 64 | 44 | 32 | 41 | 59 |
| 60 | 48 | 49 | 58 | 55 | 44 | 27 | 32 | 46 | 67 |
| 54 | 54 | 42 | 40 | 39 | 34 | 44 | 51 | 61 | 72 |
| 36 | 44 | 44 | 52 | 61 | 55 | 56 | 70 | 71 | 70 |

图 6-9　位图图像

**3. 图形与图像的比较**

图形与图像除了在构成原理上的区别外，还有以下几点不同。

①图形的颜色作为绘制图元的参数在指令中给出，所以图形的颜色数目与文件的大小无关；而图像中每个像素所占据的二进制位数与图像的颜色数目有关，颜色数目越多，占据的二进制位数也就越多，图像的文件数据量也会随之增大。

②图形在进行缩放、旋转等操作后不会产生失真，而图像有可能出现失真现象，特别是放大若干倍后会出现严重的颗粒状，缩小后会"吃"掉部分像素点。

③图形适用于表现变化的曲线、简单图案和运算的结果等，而图像的表现力强，层次和色彩较丰富，适应于表现自然的、细节的景物。

图形侧重于绘制、创造和艺术性，而图像偏重于获取、复制和技巧性。在多媒体应用软件中，目前应用较多的是图像，它与图形之间可以用软件来相互转换。

### 6.3.2　色彩信息

图像是由不同色彩组合而成的，因此色彩是图像的重要信息。为了准确地描述一幅图像，需要给色彩一个统一的定义，这就是色彩空间。常用的色彩空间有 RGB 色彩空间、CMYK 色彩空间和 HSI 色彩空间。

**1. RGB 色彩空间**

图像的形成是由于人眼观察景物时，光线通过人眼视网膜的红（R，Red）、绿（G，Green）、蓝（B，Blue）三个光敏细胞，产生不同颜色，通过神经中枢传给大脑，在大脑中形成一幅景物。人眼所观察到的各种颜色都是根据红、绿、蓝这三种基本颜色按不同比例混合而成，所以红、绿、蓝又被称为三基色或三原色。红、绿、蓝每种颜色的强度范围是 0~255。当三基色按等比例混合时，随着三基色颜色强度的增大，构成一条由黑到白的灰色带。如图 6-10 所示，在 A 的位置时 R、G、B 的值都为 0，展现为黑色；B 的位置时 R、G、B 的值都为 128，展现为灰色；C 的位置时 R、G、B 的值都为 255，展现为白色。当红、绿、蓝的混合比例不同时，将组成彩色颜色。例如，当 R = 255，G = 0，B = 0 时为红色；当 R = 0，G = 255，B = 0 时为绿色；当 R = 0，G = 0，B = 255 时为蓝色。

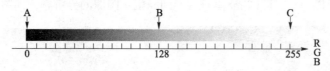

图 6-10　三基色组成的灰色带

RGB 色彩空间是从颜色发光角度来设定的，R、G、B 好像是红、绿、蓝三盏灯，当它们的光相互混合时亮度增强，被称为加法混合，当三盏强度值最大的灯光相混合时，达到最大亮度——白色。而当三盏灯的亮度为 0 时，相当于三盏灯全部被关掉，所以为黑色。深色光与白光相遇，可产生更加明亮的浅色光。RGB 的混色原理应用于图像色彩调整等处理中。RGB 色彩空间常用于计算机显示方面。

**2. CMYK 色彩空间**

CMYK 色彩空间应用于图像彩色打印领域。CMY 是青（Cyan）、洋红或品红（Magenta）和黄（Yellow）三种颜色的简写。C、M、Y 分别是 R、G、B 的补色，即从白色（W）中分别减去三种基色（R、G、B）得到的色彩。如果某种颜色 A 所含的 R、G、B 成分值为 $r$、$g$、$b$ 时可以表示为 A（$r$，$g$，$b$），则 C、M、Y 与 R、G、B 的对应关系可以用式（6-1）~式（6-3）计算。

$$C(0,255,255) = W(255,255,255) - R(255,0,0) \tag{6-1}$$

$$M(255,0,255) = W(255,255,255) - G(0,255,0) \tag{6-2}$$

$$Y(255,255,0) = W(255,255,255) - B(0,0,255) \tag{6-3}$$

从式（6-1）中得知青（C）色含 R、G、B 三基色的量为 0、255、255。由于 C、M、Y 混合后颜色变为黑色，减少了视觉系统识别颜色所需的反射光，所以 CMY 色彩空间称为减法混合色彩空间。由于彩色墨水和颜料的化学特性，用 C、M、Y 混合得到的黑色不是纯黑色，同时为了防止纸张上打印过多墨水造成纸张变形和节省墨水，因此在印刷术中，通常加一种真正的黑色（Black ink），这种模型称为 CMYK 模型，也称为 CMYK 色彩空间。

**3. HSI 色彩空间**

人眼对色彩的感觉分为三种：其一是颜色的种类，例如红色、黄色，人眼感觉为不同种类的颜色；其二是颜色的深浅，例如，深红和浅红；其三是在光亮和光暗的环境下人眼对颜色的感觉会有差异。所以在图像处理中根据人眼这一特点，将上述第一种定义为色调，第二种定义为饱和度，第三种定义为亮度。当分析一幅图像的颜色时通常用色调（H）、饱和度（S）和亮度（I）来描述。

### 6.3.3　图像信息的数字化

在自然形式下，物理图像（如景物、图片等）并不能直接由计算机进行处理。因为计算机只能处理数字（信号）而不是实际的图片，所以一幅图像在用计算机进行处理前必须先转化为数字形式。图像数字化过程可分为采样、量化和编码。

（1）采样

图像采样是将二维空间上模拟的连续亮度或色彩信息，转化为一系列有限的离散数值。具体的做法就是在水平方向和垂直方向上等间隔地将图像分割成矩形网状结构，每个矩形网格称为像素点。图像水平方向间隔×垂直方向间隔就是图像的分辨率，如图6-11所示。

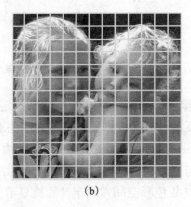

(a)       (b)

图6-11 图像采样前后示意图

（2）量化

量化是对采样的每个离散点的像素的灰度或颜色样本进行数字化，是将采样值划分成各种等级，用一定位数的二进制数来表示采样的值。量化位数越大，则越能真实地反映原有图像的颜色。但得到的数字图像的容量也越大。

在量化时表示量化的色彩值（或灰度值）所需的二进制位数称为量化字长。一般可用8位、16位、24位或更高的量化字长来表示图像的颜色。

（3）编码

图像编码是按一定的规则，将量化后的数据用二进制数据存储在文件中。

### 6.3.4 文件格式

数字图形图像以文件的方式存储于计算机中，常用的文件格式有 BMP、GIF、TIFF、JPEG、PSD、PNG 等。

**1. BMP 格式**（＊.bmp）

BMP 是英文 Bitmap（位图）的简写，是 Windows 中的标准图像文件格式，在 Windows 环境下运行的所有图像处理软件都支持 BMP 文件格式。BMP 图像文件格式的特点是包含的图像信息丰富，但是由于几乎不进行压缩，所以文件容量大。

**2. GIF 格式**（＊.gif）

GIF 全称是 Graphics Interchange Format（图形交换格式），是由 CompuServe 公司在1987年制定的一种图像文件存储格式。作为网络和电子公告系统（Bulletin Board System，BBS）上图像传输的通用格式，GIF 图像经常用于动画、透明图像等。一个 GIF 文件可以存储多幅图像，尺寸较小。虽然 GIF 图像最多只能含有 256 种颜色，但是由于它具有极佳的压缩效率而被广泛使用。

### 3. TIFF 格式（＊.tif/＊.tiff）

TIFF（Tag Image File Format）图像格式是由 Aldus、Microsoft 等多家公司联合制定的图像文件格式。TIFF 是一种以标签（Tag）为主要结构的图像文件格式，有关图像的所有信息都存储在标签中，例如，图像大小、所用计算机型号、图像的作者、说明等。TIFF 图像不依附于单一的操作系统，可以在不同计算机平台之间交换图像数据。TIFF 图像文件的特点是可以存储多幅图像，以及多种类型图像，例如二值图像、灰度图像、带调色板的彩色图像、真彩色图像等。图像数据可以压缩或不压缩。在 Windows、MS-DOS、UNIX 和 OS/2 中，TIFF 图像文件的扩展名为 .tif；在 Macintosh 中，TIFF 文件的扩展名为 .tiff。

### 4. JPEG 格式（＊.jpeg/＊.jpg/＊.jpe）

JPEG（Joint Photographic Experts Group）图像文件格式是一种由国际标准化组织和国际电报电话咨询委员会联合组建的图片专家组，于 1991 年建立并通过的第一个适用于连续色度静止图像压缩的国际标准。因为 JPEG 最初的目的是使用 64 kb/s 的通信线路传输分辨率为 720×576 的图像，通过损失极少的分辨率，将图像的存储量减少到原来的 10%，所以 JPEG 图像具有高效的压缩效率，被广泛应用于网络、彩色传真、静态图像、电话会议及新闻图片的传送上。JPEG 图像格式可以选择不同的压缩比对图像进行压缩，并支持 RGB 和灰度图像。由于 JPEG 格式在压缩时将丢失部分信息，且不能还原，所以 JPEG 图像文件不适合放大观看，如果输出成印刷品时质量也会受影响。压缩比越大，图像的边缘失真也越明显（因为压缩时将丢失高频信息）。JPEG 格式适合于面积较大、颜色比较丰富、画面层次比较多的静止图像。

### 5. PSD 格式（＊.psd）

PSD 格式是图像处理软件 Photoshop 的专用格式——Photoshop Document（PSD）。它里面包含有各种图层、通道、遮罩等多种设计的样稿，以便于下次打开文件时可以修改上一次的设计。在 Photoshop 所支持的各种图像格式中，PSD 的存取速度比其他格式快很多，功能也很强大。

### 6. PNG 格式（＊.png）

PNG（Portable Network Graphics）是一种新兴的网络图像格式。1994 年年底，由于 Unysis 公司宣布 GIF 拥有专利的压缩方法，要求开发 GIF 软件的作者须缴交一定费用，因而促使免费的 PNG 图像格式的诞生。PNG 结合 GIF 及 JPG 两种格式的特长，存储形式丰富、兼有 GIF 和 JPEG 的色彩模式，压缩比例高且不失真，有利于网络传输。PNG 格式显示速度很快，只需下载 1/64 的图像信息就可以显示出低分辨率的预览图像。PNG 也支持透明图像的制作，透明图像在制作网页图像的时候很有用，我们可以把图像背景设为透明，用网页本身的颜色信息来代替设为透明的色彩，这样可让图像和网页背景很和谐地融合在一起。PNG 的缺点是不支持动画应用效果，因而无法完全替代 GIF 和 JPEG 格式。

## 6.3.5 图像信息获取方法

在多媒体计算机中，获取图像的方法通常有以下几种。

（1）使用数码相机拍照

利用数码相机或者数码摄像机直接拍摄自然影像，中间环节少，是最简单的获取图像的手段。但是，为了获得满意的图像，需要进行构图。照片的构图有两种观点，一种观点认为传统的均衡构图最具生命力，画面中景物排列均衡，画面平衡感强；另一种观点则强调个性化，景物布局大胆，刻意追求新、奇，画面往往具有不平衡感。

除了构图之外，就相机的光学特性而言，数码相机与普通光学相机类似。光圈用于控制镜头透光量的多少，快门则用于控制曝光时间的长短。当感光指数为常数时，光圈的大小和快门速度呈线性关系，即镜头光圈开得越大，透光量就越大，这时为了避免过量的光线照射，要适当提高快门速度，以便减少透光量。反之亦然。

（2）使用扫描仪扫描

获得图像的另一种方法是扫描。使用彩色扫描仪对照片和印刷品进行扫描，经过少许的加工后，即可得到数字图像。在扫描图像时，应根据图像的使用场合，选择合适的扫描分辨率进行。分辨率的数值越大，图像的细节部分越清晰，但是图像的数据量会越大。值得注意的是：当图像用于分辨率要求不高的场合时，扫描分辨率不可太低。例如，网页上需要一幅照片，分辨率为 96 dpi。扫描图片时，应以 300 dpi 的分辨率进行扫描，然后利用图像处理软件把分辨率转换成 96 dpi，这样最后的效果远比直接用 96 dpi 扫描好得多。这就是"高分辨率扫描，低分辨率使用"的扫描技巧。

（3）使用现成图像

他人拍摄或制作的图像，题材广泛，种类繁多，一般具有较好的质量。有些图片是各国风土民情的写照，具有非常浓郁的乡土气息。这些图片可以从正式出版的图片库光盘上获得，也可以从国际互联网络上获得。

（4）直接使用图像处理软件绘制

直接使用图像处理软件在计算机上绘制图像不需要采样过程，直接生成数字图像，可以保存为所需的任意格式。在 Windows 环境下，较好的图像处理软件有美国 Adobe 公司的 Photoshop，它是当前最流行的图像处理软件之一，它提供了强大的图像编辑和绘图功能。另一个功能强大的图形图像软件是加拿大 Corel 公司开发的 CorelDRAW，该软件更适合于矢量图的绘制，它将矢量插图、版面设计、照片编辑等众多功能融于一个软件中，在工业设计、产品包装造型设计、网页制作、建筑施工与效果图绘制等设计领域中得到了极为广泛的应用。

## 6.3.6 压缩标准

因为数字图像的信息量非常大，所以在存储和传输时需要大容量的存储空间和高速的传输速度。由于目前硬件技术的发展远远不能满足数字图像的需求，所以数字图像压缩技术得到广泛的应用。

图像压缩分为无损压缩和有损压缩两种。无损压缩是指在压缩过程中数据没有丢失，解压时可以完全恢复原图像的信息。有损压缩是利用了人眼对于亮度比较敏感，相比之下对于颜色的变化不如对于亮度变化敏感，这样就可以减少图像中人眼不敏感的信息，使整个数据量减少。有损压缩非常适合于自然景物的图像，这类图像有损压缩后不会产生失真；而对于灰度值范围比较小的图表或者漫画，则通常使用无损压缩，因为有损压缩时会造成压缩失真。

图像压缩标准分为三类：二值图像压缩标准、静态图像压缩标准和动态图像压缩标准。本部分只介绍前两种压缩标准，动态图像压缩标准将在后面的视频压缩标准中介绍。

### 1. 二值图像压缩标准

二值图像压缩标准有 JBIG-1、JBIG-2，主要为传真应用而设计，JBIG 改进了 G3 和 G4 的功能，提高了压缩比。表 6-2 给出了图像的不同压缩标准及其应用领域。

表 6-2　图像的不同压缩标准及其应用领域

| 压缩标准 | 适用范围 | 典型应用 |
| --- | --- | --- |
| JBIG-1 | 二值图像、图形 | G4 传真机、计算机图形 |
| JBIG-2 | 二值图像、图形 | 传真机、WWW 图形库、PDA 等 |
| JPEG | 静止图像 | 图像库、传真、彩色打印、数码相机 |
| JPEG-LS | 静止图像 | 医学、遥感图像资料 |
| JPEG-2000 | 静止图像 | 各种图形、图像 |

### 2. 静态图像压缩标准

（1）JPEG 压缩标准

JPEG 是一个适用范围广泛的静态图像数据压缩标准，JPEG 是 Joint Photographic Experts Group（联合图像专家组）的缩写，是一种有损压缩格式，在有损压缩过程中将图像中重复或不重要的资料丢失，从而能够将图像压缩在很小的存储空间。JPEG 压缩技术十分先进，在获得高压缩率的同时能展现十分丰富生动的图像，可以用最少的磁盘空间得到较好的图像品质。JPEG 也是一种灵活的格式，具有调节图像质量的功能，允许用不同的压缩比例对文件进行压缩，支持多种压缩级别，压缩比率通常在 10∶1 到 40∶1 之间，压缩比越大，品质就越低；相反地，压缩比越小，品质就越好。一幅 2.25 MB 的 BMP 格式图像转换为 JPEG 格式后图像大小只有 132 KB。但是使用过高的压缩比例，将使最终解压缩后恢复的图像质量明显降低，所以如果追求高品质图像，不宜采用过高压缩比例。JPEG 适合应用于互联网，可减少图像的传输时间，还可以支持 24 位真彩色。由于 JPEG 优良的品质，使他在短短几年内获得了极大的成功，被广泛应用于互联网和数码相机领域，网站上 80% 的图像采用了 JPEG 压缩标准。

（2）JPEG-LS 压缩标准

JPEG-LS 是连续色调静止图像无损或接近无损压缩的标准，"接近无损"的含义是图像在解压时恢复的图像与原图像的差异小于事前设定的"损失值"（这种预设值通常很小）。

JPEG-LS 算法的复杂度低，能提供高无损压缩率。通常 JPEG 为了得到高的压缩率，在压缩时丢弃某些数据，容易造成画质的恶化，但是 JPEG-LS 可以保障数据的完整性，虽然压缩率不如 JPEG 高，但是由于不损坏图像质量，通常应用于医疗领域。

（3）JPEG-2000 压缩标准

JPEG-2000 作为 JPEG 的升级版，其压缩率比 JPEG 高 30% 左右，同时支持有损和无损压缩，被确定为彩色静态图像的新一代压缩标准。JPEG-2000 格式有一个极其重要的特征在于它能实现渐进传输，即先传输图像的轮廓，然后逐步传输数据，不断提高图像质量，让图像由朦胧到清晰显示。此外，JPEG-2000 可以任意指定影像上感兴趣区域的压缩质量，还可以选择指定的部分先解压缩。例如，当图像中只有一小块区域为有用区域时，

161

可以对这些区域采用低压缩比，以减少数据的丢失，而对无用的区域采用高压缩比，在保证不丢失重要信息的同时，又能有效地压缩数据量。JPEG-2000 和 JPEG 相比有明显的优势，JPEG-2000 可以兼容无损压缩和有损压缩，而 JPEG 不行，JPEG 的有损压缩和无损压缩是完全不同的两种方法，不能兼容。JPEG-2000 广泛应用于网络传输、无线通信、数码相机等多个领域。

图形图像处理应用

## 6.4 动画与视频信息

### 6.4.1 动画的概念和发展历史

早在 1831 年，法国人约瑟夫·安东尼·普拉特奥（Joseph Antoine Plateau）在一个可以转动的圆盘上按照顺序画了一些图片，如图 6-12 所示。当圆盘转动起来后，圆盘上的图片依次闪过眼帘，似乎动了起来，这可称得上是最原始的动画。

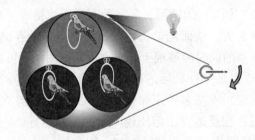

图 6-12　最原始的动画

动画由多幅画面组成，当画面快速连续地播放时，由于人类眼睛存在"视觉滞留效应"而产生动感。所谓"视觉滞留效应"是指当被观察的物体消失后，物体仍在大脑视觉神经中停留短暂的时间。人类的视觉滞留时间约为 1/24 s。换言之，如果每秒快速更换 24 个画面或更多的画面，那么，前一个画面在脑海中消失之前，下一个画面已经映入眼帘，大脑感受的影像是连续的。

动画的产生主要经历了以下过程：

①1906 年，美国人 J·斯泰瓦德（J·Steward）制作了一部名为"滑稽面孔的幽默形象（Humorous Phases of a Funny Face）"的短片，这部短片非常接近现代动画概念。

②1908 年，法国人 Emile Cohl 首创用负片制作动画影片。所谓负片，是影像色彩与实际色彩恰好相反的胶片，如同今天的普通胶卷底片。采用负片制作动画，从概念上解决了影片载体的问题，为今后动画片的发展奠定了基础

③1909 年，美国人 Winsor McCay 用一万张图片表现一段动画故事，这是迄今为止世界上公认的第一部真正的动画短片。

④1915 年，美国人 Eerl Hurd 创作了新的动画制作工艺。他先在赛璐璐片上画动画片，然后再把赛璐璐片上的图片拍摄成动画影片，这种动画片的制作工艺一直沿用至今。

⑤1928 年开始，美国人华特·迪斯尼（Walt Disney）逐渐把动画影片的制作推向巅

峰。他在完善了动画体系和制作工艺的同时，把动画片的制作与商业价值联系起来，被人们誉为商业动画影片之父。华特·迪斯尼带领着他的一班人马为世人创造出无与伦比的大量动画精品。例如，《米老鼠与唐老鸭》《木偶奇遇记》和《白雪公主》等。直到今天，华特·迪斯尼创办的迪斯尼公司还在为全世界的人们创造出丰富多样的动画片。

动画从最初发展到现在，其本质没有多大变化，而动画制作手段却发生了日新月异的变化。今天，"电脑动画""电脑动画特技效果"不绝于耳，可见电脑对动画制作领域的强烈震撼。随着动画的发展，除了动作的变化，还发展出颜色的变化、材料质地的变化、光线强弱的变化等，这些因素或许赋予了动画新的本质。

## 6.4.2　电脑动画

人们习惯上把用计算机制作的动画叫作"电脑动画"。使用电脑制作动画，在一定程度上减轻了动画制作的劳动强度，某些具有规律的动画甚至可以用电脑自动生成，动画的颜色具有一致性，播放时更加稳定和流畅。电脑解决了动画制作的工具问题，但不能解决动画的创作问题。人在动画制作中仍然起着主导作用。

电脑动画有两大类，一类是帧动画，另一类是矢量动画。

帧动画以帧作为动画构成的基本单位，很多帧组成一部动画片。帧动画借鉴传统动画的概念，一帧对应一个画面，每帧的内容不同。当连续演播时，形成动画视觉效果，图 6-13 为马奔跑过程的多帧动画。制作帧动画的工作量非常大，电脑特有的自动动画功能只能解决移动、旋转等基本动作过程，不能解决关键帧问题。帧动画主要用于在传统动画片、广告片以及电影特技的制作方面。

图 6-13　马跑的多帧动画

矢量动画是经过电脑计算而生成的动画，如图 6-14 所示。主要表现变化的图形、线条、文字和图案。矢量动画通常采用编程方式和某些矢量动画制作软件来完成。

图 6-14　矢量动画的变形过程

## 6.4.3　制作动画的设备和软件

制作动画需要一台多媒体电脑，性能指标没有特殊要求，应尽可能采用高速 CPU，足够大的内存容量，以及大量的硬盘空间。

制作动画通常依靠动画制作软件来完成。动画制作软件具备大量用于绘制动画的编辑工具和效果工具，还有用于自动生成动画、产生运动模式的自动动画功能。动画制作软件的种类很多，常见的有以下几种。

①Animation Studio——平面动画处理软件。用于加工和处理帧动画，运行在 Windows 环境中。该软件绘制动画的能力一般，但是加工和处理能力强。

②Flash——网页动画软件。用于绘制和加工帧动画、矢量动画，可为动画添加声音，其动画作品主要用于互联网上。

③WinImage：morph——变形动画软件。可根据首、尾画面自动生成变形动画。其动画作品可以是帧动画文件，也可以是一组图片序列。

④GIF Construction——网页动画生成软件。可把多种动画格式和图片序列转换成网页动画形式。

⑤3D Studio Max——三维造型和动画软件。是典型的三维动画制作软件，使用范围较为广泛。

⑥Cool 3D——三维文字动画制作软件。用于制作具有三维效果的文字，文字可进行三维运动，其动画作品可以是帧动画文件或是视频文件。

⑦Maya——三维动画制作软件。常用于制作三维动画片、电视广告、电影特技、游戏等。该软件的动画制作功能很强，被认为是比较专业的动画制作软件。

### 6.4.4　视频处理

视频和动画没有本质的区别，只是二者的表现内容和使用场合有所不同。视频来自数字摄像机、数字化的模拟摄像资料、视频素材库等，常用于表现真实场景。动画则借助于编程或动画制作软件生成一系列景物画面。

普通视频信息的处理通常依靠专用的非线性编辑机进行，对于数字化的视频信息，则需要专门的工具软件进行编辑和处理。视频信息具有实时性强、数据量大、对计算机的处理能力要求高等特点。

视频处理主要包括：

①视频剪辑——根据需要，剪除不需要的视频片断，连接多段视频信息。在连接时，还可以添加过渡效果等。

②视频叠加——根据实际需要，把多个视频影像叠加在一起。

③视频和声音同步——在单纯的视频信息上添加声音，并精确定位，保证视频和声音的同步。

④添加特殊效果——使用滤镜加工视频影像，使影像具有各种特殊效果。

常见的视频编辑软件有 Adobe 公司的 Premiere、友立公司的会声会影（Ulead Video Studio）等。

### 6.4.5　动画和视频信息常见的文件格式

动画和视频是以文件的形式保存的，不同的软件产生不同的文件格式，比较常见的格式有以下几种。

①GIF 格式——用于网页的帧动画文件格式。GIF 格式有两种类型，一种是固定画面的图像文件，256 色，分辨率固定为 96 dpi；另一种是多画面动画文件，同样采用 256 色，96 dpi。

②SWF 格式——使用 Flash 软件制作的动画文件格式。该格式的动画主要在网络上演播，特点是数据量小，动画流畅，但不能进行修改和加工。

③AVI 格式（标准）——通用的视频文件格式。该视频格式兼容性好、调用方便、图像质量好，但缺点是文件体积过于庞大。

④DV AVI 格式——数码 AVI 格式。它不同于传统 AVI 格式，目前非常流行的数码摄像机就是使用这种格式记录视频数据的。

⑤DivX 格式——采用 DivX 编码的 AVI 格式。这是由 MPEG-4 衍生出的一种视频压缩标准，它将 DVD 的视频部分通过特殊的 DivX 编码压缩处理成 AVI 格式文件。它可把 DVD 压缩为原来的 10%，质量接近 DVD 光盘。DivX 视频文件的扩展名也是 . AVI。

⑥MPEG 格式——用 MPEG 算法压缩得到的视频文件。MPEG 压缩算法主要是通过记录各画面帧之间变化了的内容，因此压缩比很大。VCD 是用 MPEG-1 格式压缩的，用 . DAT 做扩展名的文件是 VCD 标准格式；DVD 则是用 MPEG-2 格式压缩的，用 . VOB 做扩展名的文件是 DVD 标准格式，它保存所有 MPEG-2 格式的音频和视频数据。

⑦RM 格式——视频流媒体技术始创者。图像质量较差。特别适合带宽较小的网络用户使用。

⑧RMVB 格式——它是流媒体 RM 影片格式上的升级。它的特点是静止和动作场面少的画面场景采用较低的采样率，复杂的动态场面（歌舞、飞车、战争等）采用较高的采样率。在保证画面质量的前提下，最大限度地压缩了影片的大小，最终得到接近于 DVD 品质的视听效果。一般来说，700 MB 的 DivX 影片生成的 RMVB 文件仅为 400 MB 左右，而画面质量基本不变。RMVB 在保证了影片整体的视听觉效果的前提下文件大小比 DivX 影片减少了将近 45%。

⑨ASF 格式——微软开发的流格式视频文件。它是可以直接在网上观看视频节目的文件压缩格式。它的图像质量比 VCD 差一点，但比同是视频"流"格式的 RM 格式要好。特别适合在网页中插播。

⑩ WMV 格式——也是微软开发的一种可在网上实时播放流格式的视频文件。其效果好于 ASF 和 RM 格式的视频文件。

⑪FLV 格式——流媒体视频格式，全称为 Flash Video。由于它形成的文件极小、加载速度极快，使得网络观看视频文件成为可能，它的出现有效地解决了视频文件导入 Flash 后，使导出的 SWF 文件体积庞大，不能在网络上很好地使用等缺点。

视频处理应用

多媒体数据压缩

## 6.5 多媒体技术中的计算思维

多媒体技术将包罗万象，把五彩缤纷的现实世界转换为 0 和 1 所表现的数字世界，在这个数字化的过程中，采样、量化、编码以及数据的存储、处理和传输，这期间所涉及的众多算法无一处不体现着计算思维的强大魅力。以最简单的直线图形生成算法为例，看看计算机怎样实现图形的显示的。

问题：已知两端点坐标 $(X_0, Y_0; X_1, Y_1)$，要将该直线在计算机中绘制出来。

分析：直线本身是连续的模拟量，而现实中常见的显示器（包括 CRT 显示器和液晶显示器）都可以看成由各种颜色和灰度值的像素点组成的像素矩阵，这些点是有大小的，而且位置固定。要将直线输出或显示在这样的设备上，只能是近似的显示。因此，在计算机中绘制直线要包含两个步骤，一是在解析几何空间中根据坐标构造出平面直线，二是在显示器之类的点阵设备上输出显示一系列的点阵，而这些点阵将构造一个最逼近的像素直线。那么，怎样才能计算出这些应该显示的一系列像素点坐标值呢？

求解：从起点开始，设计判断条件，通过判断计算下一个像素点的走向（$X$ 向或 $Y$ 向），如此循环，直至逼近终点。

最终计算显示结果如图 6-15 所示。

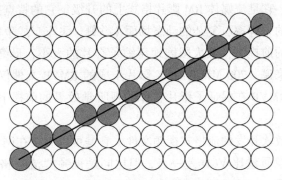

图 6-15   直线在计算机显示设备上的光栅化

由此可见，一条直线的生成计算过程就是一个简单计算思维的过程。对于复杂的图形和动画计算则需要更为复杂的计算过程。而对于图像、声音、视频等的压缩，都是应用计算机科学的基础概念进行问题求解的典型的计算思维活动。

**第 6 章习题**

# 第 7 章
## 计算机网络基础

　　世界互联网大会·互联网发展论坛 2020 年 11 月 23 日在浙江乌镇开幕。国家主席习近平向论坛致贺信。

　　习近平指出，当今世界，新一轮科技革命和产业变革方兴未艾，带动数字技术快速发展。新冠肺炎疫情发生以来，远程医疗、在线教育、共享平台、协同办公等得到广泛应用，互联网对促进各国经济复苏、保障社会运行、推动国际抗疫合作发挥了重要作用。

　　习近平强调，中国愿同世界各国一道，把握信息革命历史机遇，培育创新发展新动能，开创数字合作新局面，打造网络安全新格局，构建网络空间命运共同体，携手创造人类更加美好的未来。

## 7.1 计算机网络概述

计算机网络是现代通信技术和计算机技术相结合而发展起来的，本节将介绍计算机网络的概念、计算机网络的分类、计算机网络的常用设备和连接介质等基础知识。

### 7.1.1 计算机网络的定义

计算机网络，是指将地理位置不同的具有独立功能的多台计算机及其外部设备，通过通信线路连接起来，在网络操作系统，网络管理软件及网络通信协议的管理和协调下，实现资源共享和信息传递的计算机系统。

从逻辑功能上看，计算机网络是以资源共享、传输信息为基础目的，用通信线路将多个计算机连接起来的计算机系统的集合。一个计算机网络的组成包括传输介质和通信设备。

### 7.1.2 计算机网络的组成与分类

计算机网络通俗地讲就是由多台计算机（或其他计算机网络设备）通过传输介质和软件物理（或逻辑）连接在一起组成的。总的来说计算机网络的组成基本上包括：计算机、网络操作系统、传输介质（可以是有形的，也可以是无形的，如无线网络的传输介质就是空间）以及相应的应用软件四部分。

虽然网络类型的划分标准各种各样，但是从地理范围划分是一种大家都认可的通用网络划分标准。按这种标准可以把各种网络类型划分为局域网、城域网、广域网和互联网四种。局域网一般来说只能是一个较小区域，城域网是不同地区的网络互联，不过在此要说明的一点就是这里的网络划分并没有严格意义上地理范围的区分，只能是一个定性的概念。下面简要介绍这几种计算机网络。

**1. 局域网（Local Area Network，LAN）**

通常我们常见的"LAN"就是指局域网，这是我们最常见、应用最广的一种网络，如图 7-1 所示。局域网随着整个计算机网络技术的发展和提高得到充分的应用和普及，几乎每个单位都有自己的局域网，有的甚至家庭中都有自己的小型局域网。很明显，所谓局域网，那就是在局部地区范围内的网络，它所覆盖的地区范围较小。局域网在计算机数量配置上没有太多的限制，少的可以只有两台，多的可达几百台。一般来说在企业局域网中，工作站的数量在几十到两百台次左右。在网络所涉及的地理距离上一般来说可以是几米至10 千米以内。局域网一般位于一个建筑物或一个单位内，不存在寻径问题，不包括网络层的应用。

这种网络的特点是：连接范围窄、用户数少、配置容易、连接速率高。目前局域网最快的速率要算现今的 10G 以太网了。IEEE 的 802 标准委员会定义了多种主要的 LAN 网：以太网（Ethernet）、令牌环网（Token Ring）、光纤分布式接口网络（FDDI）、异步传输模式网（ATM）以及最新的无线局域网（WLAN）。

图 7-1　局域网示例图

　　虽然我们所能看到的局域网主要是以双绞线为代表传输介质的以太网，那只不过是我们所看到的基本上是企、事业单位的局域网，在网络发展的早期或在其他各行各业中，因其行业特点所采用的局域网也不一定都是以太网，在局域网中常见的有：以太网（Ethernet）、令牌环网（Token Ring）、FDDI 网、异步传输模式网（ATM）等几类。

关于以太网
分类的介绍

### 2. 城域网（Metropolitan Area Network，MAN）

　　这种网络一般来说是在一个城市，但不在同一地理小区范围内的计算机互联。这种网络的连接距离可以在 10～100 km，它采用的是 IEEE 802.6 标准。MAN 与 LAN 相比扩展的距离更长，连接的计算机数量更多，在地理范围上可以说是 LAN 网络的延伸。在一个大型城市或都市地区，一个 MAN 网络通常连接着多个 LAN 网。如连接政府机构的 LAN、医院的 LAN、电信的 LAN、公司企业的 LAN 等。由于光纤连接的引入，使 MAN 中高速的 LAN 互连成为可能。

　　城域网多采用 ATM 技术做骨干网。ATM 是一个用于数据、语音、视频以及多媒体应用程序的高速网络传输方法。ATM 包括一个接口和一个协议，该协议能够在一个常规的传输信道上，在比特率不变及变化的通信量之间进行切换。ATM 也包括硬件、软件以及与 ATM 协议标准一致的介质。ATM 提供一个可伸缩的主干基础设施，以便能够适应不同规模、速度以及寻址技术的网络。ATM 的最大缺点就是成本太高，所以一般在政府城域网中应用，如邮政、银行、医院等。

### 3. 广域网（Wide Area Network，WAN）

　　这种网络也称为远程网，所覆盖的范围比城域网（MAN）更广，它一般是不同城市之间的 LAN 或者 MAN 网络互联，地理范围可从几百千米到几千千米。因为距离较远，信息衰减比较严重，所以这种网络一般是要租用专线，通过 IMP（接口信息处理）协议和线路连接起来，构成网状结构，解决循径问题，如图 7-2 所示。主要广域网国际出口带宽数见表 7-1。

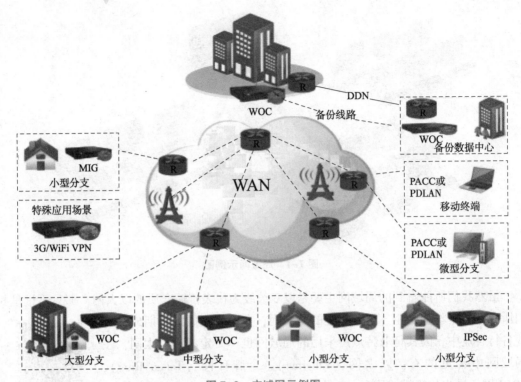

图 7-2 广域网示例图

表 7-1 主要广域网国际出口带宽数

| | 国际出口带宽数/$(\mathrm{Mb \cdot s^{-1}})$ |
|---|---|
| 中国电信 中国联通 中国移动 | 11，423，109 |
| 中国科技网 | 114，688 |
| 中国教育和科研计算机网 | 153，600 |
| 合计 | 11，511，397 |

**4. 互联网**

互联网（英文为：internet），又称网际网络，或音译因特网（Internet）、英特网。互联网始于1969年美国的阿帕网，是网络与网络之间所串连成的庞大网络，这些网络以一组通用的协议相连，形成逻辑上的单一巨大国际网络。通常 internet 泛指互联网，而 Internet 则特指因特网。这种将计算机网络互相连接在一起的方法可称作"网络互联"，在这基础之上发展出覆盖全世界的全球性互联网络称为互联网，即是互相连接在一起的网络结构。互联网是世界上最大的广域网。

互联网技术在我国的应用和发展

Internet 提供的服务

### 7.1.3 计算机网络的性能

计算机网络的性能一般是指它的几个重要的性能指标。但除了这些重要的性能指标外，还有一些非性能特征，它们对计算机网络的性能也有很大的影响。

**1. 计算机网络的性能指标**

性能指标从不同的方面来度量计算机网络的性能。

（1）速率

计算机发送出的信号都是数字形式的。比特是计算机中数据量的单位，也是信息论中使用的信息量的单位。英文字 bit 来源于 binary digit，意思是一个"二进制数字"，因此一个比特就是二进制数字中的一个 1 或 0。网络技术中的速率指的是连接在计算机网络上的主机在数字信道上传送数据的速率，它也称为数据率（data rate）或比特率（bit rate）。速率是计算机网络中最重要的一个性能指标。速率的单位是 bit/s 或 b/s（比特每秒）（即 bit per second）。现在人们常用更简单的并且是很不严格的记法来描述网络的速率，如 100 M 以太网，它省略了单位中的 b/s，意思是速率为 100 Mb/s 的以太网。

（2）带宽

"带宽"有以下两种不同的意义。

① 带宽本来是指某个信号具有的频带宽度。信号的带宽是指该信号所包含的各种不同频率成分所占据的频率范围。例如，在传统的通信线路上传送的电话信号的标准带宽是 3.1 kHz（从 300 Hz 到 3.4 kHz，即语音的主要成分的频率范围）。这种意义的带宽的单位是赫（或千赫、兆赫、吉赫等）。

② 在计算机网络中，带宽用来表示网络的通信线路所能传送数据的能力，因此网络带宽表示在单位时间内从网络中的某一点到另一点所能通过的"最高数据率"。这里一般说到的"带宽"就是指这个意思。这种意义的带宽的单位是"比特/秒"，记为 bit/s 或 b/s 或 bps。

（3）吞吐量

吞吐量表示在单位时间内通过某个网络（或信道、接口）的数据量。吞吐量更经常地用于对现实世界中的网络的一种测量，以便知道实际上到底有多少数据量能够通过网络。显然，吞吐量受网络的带宽或网络的额定速率的限制。例如，对于一个 100 Mb/s 的以太网，其额定速率是 100 Mb/s，那么这个数值也是该以太网的吞吐量的绝对上限值。因此，对 100 Mb/s 的以太网，其典型的吞吐量可能也只有 70 Mb/s。有时吞吐量还可用每秒传送的字节数或帧数来表示。

（4）时延

时延是指数据（一个报文或分组，甚至比特）从网络（或链路）的一端传送到另一端所需的时间。时延是个很重要的性能指标，它有时也称为延迟或迟延。网络中的时延是由以下几个不同的部分组成的。

① 发送时延。

发送时延是主机或路由器发送数据帧所需要的时间，也就是从发送数据帧的第一个比特算起，到该帧的最后一个比特发送完毕所需的时间。

因此发送时延也叫作传输时延。发送时延的计算公式是：

171

$$发送时延=数据帧长度(bit)/信道带宽(b/s)$$

由此可见，对于一定的网络，发送时延并非固定不变，而是与发送的帧长（单位是比特）成正比，与信道带宽成反比。

② 传播时延。

传播时延是电磁波在信道中传播一定的距离需要花费的时间。传播时延的计算公式是：

$$传播时延=信道长度(m)/电磁波在信道上的传播速率(m/s)$$

电磁波在自由空间的传播速率是光速，即 $3.0×10^8$ m。电磁波在网络传输媒体中的传播速率比在自由空间要略低一些。

③ 处理时延。

主机或路由器在收到分组时要花费一定的时间进行处理，例如分析分组的首部，从分组中提取数据部分，进行差错检验或查找适当的路由等，这就产生了处理时延。

④ 排队时延。

分组在经过网络传输时，要经过许多的路由器。但分组在进入路由器后要先在输入队列中排队等待处理。在路由器确定了转发接口后，还要在输出队列中排队等待转发。这就产生了排队时延。

这样，数据在网络中经历的总时延就是以上四种时延之和：

$$总时延=发送时延+传播时延+处理时延+排队时延$$

（5）时延带宽积

把以上讨论的网络性能的两个度量传播时延和带宽相乘，就得到另一个很有用的度量——传播时延带宽积，即时延带宽积=传播时延×带宽。

（6）往返时间（RTT）

在计算机网络中，往返时间也是一个重要的性能指标，它表示从发送方发送数据开始，到发送方收到来自接收方的确认（接收方收到数据后便立即发送确认）总共经历的时间。当使用卫星通信时，往返时间（RTT）相对较长，大概数据在 540 ms。

（7）利用率

利用率有信道利用率和网络利用率两种。信道利用率指某信道有百分之几的时间是被利用的（有数据通过），完全空闲的信道的利用率是零。网络利用率是全网络的信道利用率的加权平均值。

**2. 计算机网络的非性能特征**

这些非性能特征与前面介绍的性能指标有很大的关系。

（1）费用

即网络的价格（包括设计和实现的费用）。网络的性能与其价格密切相关。一般说来，网络的速率越高，其价格也越高。

（2）质量

网络的质量取决于网络中所有构件的质量，以及这些构件是怎样组成网络的。网络的质量影响到很多方面，如网络的可靠性、网络管理的简易性，以及网络的一些性能。但网络的性能与网络的质量并不是一回事，例如，有些性能也还可以的网络，运行一段时间后就出现了故障，变得无法再继续工作，说明其质量不好。高质量的网络往往价格也较高。

（3）标准化

网络的硬件和软件的设计既可以按照通用的国际标准，也可以遵循特定的专用网络标准。最好采用国际标准的设计，这样可以得到更好的互操作性，更易于升级换代和维修，也更容易得到技术上的支持。

（4）可靠性

可靠性与网络的质量和性能都有密切关系。速率更高的网络，其可靠性不一定会更差。但速率更高的网络要可靠地运行，则往往更加困难，同时所需的费用也会较高。

（5）可扩展性和可升级性

网络在构造时就应当考虑到今后可能会需要扩展（即规模扩大）和升级（即性能和版本的提高）。网络的性能越高，其扩展费用往往也越高，难度也会相应增加。

（6）易于管理和维护

网络如果没有良好的管理和维护，就很难达到和保持所设计的性能。

计算机网络的应用

## 7.2 计算机网络通信协议

要想让两台计算机进行通信，必须使它们采用相同的信息交换规则。我们把在计算机网络中用于规定信息的格式以及如何发送和接收信息的一套规则称为网络协议（Network Protocol）或通信协议（Communication Protocol）。

### 7.2.1 网络协议体系结构

为了减少网络协议设计的复杂性，网络设计者并不是设计一个单一、巨大的协议来为所有形式的通信规定完整的细节，而是采用把通信问题划分为许多个小问题，然后为每个小问题设计一个单独的协议的方法。这样做使得每个协议的设计、分析、编码和测试都比较容易。分层模型（Layering Model）是一种用于开发网络协议的设计方法。本质上，分层模型描述了把通信问题分为几个小问题（称为层次）的方法，每个小问题对应于一层。

在计算机网络中要做到有条不紊地交换数据，就必须遵守一些事先约定好的规则。这些规则明确规定了所交换的数据格式以及有关的同步问题。这里所说的同步不是狭义的（即同频或同频同相）而是广义的，即在一定的条件下应当发生什么事件（如发送一个应答信息），因而同步含有时序的意思。这些为进行网络中的数据交换而建立的规则、标准或约定称为网络协议，网络协议也可简称为协议。网络协议主要由以下三个要素组成。

① 语法，即数据与控制信息的结构或格式。

② 语义，即需要发出何种控制信息，完成何种动作以及做出何种响应。

③ 同步，即事件实现顺序的详细说明。

网络协议是计算机网络不可缺少的组成部分。协议通常有两种不同的形式，一种是使用便于人来阅读和理解的文字描述，另一种是使用计算机能够理解的程序代码。

对于非常复杂的计算机网络协议，其结构应该是层次式的。分层可以带来许多好处。

173

① 各层之间是独立的。某一层并不需要知道它的下一层是如何实现的，而仅仅需要知道该层通过层间的接口（即界面）所提供的服务。由于每一层只实现一种相对独立的功能，因而可将一个难以处理的复杂问题分解为若干个较容易处理的更小一些的问题。这样，整个问题的复杂程度就下降了。

② 灵活性好。当任何一层发生变化时（例如由于技术的变化），只要层间接口关系保持不变，则在这层以上或以下各层均不受影响。此外，对某一层提供的服务还可进行修改。当某层提供的服务不再需要时，甚至可以将这层取消。

③ 结构上可分割开。各层都可以采用最合适的技术来实现。

④ 易于实现和维护。这种结构使得实现和调试一个庞大而又复杂的系统变得易于处理，因为整个系统已被分解为若干个相对独立的子系统。

⑤ 能促进标准化工作。因为每一层的功能及其所提供的服务都已有了精确的说明。

我们把计算机网络的各层及其协议的集合，称为网络的体系结构。换种说法，计算机网络的体系结构就是这个计算机网络及其构件所应完成的功能的精确定义。需要强调的是：这些功能究竟是用何种硬件或软件完成的，则是一个遵循这种体系结构的实现的问题。体系结构的英文名词 architecture 的原意是建筑学或建筑的设计和风格。但是它和一个具体的建筑物的概念很不相同。我们也不能把一个具体的计算机网络说成是一个抽象的网络体系结构。总之，体系结构是抽象的，而实现则是具体的，是真正在运行的计算机硬件和软件。

图 7-3 所示是计算机网络体系结构示意图。

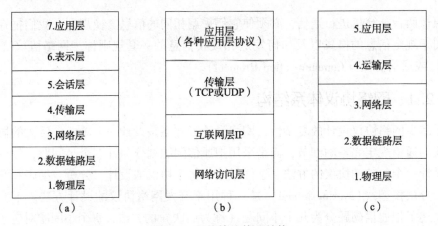

图 7-3　网络协议体系结构

（a）OSI 的七层协议体系结构；（b）TPC/IP 的四层协议体系结构；（c）五层协议的体系结构

其中图 7-3（a）是 OSI 的七层协议体系结构图、图 7-3（b）是 TCP/IP 四层体系结构、图 7-3（c）是五层协议的体系结构。五层协议的体系结构综合了前两种体系结构的优点，既简洁又能将概念阐述清楚。

## 7.2.2　ISO/OSI 开放系统互连参考模型

国际标准化组织 ISO 在 1977 年建立了一个分委员会来专门研究体系结构，提出了开放系统互连（Open System Interconnection，OSI）参考模型，这是一个定义连接异种计算机标准的主体结构，OSI 解决了已有协议在广域网和高通信负载方面存在的问题。"开放"

表示能使任何两个遵守参考模型和有关标准的系统进行连接。"互连"是指将不同的系统互相连接起来，以达到相互交换信息、共享资源、分布应用和分布处理的目的。

### 1. OSI 参考模型

开放系统互连（OSI）参考模型采用分层的结构化技术，共分为 7 层，从低到高为：物理层、数据链路层、网络层、传输层、会话层、表示层、应用层。无论什么样的分层模型，都基于一个基本思想，遵守同样的分层原则：即目标站第 $N$ 层收到的对象应当与源站第 $N$ 层发出的对象完全一致，如图 7-4 所示。

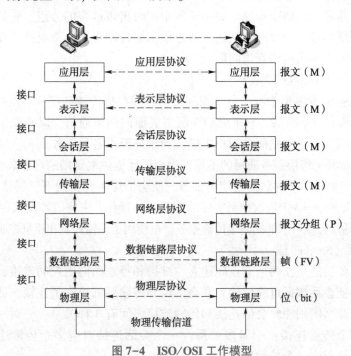

图 7-4　ISO/OSI 工作模型

### 2. OSI 参考模型各层的功能

OSI 参考模型的每一层都有它自己必须实现的一系列功能，以保证数据报能从源传输到目的地。下面简单介绍 OSI 参考模型各层的功能。

（1）物理层（Physical Layer）

物理层位于 OSI 参考模型的最低层，它直接面向原始比特流的传输。为了实现原始比特流的物理传输，物理层必须解决好包括传输介质、信道类型、数据与信号之间的转换、信号传输中的衰减和噪声等在内的一系列问题。另外，物理层标准要给出关于物理接口的机械、电气功能和规程特性，以便于不同的制造厂家既能够根据公认的标准各自独立地制造设备，又能使各个厂家的产品能够相互兼容。物理层涉及的内容主要包括以下几个部分：机械特性、电气特性、功能特性、规程特性。

（2）数据链路层（Data Link Layer）

数据链路层在物理层和网络层之间提供通信，建立相邻节点之间的数据链路，传送按一定格式组织起来的位组合，即数据帧。本层为网络层提供可靠的信息传送机制，将数据组成适合于正确传输的帧形式，帧中包含应答、流控制和差错控制等信息，以实现应答、差错控制、数据流控制和发送顺序控制，确保接收数据的顺序与原发送顺序相同等功能。

（3）网络层（Network Layer）

网络中的两台计算机进行通信时，中间可能要经过许多中间节点甚至不同的通信子网。网络层的任务就是在通信子网中选择一条合适的路径，使发送端传输层所传下来的数据能够通过所选择的路径到达目的端。为了实现路径选择，网络层必须使用寻址方案来确定存在哪些网络以及设备在这些网络中所处的位置，不同网络层协议所采用的寻址方案是不同的。在确定了目标节点的位置后，网络层还要负责引导数据报正确地通过网络，找到通过网络的最优路径，即路由选择。如果子网中同时出现过多的分组，它们将相互阻塞通路并可能形成网络瓶颈，所以网络层还需要提供拥塞控制机制以避免此类现象的出现。另外，网络层还要解决异构网络互连问题。

（4）传输层（Transport Layer）

传输层是 OSI 参考模型中唯一负责端到端节点间数据传输和控制功能的层。传输层是 OSI 参考模型中承上启下的层，它下面的 3 层主要面向网络通信，以确保信息被准确有效地传输；它上面的 3 个层次则面向用户主机，为用户提供各种服务。

传输层通过弥补网络层服务质量的不足，为会话层提供端到端的可靠数据传输服务。它为会话层屏蔽了传输层以下的数据通信的细节，使会话层不会受到下三层技术变化的影响。但同时，它又依靠下面的 3 个层次控制实际的网络通信操作，来完成数据从源到目标的传输。传输层为了向会话层提供可靠的端到端传输服务，也使用了差错控制和流量控制等机制。

（5）会话层（Session Layer）

会话层的主要功能是在两个节点间建立、维护和释放面向用户的连接，并对会话进行管理和控制，保证会话数据可靠传输。在会话层和传输层都提到了连接，那么会话连接和传输连接到底有什么区别呢？会话连接和传输连接之间有 3 种关系：一对一关系，即一个会话连接对应一个传输连接；一对多关系，一个会话连接对应多个传输连接；多对一关系，多个会话连接对应一个传输关系。

会话过程中，会话层需要决定到底使用全双工通信还是半双工通信。如果采用全双工通信，则会话层在对话管理中要做的工作就很少；如果采用半双工通信，会话层则通过一个数据令牌来协调会话，保证每次只有一个用户能够传输数据。当会话层建立一个会话时，先让一个用户得到令牌，只有获得令牌的用户才有权进行发送。如果接收方想要发送数据，可以请求获得令牌，由发送方决定何时放弃。一旦得到令牌，接收方就转变为发送方。

当进行大量的数据传输时，会话层提供了同步服务，通过在数据流中定义检查点来把会话分割成明显的会话单元。当网络故障出现时，从最后一个检查点开始重传数据。

（6）表示层（Presentation Layer）

OSI 模型中，表示层以下的各层主要负责数据在网络中传输时不要出错。但数据的传输没有出错，并不代表数据所表示的信息不会出错。表示层专门负责有关网络中计算机信息表示方式的问题。表示层负责在不同的数据格式之间进行转换操作，以实现不同计算机系统间的信息交换。除了编码外，还包括数组、浮点数、记录、图像、声音等多种数据结构，表示层用抽象的方式来定义交换中使用的数据结构，并且在计算机内部表示法和网络的标准表示法之间进行转换。

表示层还负责数据的加密，以在数据的传输过程对其进行保护。数据在发送端被加密，在接收端被解密。使用加密密钥来对数据进行加密和解密。表示层还负责文件的压缩，通过算法来压缩文件的大小，降低传输费用。

（7）应用层（Application Layer）

应用层是 OSI 参考模型中最靠近用户的一层，负责为用户的应用程序提供网络服务。与 OSI 参考模型其他层不同的是，它不为任何其他 OSI 层提供服务，而只是为 OSI 模型以外的应用程序提供服务。包括为相互通信的应用程序或进程之间建立连接、进行同步，建立关于错误纠正和控制数据完整性过程的协商等。

### 7.2.3　TCP/IP 模型

前面已讲述了七层协议 OSI 参考模型，但是在实际中完全遵从 OSI 参考模型的协议几乎没有。尽管 OSI 参考模型得到了全世界的认可，但是互联网历史上和技术上的开发标准都是 TCP/IP（传输控制协议/网际协议）模型。TCP/IP 模型及其协议族使得世界上任意两台计算机间的通信成为可能。

（1）TCP/IP 参考模型

TCP/IP 参考模型是首先由 ARPANET 所使用的网络体系结构。这个体系结构在它的两个主要协议出现以后被称为 TCP/IP 参考模型（TCP/IP Reference Model）。这一网络协议共分为四层：网络访问层、互联网层、传输层和应用层，如图 7-5 所示。

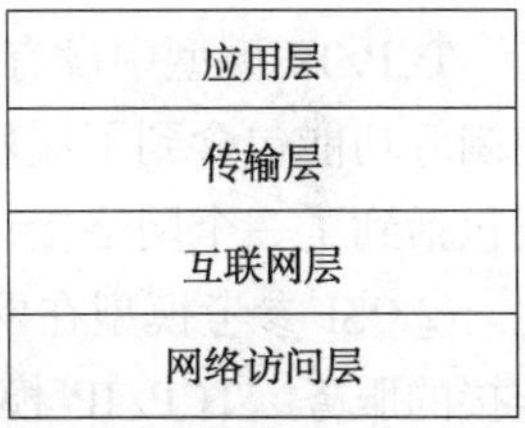

（2）TCP/IP 参考模型各层的功能

| 应用层 |
| 传输层 |
| 互联网层 |
| 网络访问层 |

图 7-5　TCP/IP 参考模型

①网络访问层（Network Access Layer）在 TCP/IP 参考模型中并没有详细描述，只是指出主机必须使用某种协议与网络相连。此层功能由网卡或调制解调器完成。

②互联网层（Internet Layer）是整个体系结构的关键部分，其功能是使主机可以把分组发往任何网络，并使分组独立地传向目标。这些分组可能经由不同的网络，到达的顺序和发送的顺序也可能不同。高层如果需要顺序收发，那么就必须自行处理对分组的排序。互联网层使用因特网协议（Internet Protocol，IP）。TCP/IP 参考模型的互联网层和 OSI 参考模型的网络层在功能上非常相似。

③传输层（Tramsport Layer）使源端和目的端机器上的对等实体可以进行会话。在这一层定义了两个端到端的协议：传输控制协议（Transmission Control Protocol，TCP）和用户数据报协议（User Datagram Protocol，UDP）。TCP 是面向连接的协议，它提供可靠的报文传输和对上层应用的连接服务。为此，除了基本的数据传输外，它还有可靠性保证、流量控制、多路复用、优先权和安全性控制等功能。UDP 是面向无连接的不可靠传输的协议，主要用于不需要 TCP 的排序和流量控制等功能的应用程序。

④应用层（Application Layer）包含所有的高层协议，包括：虚拟终端协议（Telecommunications Network，TELNET）、文件传输协议（File Transfer Protocol，FTP）、电子邮件传输协议（Simple Mail Transfer Protocol，SMTP）、域名服务（Domain Name Service，DNS）、网上新闻传输协议（Net News Transfer Protocol，NNTP）和超文本传送协议（Hyper Text Transfer Protocol，HTTP）等。TELNET 允许一台机器上的用户登录到远程机器上，并进行

工作；FTP 提供有效地将文件从一台机器上移到另一台机器上的方法；SMTP 用于电子邮件的收发；DNS 用于把主机名映射到网络地址；NNTP 用于新闻的发布、检索和获取；HTTP 用于在 WWW 上获取主页。

### 7.2.4 OSI 模型和 TCP/IP 模型的比较

（1）相似点

OSI/RM 模型和 TCP/IP 模型有许多相似之处，它们表现在：这两个模型都采用了层次化的结构，都存在传输层和网络层；两个模型都有应用层，虽然所提供的服务有所不同；都是一种基于协议数据单元的分组交换网络，虽然 OSI/RM 是概念上的模型而 TCP/IP 是事实上的标准，然而两者具有同等的重要性。

（2）不同点

ISO/OSI 模型和 TCP/IP 模型还有许多不同之处：

①OSI 模型包括了 7 层，而 TCP/IP 模型只有 4 层。两者具有功能相当的网络层、传输层和应用层，但在其他层次上差别很大。总体说来，TCP/IP 模型更为简单实用。

TCP/IP 模型中没有专门的表示层和会话层，它将与这两层相关的表达、编码和会话控制等功能包含到了应用层中去完成。另外，TCP/IP 模型还将 OSI 的数据链路层和物理层包括到了一个网络接口层中。

②OSI 参考模型在网络层支持无连接和面向连接的两种服务，而在传输层仅支持面向连接的服务。TCP/IP 模型在网络层则只支持无连接的一种服务，但在传输层支持面向连接和无连接两种服务。

③TCP/IP 由于有较少的层次，因而显得更简单，TCP/IP 一开始就考虑到多种异构网的互连问题，并将网际协议作为 TCP/IP 的重要组成部分，并且作为从 Internet 上发展起来的协议，已经成了网络互连的事实标准。相比 TCP/IP，目前还没有实际网络是建立在 OSI 参考模型基础上的，OSI 仅仅作为理论的参考模型被广泛学习使用。

## 7.3 网络通信组件

网络通信组件包括通信介质和网络设备及部件。通信介质（传输介质）即网络通信的线路，有双绞线、非屏蔽双绞线、同轴电缆和光纤四种缆线，还有短波、卫星通信等无线传输。

网络设备及部件是连接到网络中的物理实体。网络设备的种类繁多，且与日俱增。基本的网络设备有：计算机（无论其为个人电脑或服务器）、集线器、交换机、网桥、路由器、网关、网络接口卡（NIC）、无线接入点（WAP）等。

### 7.3.1 通信介质

**1. 同轴电缆**

同轴电缆如图 7-6 所示。同轴电缆从用途上分，可分为基带同轴电缆和宽带同轴电缆（即网络同轴电缆和视频同轴电缆）。同轴电缆分 50 Ω 基带电缆和 75 Ω 宽带电缆两类。基带电缆又分为细同轴电缆和粗同轴电缆。基带电缆仅仅用于数字传输，数据率可达 10 Mb/s。

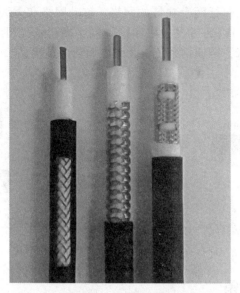

图 7-6 同轴电缆

**2. 双绞线**

双绞线如图 7-7 所示。在局域网中，双绞线用得非常广泛，这主要是因为它们成本低、速度高和可靠性高。双绞线有两种基本类型：屏蔽双绞线（STP）和非屏蔽双绞线（UTP），它们都是由两根绞在一起的导线来形成传输电路。两根导线绞在一起主要是为了防止干扰（线对上的差分信号具有共模抑制干扰的作用）。

**3. 光纤**

有些网络应用要求很高，它要求可靠、高速地长距离传送数据，这种情况下，光纤就是一个理想的选择。光纤具有圆柱形的形状，由三部分组成：纤芯、包层和护套，如图 7-8 所示。纤芯是最内层部分，它由一根或多根非常细的由玻璃或塑料制成的绞合线或纤维组成。每一根纤维都由各自的包层包着，包层是玻璃或塑料涂层，它具有与纤芯不同的光学特性。最外层是护套，它包着一根或一束已加包层的纤维。护套是由塑料或其他材料制成的，用它来防止潮气、擦伤、压伤或其他外界带来的危害。

图 7-7 双绞线

图 7-8 光纤

**4. 无线介质**

传输线系统除同轴电缆、双绞线和光纤外，还有一种手段是根本不使用导线，这就是无线电通信，无线电通信利用电磁波或光波来传输信息，利用它不用敷设缆线就可以把网络连接起来。无线电通信包括两个独特的网络：移动网络和无线 LAN 网络，如图 7-9 所示。利用 LAN 网，机器可以通过发射机和接收机连接起来；利用移动网，机器可以通过蜂窝式通信系统连接起来，该通信系统由无线电通信部门提供。

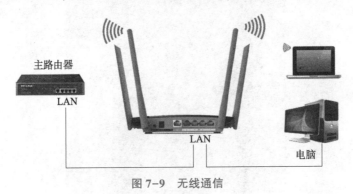

图 7-9　无线通信

### 7.3.2　网络设备

#### 1. 集线器

集线器如图 7-10 所示。集线器的基本功能是信息分发，它将一个端口收到的信号转发给其他所有端口。同时，集线器的所有端口共享集线器的带宽。当我们在一台 10 Mb/s 带宽的集线器上只连接一台计算机时，此计算机的带宽是 10 Mb/s；而当我们连接两台计算机时，每台计算机的带宽是 5 Mb/s；当连接 10 台计算机时，带宽则是 1 Mb/s。即用集线器组网时，连接的计算机越多，网络速度越慢。

按端口个数分，集线器分为 5 口、8 口、16 口、24 口等。

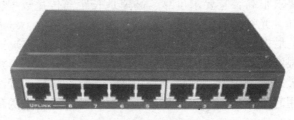

图 7-10　集线器

#### 2. 交换机（Switch）

交换机也是目前使用较广泛的网络设备之一，同样用来组建星形拓扑的网络。从外观上看，交换机与集线器几乎一样，其端口与连接方式和集线器几乎也是一样，如图 7-11 所示，但是，由于交换机采用交换技术，使其可以并行通信而不像集线器那样平均分配带宽。如一台 100 Mb/s 交换机的每端口都是 100 Mb/s，互连的每台计算机均以 100 Mb/s 的速率通信，而不像集线器那样平均分配带宽，这使交换机能够提供更佳的通信性能。

图 7-11　交换机

### 3. 路由器（Router）

路由器如图 7-12 所示。路由器并不是组建局域网所必需的设备，但随着企业网规模的不断扩大和企业网接入互联网的需求，使路由器的使用率越来越高。

路由器的功能：路由器是工作在网络层的设备，主要用于不同类型的网络的互连。当我们使用路由器将不同网络连接起来后，路由器可以在不同网络间选择最佳的信息传输路径，从而使信息更快地传输到目的地。事实上，我们访问的互联网就是通过众多的路由器将世界各地的不同网络互连起来的，路由器在互联网中选择路径并转发信息，使世界各地的网络可以共享网络资源。

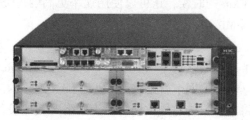

图 7-12　路由器

### 4. xDSL 路由器

路由器的一种，集 xDSL 调制解调器和路由器功能于一体。通常含无线路由功能，如图 7-13、图 7-14 所示的 ADSL 无线路由器。

图 7-13　ADSL 无线路由器

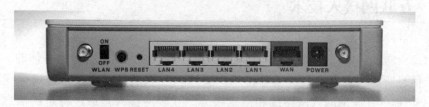

图 7-14　ADSL 路由器接口示例图

xDSL 中"x"表任意字符或字符串，根据采取的不同调制方式，获得的信号传输速率和距离不同以及上行信道和下行信道的对称性不同。

xDSL 是一种新的传输技术，在现有的铜质电话线路上采用较高的频率及相应调制技术，即利用在模拟线路中加入或获取更多的数字数据的信号处理技术来获得高传输速率

（理论值可达到 52 Mb/s）。各种 DSL 技术最大的区别体现在信号传输速率和距离的不同，以及上行信道和下行信道的对称性不同两个方面。

ADSL 是一种非对称的 DSL 技术，所谓非对称是指用户线的上行速率与下行速率不同，上行速率低，下行速率高，特别适合传输多媒体信息业务，如视频点播（VOD）、多媒体信息检索和其他交互式业务。

以 ITU-T G. 992.1 标准为例，ADSL 在一对铜线上支持上行速率 512 Kb/s~1 Mb/s，下行速率 1~8 Mb/s，有效传输距离在 3~5 km 范围以内。当电信服务提供商的设备端和用户终端之间距离小于 1.3 km 的时候，还可以使用速率更高的 VDSL，它的速率可以达到下行 55.2 Mb/s，上行 19.2 Mb/s。

**5. 网络适配器**

网络适配器又称网卡或网络接口卡（NIC），英文名为 Network Interface Card。它是使计算机联网的设备。平常所说的网卡就是将 PC 机和 LAN 连接的网络适配器。网卡插在计算机主板插槽中，负责将用户要传递的数据转换为网络上其他设备能够识别的格式，通过网络介质传输。它的主要技术参数为带宽、总线方式、电气接口方式等。它的基本功能为：从并行到串行的数据转换，包的装配和拆装，网络存取控制，数据缓存等。目前主要是 8 位和 16 位网卡。如图 7-15 所示，也有使用 USB 接口的外置网卡。

intel EXPI9400PT

图 7-15　网络适配器

## 7.4　互联网接入技术

从信息资源的角度，互联网是一个集各部门、各领域的信息资源为一体的，供网络用户共享的信息资源网。家庭用户或单位用户要接入互联网，可通过某种通信线路连接到 ISP，由 ISP 提供互联网的入网连接和信息服务。互联网接入是通过特定的信息采集与共享的传输通道，利用传输技术完成用户与 IP 广域网的高带宽、高速度的物理连接。

因特网接入服务业务主要有两种应用，一是为因特网信息服务业务（ICP）经营者（即利用因特网从事信息内容提供、网上交易、在线应用等的经营者）提供接入因特网的服务；二是为普通上网用户（即需要上网获得相关服务的用户）提供接入因特网的服务。

互联网接入技术主要包括以下几种方式。

（1）电话线拨号接入（PSTN）

PSTN 是家庭用户接入互联网的普遍的窄带接入方式。即通过电话线，利用当地运营商提供的接入号码，拨号接入互联网，速率不超过 56 kb/s。特点是使用方便，只需有效的电话线及自带调制解调器（Modem）的 PC 就可完成接入。

PSTN 适合于一些低速率的网络应用（如网页浏览查询、聊天、E-mail 等），主要适合于临时性接入或无其他宽带接入场所使用。缺点是速率低，无法实现一些高速率要求的网络服务，其次是费用较高（接入费用由电话通信费和网络使用费组成）。

（2）ISDN

ISDN 俗称"一线通"。它采用数字传输和数字交换技术，将电话、传真、数据、图像等多种业务综合在一个统一的数字网络中进行传输和处理。用户利用一条 ISDN 用户线路，可以在上网的同时拨打电话、收发传真，就像两条电话线一样。ISDN 基本速率接口有两条 64 kb/s 的信息通路和一条 16 kb/s 的信令通路，简称 2B+D，当有电话拨入时，它会自动释放一个 B 信道来进行电话接听。ISDN 主要适合于普通家庭用户使用。缺点是速率仍然较低，无法实现一些高速率要求的网络服务；其次是费用同样较高（接入费用由电话通信费和网络使用费组成）。

（3）HFC（Cable Modem）

HFC 是一种基于有线电视网络铜线资源的接入方式。具有专线上网的连接特点，允许用户通过有线电视网实现高速接入互联网。适用于拥有有线电视网的家庭、个人或中小团体。特点是速率较高，接入方式方便（通过有线电缆传输数据，不需要布线），可实现各类视频服务、高速下载等。缺点在于基于有线电视网络的架构是属于网络资源分享型的，当用户激增时，速率就会下降且不稳定，扩展性不够。

（4）光纤宽带接入

该方式通过光纤接入小区节点或楼道，再由网线连接到各个共享点上（一般不超过100 m），提供一定区域的高速互联接入。特点是速率高，抗干扰能力强，适用于家庭、个人或各类企事业团体，可以实现各类高速率的互联网应用（视频服务、高速数据传输、远程交互等）；缺点是一次性布线成本较高。

（5）非对称数字用户线接入（ADSL）

在通过本地环路提供数字服务的技术中，最有效的类型之一是数字用户线（Digital Subscriber Line，DSL）技术，是目前运用最广泛的铜线接入方式。ADSL 可直接利用现有的电话线路，通过 ADSL Modem 进行数字信息传输。理论速率可达到 8 Mb/s 的下行和 1 Mb/s 的上行，传输距离可达 4~5 km。ADSL2+速率可达 24 Mb/s 下行和 1 Mb/s 上行。另外，最新的 VDSL2 技术可以达到上下行各 100 Mb/s 的速率。特点是速率稳定、带宽独享、语音数据不干扰等。适用于家庭、个人等用户的大多数网络应用需求，满足一些宽带业务包括 IPTV、视频点播（VOD）、远程教学、可视电话、多媒体检索、LAN 互联、Internet接入等。其接入方式如图 7-16 所示。

ADSL 技术具有以下一些主要特点：可以充分利用现有的电话线网络，通过在线路两端加装 ADSL 设备便可为用户提供宽带服务；它可以与普通电话线共存于一条电话线上，接听、拨打电话的同时能进行 ADSL 传输，而又互不影响；进行数据传输时不通过电话交换机，这样上网时就不需要缴付额外的电话费，可节省费用；ADSL 的数据传输速率可根据线路的情况进行自动调整，它以"尽力而为"的方式进行数据传输。

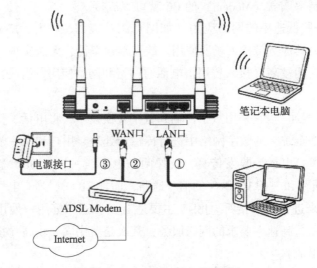

图 7-16　ADSL 接入示意图

（6）无源光网络接入（PON）

PON（无源光网络）技术是一种点对多点的光纤传输和接入技术，局端到用户端最大距离为 20 km，接入系统总的传输容量为上行和下行各为 155 Mb/s、622 Mb/s、1 Gb/s 中的一种，由各用户共享，每个用户使用的带宽可以以 64 kb/s 步进划分。特点是接入速率高，可以实现各类高速率的互联网应用（视频服务、高速数据传输、远程交互等）；缺点是一次性投入较大。

（7）无线网络接入

无线网络接入是一种有线接入的延伸技术，使用无线射频（RF）技术越空收发数据，减少使用电线连接，因此无线网络系统既可达到建设计算机网络系统的目的，又可让设备自由安排和搬动。在公共开放的场所或者企业内部，无线网络一般会作为已存在有线网络的一个补充方式，装有无线网卡的计算机通过无线手段方便接入互联网。

我国 3G 移动通信有三种技术标准，中国移动、中国电信和中国联通各使用自己的标准及专门的上网卡，网卡之间互不兼容。

随着数据通信与多媒体业务需求的发展，适应移动数据、移动计算及移动多媒体运作需要的第四代移动通信开始兴起。

由于人们研究 4G 通信的最初目的就是提高蜂窝电话和其他移动装置无线访问 Internet 的速率，因此 4G 通信给人印象最深刻的特征莫过于它具有更快的无线通信速度。

（8）电力网接入（PLC）

PLC（Power Line Communication）技术，是指利用电力线传输数据和媒体信号的一种通信方式，也称电力线载波（Power Line Carrier）技术。把载有信息的高频加载于电流，然后用电线传输到接收信息的适配器，再把高频从电流中分离出来并传送到计算机或电话。PLC 属于电力通信网，电力通信网包括 PLC 和利用电缆管道及电杆铺设的光纤通信网等。电力通信网的内部应用，包括电网监控与调度、远程抄表等。面向家庭上网的 PLC，俗称电力宽带，属于低压配电网通信。

## 7.5　移动互联网

截至 2020 年 12 月，我国手机网民规模为 9.86 亿，较 2020 年 3 月新增手机网民 8 885 万，网民中使用手机上网的比例为 99.7%。如图 7-17 所示。

图 7-17　手机网民规模图

近十亿网民构成了全球最大的数字社会。截至 2020 年 12 月，我国的网民总体规模已占全球网民的五分之一左右。"十三五"期间，我国网民规模从 6.88 亿增长至 9.89 亿，五年增长了 43.7%。截至 2020 年 12 月，网民增长的主体由青年群体向未成年和老年群体转化的趋势日趋明显。网龄在一年以下的网民中，20 岁以下网民占比较该群体在网民总体中的占比高 17.1 个百分点；60 岁以上网民占比较该群体在网民总体中的占比高 11.0 个百分点。未成年人、"银发"老人群体陆续"触网"，构成了多元庞大的数字社会。

新冠肺炎疫情加速推动了从个体、企业到政府全方位的社会数字化转型浪潮。在个体方面，疫情的隔离使个体更加倾向于使用互联网连接，用户上网意愿、上网习惯加速形成。网民个体利用流媒体平台和社交平台获取信息，借助网络购物、网上外卖解决日常生活所需，通过在线政务应用和健康码办事出行，不断共享互联网带来的数字红利。

### 7.5.1　移动通信技术

移动通信（Mobile Communication）是移动体之间的通信，或移动体与固定体之间的通信。移动体可以是人，也可以是汽车、火车、轮船、收音机等在移动状态中的物体。

移动通信是进行无线通信的现代化技术，这种技术是电子计算机与移动互联网发展的

185

重要成果之一。移动通信技术经过第一代、第二代、第三代、第四代技术的发展，目前，已经迈入了第五代发展的时代（5G 移动通信技术），这也是目前改变世界的几种主要技术之一。

现代移动通信技术主要可以分为低频、中频、高频、甚高频和特高频几个频段，在这几个频段之中，技术人员可以利用移动台技术、基站技术、移动交换技术，对移动通信网络内的终端设备进行连接，满足人们的移动通信需求。从模拟制式的移动通信系统、数字蜂窝通信系统、移动多媒体通信系统，到目前的高速移动通信系统，移动通信技术的速度不断提升，延时与误码现象减少，技术的稳定性与可靠性不断提升，为人们的生产生活提供了多种灵活的通信方式。5G 应用远景如图 7-18 所示。

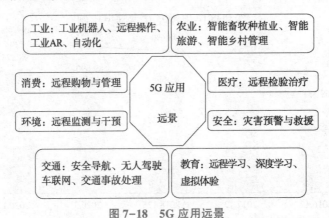

图 7-18　5G 应用远景

日前，工信部发布了 2021 年 1—6 月份国内 5G 手机出货量数据。据悉，在短短 6 个月时间里，国内 5G 手机出货量达到了 1.28 亿部，占比提升至 73.4%。从运营商公布的数据来看，三家运营商的 5G 套餐用户总数即将突破 5 亿。

2020 年，全国移动通信基站总数达 931 万个，全年净增 90 万个。其中 4G 基站总数达到 575 万个，城镇地区实现深度覆盖。5G 网络建设稳步推进，按照适度超前原则，新建 5G 基站超 60 万个，全部已开通 5G 基站超过 71.8 万个，其中中国电信和中国联通共建共享 5G 基站超 33 万个，5G 网络已覆盖全国地级以上城市及重点县市。

### 7.5.2　无线局域网技术

主流应用的无线网络分为 GPRS 手机无线网络上网和无线局域网两种方式。GPRS 手机上网方式，是一种借助移动电话网络接入 Internet 的无线上网方式，因此只要你所在城市开通了 GPRS 上网业务，你在任何一个角落都可以通过手机来上网。

**1. 无线局域网**

无线局域网的英文全名为 Wireless Local Area Networks；简写为 WLAN。在无线局域网 WLAN 发明之前，人们要想通过网络进行联络和通信，必须先用物理线缆——铜绞线组建一个电子运行的通路，为了提高效率和速度，后来又发明了光纤。当网络发展到一定规模后，人们又发现，这种有线网络无论组建、拆装还是在原有基础上进行重新布局和改建，都非常困难，且成本和代价也非常高，于是 WLAN 的组网方式应运而生。它是相当便利的数据传输系统，是利用射频（Radio Frequency，RF）技术，使用电磁波，取代旧式碍手碍脚的双绞铜线（Coaxial）所构成的局域网络，在空中进行通信连接，使得无线局域网络能利用简单的存取架构，让用户通过它，达到"信息随身化、便利走天下"的理想境界。

简单的家庭无线 WLAN 如图 7-16 所示，一台设备可作为防火墙、路由器、交换机和无线接入点。这些无线路由器可以提供广泛的功能，例如保护家庭网络远离外界的入侵；允许共享一个 ISP（Internet 服务提供商）的单一 IP 地址；可为 4 台计算机提供有线以太网服务，但是也可以和另一个以太网交换机或集线器进行扩展；为多个无线计算机作一个无线接入点。通常基本模块提供 2.4 GHz 802.11b/g/n 操作的 Wi-Fi，而更高端模块将提供双波段 Wi-Fi 或高速 MIMO 性能。

在实际应用中，WLAN 的接入方式很简单，以家庭 WLAN 为例，只需一个无线接入设备——路由器和一个具备无线功能的计算机或终端（手机或 PAD），没有无线功能的计算机只需外插一个无线网卡即可。有了以上设备后，具体操作如下：使用路由器将热点（其他已组建好且在接收范围的无线网络）或有线网络接入家庭，按照网络服务商提供的说明书进行路由配置，配置好后在家中覆盖范围内（WLAN 稳定的覆盖范围大概在 20~50 m）放置接收终端，打开终端的无线功能，输入服务商给定的用户名和密码即可接入 WLAN。

WLAN 的典型应用场景如下：

①大楼之间：在大楼之间建构网络的连接，取代专线，简单又便宜。

②餐饮及零售：餐饮服务业可使用无线局域网络产品，直接从餐桌即可输入并传送客人点菜内容至厨房、柜台。零售商促销时，可使用无线局域网络产品设置临时收银柜台。

③医疗：使用附无线局域网络产品的手提式计算机取得实时信息，医护人员可藉此避免对伤患救治的迟延、不必要的纸上作业、单据循环的迟延及误诊等，而提升对伤患照顾的品质。

④企业：当企业内的员工使用无线局域网络产品时，不管他们在办公室的任何一个角落，有无线局域网络产品，就能随意地发电子邮件、分享档案及上网络浏览。

⑤仓储管理：一般仓储人员的盘点事宜，透过无线网络的应用，能立即将最新的资料输入计算机仓储系统。

⑥货柜集散场：一般货柜集散场的桥式起重车，可于调动货柜时，将实时信息传回 Office，以利相关作业之逐行。

⑦监视系统：一般位于远方且需受监控的场所，由于布线之困难，可藉由无线网络将远方之影像传回主控站。

⑧展示会场：诸如一般的电子展、计算机展，由于网络需求极高，而且布线又会让会场显得凌乱，因此若能使用无线网络，则是再好不过的选择。

**2. Wi-Fi 技术**

WLAN 的实现协议有很多，其中最为著名也是应用最为广泛的当属无线保真技术——Wi-Fi，它实际上提供了一种能够将各种终端都使用无线进行互联的技术，为用户屏蔽了各种终端之间的差异性。

（1）主要功能

Wi-Fi 是一种可以将个人电脑、手持设备（如 PAD、手机）等终端以无线方式互相连接的技术，事实上它是一个高频无线电信号。Wi-Fi 是一个无线网络通信技术的品牌，由 Wi-Fi 联盟所持有，如图 7-19 所示。目的是改善基于 IEEE 802.11 标准的无

图 7-19　Wi-Fi 联盟标志

线网络产品之间的互通性。有人把使用 IEEE 802.11 系列协议的局域网就称为 Wi-Fi。甚至把 Wi-Fi 等同于无线网际网路（Wi-Fi 是 WLAN 的重要组成部分）。

无线网络上网可以简单地理解为无线上网，几乎所有智能手机、平板电脑和笔记本电脑都支持 Wi-Fi 上网，是当今使用最广的一种无线网络传输技术。实际上就是把有线网络信号转换成无线信号，就如在开头为大家介绍的一样，使用无线路由器供支持其技术的相关电脑、手机、平板等接收。手机如果有 Wi-Fi 功能，那么在有 Wi-Fi 无线信号的时候就可以不通过移动联通的网络上网，省掉了流量费。

无线上网在大城市比较常用，虽然由 Wi-Fi 技术传输的无线通信质量不是很好，数据安全性能比蓝牙差一些，传输质量也有待改进，但传输速度非常快，可以达到 54 Mb/s 甚至 300 Mb/s 以上，符合个人和社会信息化的需求。Wi-Fi 最主要的优势在于不需要布线，可以不受布线条件的限制，因此非常适合移动办公用户的需要，并且由于发射信号功率低于 100 mW，低于手机发射功率，所以 Wi-Fi 上网相对也是最安全健康的。

但是 Wi-Fi 信号也是由有线网提供的，比如家里的 ADSL、小区宽带等，只要接一个无线路由器，就可以把有线信号转换成 Wi-Fi 信号。国外很多发达国家城市里到处覆盖着由政府或大公司提供的 Wi-Fi 信号供居民使用，我国也有许多地方实施"无线城市"工程使这项技术得到推广，如图 7-20 所示。

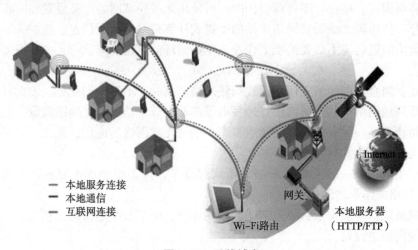

图 7-20　无线城市

（2）应用领域

①网络媒体。

由于无线网络的频段在世界范围内是无须任何电信运营执照的，因此 WLAN 无线设备提供了一个世界范围内可以使用的，费用极其低廉且数据带宽极高的无线空中接口。用户可以在无线保真覆盖区域内快速浏览网页，随时随地接听拨打电话。而其他一些基于 WLAN 的宽带数据应用，如流媒体、网络游戏等功能更是值得用户期待。有了无线保真功能，我们打长途电话（包括国际长途）、浏览网页、收发电子邮件、音乐下载、数码照片传递等，再无须担心速度慢和花费高的问题。无线保真技术与蓝牙技术一样，同属于在办公室和家庭中使用的短距离无线技术。

②掌上设备。

无线网络在掌上设备上应用越来越广泛，而智能手机就是其中一分子。与早前应用于手机上的蓝牙技术不同，无线保真具有更大的覆盖范围和更高的传输速率，因此无线保真手机成为 2013 年后移动通信业界的时尚潮流。

③日常休闲。

2013 年后无线网络的覆盖范围在国内越来越广泛，高级宾馆、豪华住宅区、飞机场以及咖啡厅之类的区域都有无线保真接口。当我们去旅游、办公时，就可以在这些场所使用我们的掌上设备尽情网上冲浪了。厂商只要在机场、车站、咖啡店、图书馆等人员较密集的地方设置"热点"，并通过高速线路将因特网接入上述场所。这样，由于"热点"所发射出的电波可以达到距接入点半径数十米至百米的地方，用户只要将支持无线保真的笔记本电脑或 PDA 或手机或 PSP 或 iPod touch 等拿到该区域内，即可高速接入因特网。在家也可以买无线路由器设置局域网，然后就可以痛痛快快地无线上网了。

无线网络和 4G、5G 技术的区别就是 4G、5G 在高速移动时传输质量较好，但静态的时候用 Wi-Fi 上网足够了。

④客运列车。

2014 年 11 月 28 日 14 时 20 分，中国首列开通 Wi-Fi 服务的客运列车——广州至香港九龙 T809 次直通车从广州东站出发，标志中国铁路开始 Wi-Fi（无线网络）时代。

列车 Wi-Fi 开通后，不仅可观看车厢内部局域网的高清影院、玩社区游戏，还能直达外网，刷微博、发邮件，以 10~50M 的带宽速度与世界联通。

图 7-21 所示为 Wi-Fi 应用示例图。

图 7-21　Wi-Fi 应用示例图

## 7.6 IP 地址与域名

IP 是英文 Internet Protocol 的缩写，意思是"网络之间互连的协议"，也就是为计算机网络相互连接进行通信而设计的协议。在因特网中，它是能使连接到网上的所有计算机网络实现相互通信的一套规则，规定了计算机在因特网上进行通信时应当遵守的规则。任何厂家生产的计算机系统，只要遵守 IP 协议就可以与因特网互连互通。正是因为有了 IP 协议，因特网才得以迅速发展成为世界上最大的、开放的计算机通信网络。因此，IP 协议也可以叫作"因特网协议"。

IP 地址被用来给 Internet 上的电脑一个编号。大家日常见到的情况是每台联网的 PC 上都需要有 IP 地址，才能正常通信。我们可以把个人电脑比作"一台电话"，那么 IP 地址就相当于"电话号码"，而 Internet 中的路由器，就相当于电信局的"程控式交换机"。

IP 地址（英语：Internet Protocol Address）是一种在 Internet 上给主机编址的方式，也称为网际协议地址。常见的 IP 地址，分为 IPv4 与 IPv6 两类。

### 1. IPv4

IPv4 地址是一个 32 位的二进制数，通常被分割为 4 个 "8 位二进制数"（也就是 4 个字节）。IP 地址通常用"点分十进制"表示成（a.b.c.d）的形式，其中，a，b，c，d 都是 0~255 之间的十进制整数。例如：点分十进制 IP 地址（100.4.5.6），实际上是 32 位二进制数（01100100.00000100.00000101.00000110）。

IPv4 地址编址方案：IP 地址编址方案将 IP 地址空间划分为 A、B、C、D、E 五类，其中 A、B、C 是基本类，D、E 类作为多播和保留使用。

其中 A、B、C 三类（见表 7-2）由 Internet NIC 在全球范围内统一分配，D、E 类为特殊地址。

表 7-2　IPv4 地址范围

| 类别 | 最大网络数 | IP 地址范围 | 主机数 | 私有 IP 地址范围 |
|------|-----------|-------------|--------|------------------|
| A | 126（$2^7-2$） | 0. 0. 0. 0~126. 255. 255. 255 | 16 777 214 | 10. 0. 0. 0~10. 255. 255. 255 |
| B | 16 384（$2^{14}$） | 128. 0. 0. 0~191. 255. 255. 255 | 65 534 | 172. 16. 0. 0~172. 31. 255. 255 |
| C | 2 097 152（$2^{21}$） | 192. 0. 0. 0~223. 255. 255. 255 | 254 | 192. 168. 0. 0~192. 168. 255. 255 |

### 2. IPv6

IPv6 是 IETF（Internet Engineering Task Force，互联网工程任务组）设计的用于替代现行版本 IPv4。我们使用的第二代互联网 IPv4 技术，核心技术属于美国。IPv4 的最大问题是网络地址资源有限，从理论上讲，可编址 1 600 万个网络、40 亿台主机。但采用 A、B、C 三类编址方式后，可用的网络地址和主机地址的数目大打折扣，以致 IP 地址已于 2011 年 2 月 3 日分配完毕。其中北美占有 3/4，约 30 亿个，而人口最多的亚洲只有不到 4 亿个，中国截至 2010 年 6 月 IPv4 地址数量达到 2.5 亿，落后于 4.2 亿网民的需求。地址不足，严重地制约了中国及其他国家互联网的应用和发展。

一方面是地址资源数量的限制，另一方面是随着电子技术及网络技术的发展，计算机网络将进入人们的日常生活，可能身边的每一样东西都需要连入全球因特网。在这样的环境下，IPv6 应运而生。单从数量级上来说，IPv6 由 128 位二进制数码表示，IPv6 所拥有的地址容量是 IPv4 的约 $8×10^{28}$ 倍，达到 $2^{128}$（算上全零的）个。这不但解决了网络地址资源数量的问题，同时也为除电脑外的设备连入互联网在数量限制上扫清了障碍。

但是，如果说 IPv4 实现的只是人机对话，而 IPv6 则扩展到任意事物之间的对话，它不仅可以为人类服务，还将服务于众多硬件设备，如家用电器、传感器、远程照相机、汽车等，它将是无时不在、无处不在的深入社会每个角落的真正的宽带网，而且它所带来的经济效益将非常巨大。

IPv6 一个重要的应用是网络实名制下的互联网身份证，目前基于 IPv4 的网络因为 IP 资源不够，IP 和上网用户无法实现一一对应，所以难以实现网络实名制。

在 IPv4 下，根据 IP 查人也比较麻烦，电信局要保留一段时间的上网日志才行，通常因为数据量很大，运营商只保留三个月左右的上网日志，比如查前年某个 IP 发帖子的用户就不能实现。

IPv6 的出现可以从技术上一劳永逸地解决实名制这个问题，因为那时 IP 资源将不再紧张，运营商有足够多的 IP 资源，那时候，运营商在受理入网申请的时候，可以直接给该用户分配一个固定 IP 地址，这样实际就实现了实名制，也就是一个真实用户和一个 IP 地址的一一对应。

当一个上网用户的 IP 固定了之后，你任何时间做的任何事情都和一个唯一 IP 绑定，你在网络上做的任何事情在任何时间段内都有据可查，并且无法否认。

### 3. 域名

网络是基于 TCP/IP 协议进行通信和连接的，每一台主机都有一个唯一的标识固定的 IP 地址，以区别网络上成千上万的用户和计算机。网络在区分所有与之相连的网络和主机时，均采用了一种唯一、通用的地址格式，即每一个与网络相连接的计算机和服务器都被指派了一个独一无二的地址。为了保证网络上每台计算机的 IP 地址的唯一性，用户必须向特定机构申请注册，分配 IP 地址。网络中的地址方案分为两套：IP 地址系统和域名地址系统。这两套地址系统其实是一一对应的关系。由于 IP 地址是数字标识，使用时难以记忆和书写，因此在 IP 地址的基础上又发展出一种符号化的地址方案，来代替数字型的 IP 地址。每一个符号化的地址都与特定的 IP 地址对应，这样网络上的资源访问起来就容易得多了。这个与网络上的数字型 IP 地址相对应的字符型地址，就被称为域名。

域名（Domain Name）是由一串用点分隔的名字组成的 Internet 上某一台计算机或计算机组的名称，用于在数据传输时标识计算机的电子方位（有时也指地理位置，地理上的域名，指代有行政自主权的一个地方区域）。域名是一个有"面具"的 IP 地址，一个域名是一个便于记忆和沟通的一组服务器的地址（网站、电子邮件、FTP 等），域名是互联网参与者的名称，世界上第一个注册的域名是在 1985 年 1 月注册的。

域名的注册遵循先申请先注册原则，管理认证机构对申请企业提出的域名是否违反了第三方的权利不进行任何实质性审查。在中华网库每一个域名的注册都是独一无二、不可重复的。因此在网络上域名是一种相对有限的资源，它的价值将随着注册企业的增多而逐步为人们所重视。

可见域名就是上网单位的名称，是一个通过计算机登上网络的单位在该网中的地址。一个公司如果希望在网络上建立自己的主页，就必须取得一个域名，域名也是由若干部分组成，包括数字和字母。通过该地址，人们可以在网络上找到所需的详细资料。域名是上网单位和个人在网络上的重要标识，起着识别作用，便于他人识别和检索某一企业、组织或个人的信息资源，从而更好地实现网络上的资源共享。除了识别功能外，在虚拟环境下，域名还可以起到引导、宣传、代表等作用。

（1）域名构成

以一个常见的域名为例说明，www.baidu.com 网址是由三部分组成的，标号"baidu"是这个域名的主体，而最后的标号"com"则是该域名的后缀，代表这是一个 com 国际域名，是顶级域名。而前面的"www"是主机名，表示服务器的功能。

DNS 规定，域名中的标号都由英文字母和数字组成，每一个标号不超过 63 个字符，也不区分大小写字母。标号中除连字符（-）外不能使用其他的标点符号。级别最低的域名写在最左边，而级别最高的域名写在最右边。由多个标号组成的完整域名总共不超过 255 个字符。

一些国家也纷纷开发使用采用本民族语言构成的域名，如德语、法语等。中国也开始使用中文域名，但可以预计的是，在中国国内今后相当长的时期内，以英语为基础的域名（即英文域名）仍然是主流。

（2）域名级别

域名可分为不同级别，包括顶级域名、二级域名、三级域名、注册域名。

①顶级域名。

顶级域名又分为两类：

一是国家顶级域名（national top-level domain names，简称 nTLDs），200 多个国家都按照 ISO3166 国家代码分配了顶级域名，例如中国是 cn，美国是 us，日本是 jp 等；

二是国际顶级域名（international top-level domain names，简称 iTDs），例如表示工商企业的 .com、表示网络提供商的 .net、表示非营利组织的 .org 等。大多数域名争议都发生在 com 的顶级域名下，因为多数公司上网的目的都是为了赢利。为加强域名管理，解决域名资源的紧张，Internet 协会、Internet 分址机构及世界知识产权组织（WIPO）等国际组织经过广泛协商，在原来三个国际通用顶级域名：（com）的基础上，新增加了 7 个国际通用顶级域名：firm（公司企业）、store（销售公司或企业）、web（突出 WWW 活动的单位）、arts（突出文化、娱乐活动的单位）、rec（突出消遣、娱乐活动的单位）、info（提供信息服务的单位）、nom（个人），并在世界范围内选择新的注册机构来受理域名注册申请。

②二级域名。

二级域名是指顶级域名之下的域名，在国际顶级域名下，它是指域名注册人的网上名称，例如 ibm、yahoo、microsoft 等；在国家顶级域名下，它是表示注册企业类别的符号，例如 com、edu、gov，net 等。

中国在国际互联网络信息中心（Inter NIC）正式注册并运行的顶级域名是 CN，这也是中国的一级域名（图 7-22）。在顶级域名之下，中国的二级域名又分为类别域名和行政区域名两类。类别域名共 6 个，包括用于科研机构的 ac、用于工商金融企业的 com、用于教育机构的 edu、用于政府部门的 gov、用于互联网络信息中心和运行中心的 net、用于非营利组织的 org。而行政区域名有 34 个，分别对应于中国各省、自治区和直辖市。

图 7-22　中国互联网络信息中心

③三级域名。

三级域名用字母（A~Z，a~z，大小写等）、数字（0~9）和连接符（-）组成，各级域名之间用实点（.）连接，三级域名的长度不能超过 20 个字符。如无特殊原因，建议采用申请人的英文名（或者缩写）或者汉语拼音名（或者缩写）作为三级域名，以保持域名的清晰性和简洁性。

目前有 ".cn" ".中国" ".公司" ".网络" 四种类型的中文域名供您注册，例如：".中国互联网络信息中心.cn" ".中国互联网络信息中心.网络"。

## 7.7　互联网思维和大数据

### 7.7.1　互联网思维

首先来看三个故事。

故事一：一家仅 12 道菜的餐馆

一个毫无餐饮行业经验的人，一家只有 12 道菜品的餐馆，在北京只有两家分店；仅两个月时间，就实现了所在商场餐厅评效第一名；VC 投资 6 000 万，估值 4 亿元人民币。这家餐厅是哪家？是雕爷牛腩。

故事二：这是一个淘品牌

2012 年 6 月在天猫上线，65 天后成为中国网络坚果销售第一；2012 年"双十一"创造了日销售 766 万的奇迹，名列中国电商食品类第一名；2013 年 1 月单月销售额超过 2 200 万；至今一年多时间，累计销售过亿，并再次获得 IDG 公司 600 万美元投资。这是哪个品牌？三只松鼠。

故事三：一家创业仅三年的企业

2011 年销售额 5 亿元；2012 年，销售额达到 126 亿元；2013 年上半年销售额达到 132.7 亿元，预计全年销售达到 280 亿元，有可能突破 300 亿元；在新一轮融资中，估值达 100 亿美元，位列国内互联网公司第四名。这家企业大家肯定能猜到，就是小米。

与大家分享的这三个企业，虽然分属不同的行业，但又惊人地相似，我们称之为互联网品牌。它们背后的互联网思维到底是什么？

什么是互联网思维？

在（移动）互联网、大数据、云计算等科技不断发展的背景下，对市场、对用户、对产品、对企业价值链乃至对整个商业生态进行重新审视的思考方式。

这里的互联网，不单指桌面互联网或者移动互联网，是泛互联网，因为未来的网络形态一定是跨越各种终端设备的，包括台式机、笔记本、平板、手机、手表、眼镜，等等。

①是传播层面的互联网化，即狭义的网络营销，通过互联网工具实现品牌展示、产品宣传等功能；

②是渠道层面的互联网化，即狭义的电子商务，通过互联网实现产品销售；

③是供应链层面的互联网化，通过 C2B 模式，消费者参与到产品设计和研发环节；

④用互联网思维重新架构企业。

互联网思维的九大思维：①用户思维；②简约思维；③极致思维；④迭代思维；⑤流量思维；⑥社会化思维；⑦大数据思维；⑧平台思维；⑨跨界思维。具体体现如图 7-23 所示。

互联网思维的四个核心观点：①用户至上；②体验为王；③免费的商业模式；④颠覆式创新。

下面详细介绍互联网九大思维。

（1）用户思维

用户思维即在价值链各个环节中都要"以用户为中心"去考虑问题，是互联网思维的核心。其他思维都是围绕它在不同层面的展开。没有用户思维，也就谈不上其他思维。为什么在互联网蓬勃发展的今天，用户思维格外重要？

互联网消除了信息不对称，使得消费者掌握了更多的产品、价格、品牌方面的信息，市场竞争更为充分，市场由厂商主导转变为消费者主导，消费者主权时代真正到来。作为厂商，必须从市场定位、产品研发、生产销售乃至售后服务整个价值链的各个环节，建立

图 7-23　互联网九大思维（摘自互联网 www.videoc.cn）

起"以用户为中心"的企业文化，只有深度理解用户才能生存。商业价值必须要建立在用户价值之上。没有认同，就没有合同。

（2）简约思维

简约思维，是指在产品规划和品牌定位上，力求专注、简单；在产品设计上，力求简洁、简约。在互联网时代，信息爆炸，消费者的选择太多，选择时间太短，用户的耐心越来越不足，加上线上只需要点击一下鼠标，转移成本几乎为零。所以，必须在短时间内能够抓住它！

（3）极致思维

极致思维，就是把产品和服务做到极致，把用户体验做到极致，超越用户预期。互联网时代的竞争，只有第一，没有第二，只有做到极致，才能够真正赢得消费者，赢得人心。

（4）迭代思维

"敏捷开发"是互联网产品开发的典型方法论，是一种以人为核心，迭代、循序渐进的开发方法，允许有所不足，不断试错，在持续迭代中完善产品。

互联网产品能够做到迭代主要有两个原因，一是产品供应到消费的环节非常短，二是消费者意见反馈成本非常低。这里面有两个点，一个"微"，一个"快"。小处着眼，微创新要从细微的用户需求入手，贴近用户心理，在用户参与和反馈中逐步改进。"可能你觉得是一个不起眼的点，但是用户可能觉得很重要"。

（5）流量思维

流量意味着体量，体量意味着分量。"目光聚集之处，金钱必将追随"，流量即金钱，流量即入口，流量的价值不必多言。互联网产品，免费往往成了获取流量的首要策略，互联网产品大多不向用户直接收费，而是用免费策略极力争取用户、锁定用户。淘宝、百度、QQ、360 都是依托免费起家。

流量怎样产生价值？量变产生质变，必须要坚持到质变的"临界点"。

任何一个互联网产品，只要用户活跃数量达到一定程度，就会开始产生质变，这种质变往往会给该公司或者产品带来新的"商机"或者"价值"，这是互联网独有的"奇迹"和"魅力"。QQ若没有当年的坚持，也不可能有今天的企业帝国。注意力经济时代，先把流量做上去，才有机会思考后面的问题，否则连生存的机会都没有。

（6）社会化思维

天猫启动了"旗舰店升级计划"，增加了品牌与消费者沟通的模块。同时，也发布了类似微信的产品"来往"，这也证明了，社会化商业时代已经到来，互联网企业纷纷加速了布局。社会化商业的核心是网，公司面对的客户以网的形式存在，这将改变企业生产、销售、营销等整个形态。

以微博为例，小米公司有30多名微博客服人员，每天处理私信2 000多条，提及、评论等四五万条。通过在微博上互动和服务让小米手机深入人心。

（7）大数据思维

易欢欢、赵国栋等人写的《大数据时代的历史机遇》，全面阐述了大数据的来龙去脉和产业效应。"缺少数据资源，无以谈产业；缺少数据思维，无以言未来"。大数据思维，是指对大数据的认识，对企业资产、关键竞争要素的理解。

小企业也要有大数据。用户在网络上一般会产生信息、行为、关系三个层面的数据，比如用户登录电商平台，会注册邮箱、手机、地址等，这是信息层面的数据；用户在网站上浏览、购买了什么商品，这属于行为层面的数据；用户把这些商品分享给了谁、找谁代付，这些是关系层面的数据。

这些数据的沉淀，有助于企业进行预测和决策，大数据的关键在于数据挖掘，有效的数据挖掘才可能产生高质量的分析预测。海量用户和良好的数据资产将成为未来核心竞争力。一切皆可被数据化，企业必须构建自己的大数据平台，小企业也要有大数据。

在互联网和大数据时代，用户不是一类人，而是每个人。客户所产生的庞大数据量使营销人员能够深入了解"每一个人"，而不是"目标人群"。这个时候的营销策略和计划，就应该更精准，要针对个性化用户做精准营销。

银泰网上线后，打通了线下实体店和线上的会员账号。在百货和购物中心铺设免费Wi-Fi。这意味着，当一位已注册账号的客人进入实体店，他的手机连接上Wi-Fi，后台就能认出来，他过往与银泰的所有互动记录、喜好便会一一在后台呈现。当把线上线下的数据放到集团内的公共数据库中去匹配，银泰就能通过对实体店顾客的电子小票、行走路线、停留区域的分析，来判别消费者的购物喜好，分析购物行为、购物频率和品类搭配的一些习惯。这样做的最终目的是实现商品和库存的可视化，并达到与用户之间的沟通。

（8）平台思维

互联网的平台思维就是开放、共享、共赢的思维。《失控》这本书在互联网圈内很流行，讲述的外部失控，意味着要把公司打造成开放平台；内部失控，就是要通过群体进化推动公司进化，在公司内部打造事业群机制。

平台模式最有可能成就产业巨头。全球最大的100家企业里，有60家企业的主要收入来自平台商业模式，包括苹果、谷歌等。平台盈利模式多为"羊毛出在狗身上"，不需要"一手交钱，一手交货"。平台模式的精髓，在于打造一个多主体共赢互利的生态圈。将来的平台之争，一定是生态圈之间的竞争，单一的平台是不具备系统性竞争力的。

BAT（百度、阿里、腾讯）三大互联网巨头围绕搜索、电商、社交各自构筑了强大的产业生态，所以后来者如360其实是很难撼动的。

（9）跨界思维

随着互联网和新科技的发展，纯物理经济与纯虚拟经济开始融合，很多产业的边界变得模糊，互联网企业的触角已经无孔不入，触及零售、制造、图书、金融、电信、娱乐、交通、媒体等领域。互联网企业的跨界颠覆，本质是高效率整合低效率，包括结构效率和运营效率。

李彦宏指出："互联网和传统企业正在加速融合，互联网产业最大的机会在于发挥自身的网络优势、技术优势、管理优势等，去提升、改造线下的传统产业，改变原有的产业发展节奏、建立起新的游戏规则。"

今天，互联网九个典型思维将重塑企业价值链，涉及商业模式设计、产品线设计、产品开发、品牌定位、业务拓展、售后服务等企业经营所有环节。

## 7.7.2 大数据

现在的社会是一个高速发展的社会，科技发达，信息流通，人们之间的交流越来越密切，生活也越来越方便，大数据就是这个高科技时代的产物。马云说："互联网还没搞清楚的时候，移动互联就来了，移动互联还没搞清楚的时候，大数据就来了"。大数据，指无法在可承受的时间范围内用常规软件工具进行捕捉、管理和处理的数据集合，是需要新处理模式才能具有更强的决策力、洞察发现力和流程优化能力的海量、高增长率和多样化的信息资产。

### 1. 大数据概述

在维克托·迈尔·舍恩伯格及肯尼斯·库克耶编写的《大数据时代》中提到，大数据可以不用随机分析法（抽样调查）这样的捷径，而采用将所有数据进行分析处理。大数据具备5V特点（IBM提出），即Volume（大量）、Velocity（高速）、Variety（多样）、Value（价值）、Veracity（真实性）。

大数据技术的战略意义不在于掌握庞大的数据信息，而在于对这些含有意义的数据进行专业化处理。换而言之，如果把大数据比作一种产业，那么这种产业实现盈利的关键，在于提高对数据的"加工能力"，通过"加工"实现数据的"增值"。

随着云时代的来临，大数据也吸引了越来越多的关注。《著云台》的分析师团队认为，大数据通常用来形容一个公司创造的大量非结构化数据和半结构化数据，这些数据在下载到关系型数据库用于分析时会花费过多时间和金钱。大数据分析常和云计算联系到一起，因为实时的大型数据集分析需要像"Map Reduce"一样的框架来向数十、数百甚至数千的电脑分配工作。图7-24所示为大数据结构。

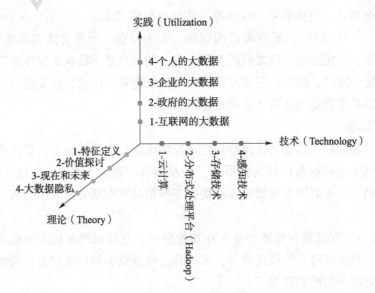

图 7-24　大数据结构

大数据需要特殊的处理技术，以有效地处理大量的容忍时间内的数据。适用于大数据的技术，包括大规模并行处理（MPP）数据库、数据挖掘电网、分布式文件系统、分布式数据库、云计算平台、互联网和可扩展的存储系统。

有人把数据比喻为蕴藏能量的煤矿。煤炭按照性质有焦煤、无烟煤、肥煤、贫煤等分类，而露天煤矿、深山煤矿的挖掘成本又不一样。与此类似，大数据并不在"大"，而在于"有用"。价值含量、挖掘成本比数量更为重要。对于很多行业而言，如何利用这些大规模数据成为赢得竞争的关键。

大数据的价值体现在以下 3 个方面：

①对大量消费者提供产品或服务的企业可以利用大数据进行精准营销。

②做小而美模式的中长尾企业可以利用大数据做服务转型。

③面临互联网压力之下必须转型的传统企业需要与时俱进充分利用大数据的价值。

**2. 大数据应用实例**

举几个有趣的大数据应用实例。全球关注的 2014 年巴西世界杯赛事期间，谷歌云计算平台通过大数据技术分析，成功预测了世界杯 16 强每场比赛的胜利者，而冠军队德国国家队宣布，他们运用了 SAP Match Insights 解决方案进行赛后分析，大数据技术成为获胜的关键；2014 年 8 月，联合国开发计划署与百度达成战略合作，共建大数据联合实验室，利用大数据技术针对环保、健康、教育和灾害等全球性问题进行分析和趋势预测，提供发展策略建议；2014 年 12 月，淘宝公布的《2014 年淘宝联动知识产权局打假报告》显示，阿里巴巴通过大量数据分析追查打击假货源，2010 年至今已处理各类专利侵权投诉案件 3 000 余件。同时，苹果"预留后门"和 12306 用户信息泄露等事件，也暴露出大数据迅猛发展的同时，数据安全存在很大的隐患。

阿里巴巴创办人在一次演讲中提到，未来的时代将不是 IT 时代，而是 DT 的时代，DT 就是 Data Technology 数据科技，显示大数据对于阿里巴巴集团来说举足轻重。

2016 年才是真正意义上的大数据元年。

2016 年 1 月 20 日，阿里云在 2016 云栖大会上海峰会上宣布开放阿里巴巴十年的大数据能力，发布全球首个一站式大数据平台"数加"，首批亮相 20 款产品。这一平台承载了阿里云"普惠大数据"的理想，即让全球任何一个企业、个人都能用上大数据。借助大数据技术，阿里巴巴取得了巨大的商业成功。通过对电子商务平台上的客户行为进行分析，诞生了蚂蚁小贷、花呗、借呗；菜鸟网络通过电子面单、物流云、菜鸟天地等数据产品，为快递行业的升级提供了技术方法。

在这些创新中，"数加"承载了阿里巴巴 EB 级别的数据加工计算，经历了上万名工程师的实战检验。大麦网是阿里云"数加"平台的尝鲜者。通过采用"数加"的推荐引擎，大麦网的研发成本从 900 人天降低到了 30 人天，效率提升了 30 倍。

2013 年 12 月 6 日，中国最具影响、规模最大的大数据领域技术盛会——2013 中国大数据技术大会（BDTC 2013）在北京世纪金源大饭店开幕。百度大数据首席架构师林仕鼎从一个大数据系统架构师的角度，分享了应用驱动、软件定义的数据中心计算。百度大数据的两个典型应用是面向用户的服务和搜索引擎，百度大数据的主要特点是：第一，数据处理技术比面向用户服务的技术所占比重更大；第二，数据规模比以前大很多；第三，通过快速迭代进行创新。

2014 年 4 月，以"大数据引擎驱动未来"为主题的百度第四届技术开放日在北京举行，会议期间百度推出了首款集基础设施、数据处理和机器学习于一体的大数据引擎。百度大数据引擎一共可分为开放云、数据工厂和百度大脑 3 个部分，其中开放云提供了硬件性能，数据工厂提供了 TB 级的处理能力，而百度大脑则提供了大规模机器学习能力和深度学习能力。图 7-25 所示为百度大数据界面。

图 7-25　百度大数据

①开放云：即百度的大规模分布式计算和超大规模存储云。过去的百度云主要面向开发者，大数据引擎的开放云则是面向有大数据存储和处理需求的"大开发者"。

百度的开放云拥有超过 1.2 万台的单集群，超过阿里飞天计划的 5K 集群。百度开放云还拥有 CPU 利用率高、弹性高、成本低等特点。百度是全球首家大规模商用 ARM 服务器的公司，而 ARM 架构的特征是能耗小和存储密度大，同时百度还是首家将 GPU（图形处理器）应用在机器学习领域的公司，实现了能耗节省的目的。

②数据工厂：开放云是基础设施和硬件能力，因此我们可以把数据工厂理解为百度将海量数据组织起来的软件能力，就像数据库软件一样。只不过数据工厂是被用于处理 TB 级甚至更大的数据。

百度数据工厂支持单词百 TB 异构数据查询，支持 SQL-like 以及更复杂的查询语句，支持各种查询业务场景。同时百度数据工厂还将承载对于 TB 级别大表的并发查询和扫描，大查询、低并发时每秒可达百 GB，在业界已经是很领先的能力了。

③百度大脑：有了大数据处理和存储的基础之后，还得有一套能够应用这些数据的算法。图灵奖获得者 N. Wirth（沃斯）提出过"程序=数据结构+算法"的理论。如果说百度大数据引擎是一个程序，那么它的数据结构就是数据工厂+开放云，而算法则对应百度大脑。

百度大脑将百度此前在人工智能方面的能力开放出来，主要是大规模机器学习能力和深度学习能力。此前它们被应用在语音、图像、文本识别，以及自然语言和语义理解方面，被应用在不少 APP，还通过百度 Inside 等平台开放给了智能硬件。现在这些能力将被用来对大数据进行智能化的分析、学习、处理、利用。百度深度神经网络拥有 200 亿个参数，是全球规模最大的，且它拥有独立的深度学习研究院（IDL）和较早的布局，在人工智能上百度已经快了一步，现在贡献给业界表明了它要开放的决心。

**总结**

**第 7 章习题**

# 第 8 章
# 网络与信息安全

　　随着 Internet 迅猛发展和网络社会化的到来，网络已经无所不在地影响着社会的政治、经济、文化、军事、意识形态和社会生活等各个方面。同时在全球范围内，针对重要信息资源和网络基础设施的入侵行为和企图入侵行为的数量仍在持续不断地增加，网络攻击与入侵行为对国家安全、经济和社会生活造成了极大的威胁。因此，网络安全已成为世界各国当今共同关注的焦点。

　　信息是网络社会发展的重要战略资源，也是衡量国家综合国力的一个重要参数。信息作为继物质和能源之后的第三类资源，它的价值日益受到人们的重视。信息的地位与作用因信息技术的快速发展而急剧上升，信息安全的问题同样因此而日渐突出。信息的泄露、篡改、假冒和重传、黑客入侵、非法访问、计算机犯罪、计算机病毒传播等对信息网络已构成重大威胁，这些都是当前信息安全必须面对和解决的实际问题。

　　当前，中国的网络和信息化发展大步向前迈进，国家对信息安全自主掌控的重要性不言而喻。党的十八大以来，习近平同志发表了一系列关于网络安全和信息化的表述，提出了建设网络强国的战略设计和要求。深入学习计算机网络信息安全的相关知识，树立正确的网络安全与信息化观，具有十分重要的意义。

　　本章主要从宏观角度介绍网络强国的内涵以及信息安全的重要性和必要性，再具体介绍信息安全的相关概念、信息安全的威胁因素、计算机网络信息安全技术以及信息安全的计算思维这四部分的内容。

## 8.1　网络安全与信息安全的内涵

### 8.1.1　网络安全

网络强国战略

安全的基本含义：客观上不存在威胁，主观上不存在恐惧。即客体不担心其正常状态受到影响。

网络安全在不同的应用环境下有不同的解释。

广义的网络安全是指网络系统的硬件、软件及其系统中的数据受到保护，不因偶然的或者恶意的原因而遭受到破坏、更改、泄露，系统连续可靠正常地运行，网络服务不中断，能正常地实现资源共享功能，保证数据信息交换的安全。这里面包含两层含义，一是网络运行安全，另一个是网络信息安全。

（1）网络运行安全

信息系统的网络化提供了资源的共享性和用户使用的方便性，但是信息在公共通信网络上存储、共享和传输的过程中，会出现非法窃听、截取、篡改或毁坏，从而导致了不可估量的损失。

广义的网络不仅是指计算机系统，还包括了计算机通信网络。计算机系统是将若干台具有独立功能的计算机或终端设备通过通信设备互连起来，实现计算机间的信息传输与交换的系统。而计算机通信网络是指以共享资源为目的，利用通信手段及传输媒体把地域上相对分散的若干独立的计算机系统、终端设备和数据设备连接起来，并在协议的控制下进行数据交换的系统。计算机网络的根本目的在于资源共享，通信网络是实现网络资源共享的途径。

网络运行安全就是指存储信息的计算机、数据库系统的安全和传输信息网络的安全。

计算机系统作为一种主要的信息处理系统，其安全性直接影响到整个信息系统的安全。计算机系统是由软件、硬件及数据资源等组成的。计算机系统安全就是保证计算机软件、硬件和数据资源不被更改、破坏及泄露。数据库系统是常用的信息存储系统。数据库系统安全就是保护数据库的软件、硬件和数据资源不被更改、破坏及泄露。目前，网络技术和通信技术的不断发展使得信息可以使用通信网络来进行传输。在信息传输过程中如何保证信息能正确传输，并防止信息泄露、篡改与冒用成为传输信息网络的主要安全任务。

（2）网络信息安全

网络传输的主要内容就是信息。网络传输的安全与传输的信息内容有密切的关系。网络运行安全侧重于系统本身和传输的安全，网络信息安全侧重于信息自身的安全，可见，这与其所保护的对象有关。

其中的网络信息安全需求，是指通信网络给人们提供信息查询、网络服务时，保证服务对象的信息不受监听、窃取和篡改等威胁，以满足人们最基本的安全需要（如隐秘性、可用性等）的特性。因此，信息内容的安全即信息安全，包括信息的保密性、真实性和完整性。

网络安全从其本质上来讲就是网络上的信息安全。从广义来说，凡是涉及网络上信息的保密性、完整性、可用性、真实性和可控性的相关技术和理论都是网络安全的研究领域。网络安全是计算机网络技术发展中一个至关重要的问题，也是 Internet 的一个薄弱环节。

网络运行是网络信息传输的基础，网络信息安全依赖于网络系统运行的安全。信息安全是目标，确保信息系统的安全是保证信息安全的手段。

（3）网络安全的目标

网络安全的最终目标就是通过各种技术与管理手段实现网络信息系统的可靠性、保密性、完整性、有效性、可控性和拒绝否认性。可靠性（Reliability）是所有信息系统正常运行的基本前提，通常指信息系统能够在规定的条件与时间内完成规定功能的特性。可控性（Controllability）是指信息系统对信息内容和传输具有控制能力的特性。拒绝否认性（No-repudiation）也称为不可抵赖性或不可否认性，拒绝否认性是指通信双方不能抵赖或否认已完成的操作和承诺，利用数字签名能够防止通信双方否认曾经发送和接收信息的事实。在多数情况下，网络安全更侧重强调网络信息的保密性、完整性和有效性。

## 8.1.2 信息安全

（1）信息安全的内涵

信息安全是一门涉及计算机科学、网络技术、通信技术、密码技术、信息安全技术、应用数学、数论、信息论等多种学科相互交叉的综合性学科。国际信息安全认定组织认为，信息安全是由道德规划、法律侦查、操作安全、安全管理、密码学、访问控制、网络通信安全、应用系统开发、安全结构模式、灾害重建、物理安全等领域共同组成的。信息安全与网络安全既有联系又有区别。首先，信息安全是建立在现实信息安全保障的基础上而提出的概念，在网络时代来临以后，因为在内涵上相契合，成了网络安全的一体；其次，网络安全相较于现实信息保障来说，注重的是互联网信息带来的不安全问题，是面对网络时代的安全挑战概念；信息安全从安全等级来说，从下至上有计算机密码安全、计算机系统安全、网络安全和信息安全之分（图 8-1），两者在安全对象上有着不同的内涵和外延。

信息安全涵盖个人、机构、国家信息空间的信息资源保护，以免受到误导、侵害、威胁与危险、影响。不论是研究还是实践，信息安全都可以利用多维角度来观察。就信息传输角度来说，信息安全涉及信息的完整性、保密性、可用性等方面；就信息威胁角度来说，信息安全包括信息攻防、信息犯罪；站在信息政策角度来说，则包括行业政策、国际政策、国家政策、地区政策；站在信息法律角度来说，包括行业法律、国家法律、国际法律；站在信息标准来说，包括认证标准、等级标准、评级标准；站在信息机构角度来说，则包括研究机构、行业机构、国家机构、国际机构；站在信息产业来说，包括创新联盟、信息安全企业、产业园等。作为一个相对来说很大的概念，信息安全与很多知识点有密切的联系，包括信息战、信息疆域、信息主权。信息主权指的是国家对国内传播数据、传播系统进行管理的权力，是国家主权的体现。国际上有许多强国利用经济、文化、语

图 8-1 信息安全的等级示意图

言、技术优势，限制与控制他国信息的传播。

从 20 世纪 90 年代开始，信息安全逐渐成了各国关注的焦点，不仅包括商业秘密、国际秘密与理论讨论，同时也关系到国家战略、信息安全管理内容。如今，信息安全已经成为综合安全、全球安全最重要的非传统安全领域。

（2）信息安全的侧重点

研究人员更关注从理论上采用数学方法精确描述安全属性。工程人员从实际应用角度对成熟的网络安全解决方案和新型网络安全产品更感兴趣。评估人员较多关注的是网络安全评价标准、安全等级划分、安全产品测评方法与工具、网络信息采集以及网络攻击技术。网络管理或网络安全管理人员通常更关心网络安全管理策略、身份认证、访问控制、入侵检测、网络安全审计、网络安全应急响应和计算机病毒防治等安全技术。对于国家安全保密部门，必须了解网络信息泄露、窃听和过滤的各种技术手段，避免涉及国家政治、军事、经济等重要机密信息被无意或有意泄露；抑制和过滤威胁国家安全的反动与邪教等意识形态信息传播。对公共安全部门而言，应当熟悉国家和行业部门颁布的常用网络安全监察法律法规、网络安全取证、网络安全审计、知识产权保护、社会文化安全等技术，一旦发现窃取或破坏商业机密信息、软件盗版、电子出版物侵权、色情与暴力信息传播等各种网络违法犯罪行为，能够取得可信的、完整的、准确的、符合国家法律法规的诉讼证据。军事人员则更关心信息对抗、信息加密、安全通信协议、无线网络安全、入侵攻击和网络病毒传播等网络安全综合技术，通过综合利用网络安全技术夺取网络信息优势，扰乱敌方指挥系统，摧毁敌方网络基础设施，以便赢得未来信息战争的决胜权。

从用户（个人或企业）的角度来讲，其希望在网络上传输的个人信息（如银行账号和上网登录口令等）不被他人发现、篡改，在网络上发送的信息源是真实的，不是假冒的，信息发送者对发送过的信息或完成的某种操作是承认的。

信息安全的基础涉及信息的保密性、完整性、有效性等方面。

保密性（Confidentiality）：是指信息系统防止信息非法泄露的特性，信息只限于授权用户使用，信息不泄露给非授权的实体和个人、或供其他非法使用。保密性主要通过信息加密、身份认证、访问控制、安全通信协议等技术实现，信息加密是防止信息非法泄露的最基本手段。军用信息的安全尤为注重保密性。

完整性（Integrity）：是指信息未经授权不能改变的特性，即信息在传输、交换、存储和处理过程中保持非修改、非破坏、非丢失的特性，也就是保持信息的原样性。数据信息的首要安全因素是其完整性。完整性与保密性强调的侧重点不同，保密性强调信息不能非法泄露，而完整性强调信息在存储和传输过程中不能被偶然或蓄意修改、删除、伪造、添加、破坏或丢失，信息在存储和传输过程中必须保持原样。信息完整性表明了信息的可靠性、正确性、有效性和一致性，只有完整的信息才是可信任的信息。

有效性（Availability）：是指信息资源容许授权用户按需访问的特性，有效性是信息系统面向用户服务的安全特性。信息系统只有持续有效，授权用户才能随时、随地根据自己的需要访问信息系统提供的服务。

信息安全的任务就是保证信息功能的安全实现，即信息在获取、存储、处理和传输过程中的安全。此外，例如诈骗电话、大学生"裸贷"问题、推销信息以及人肉搜索信息等均对个人信息安全造成影响。不法分子通过各类软件或者程序来盗取个人信息，并利用信息来获利，严重影响了公民生命、财产安全。此类问题多集中于日常生活，比如无权、过度或者非法收集等情况。除了政府和得到批准的企业外，还有部分未经批准的商家或者个人对个人信息实施非法采集，甚至部分调查机构建立调查公司，并肆意兜售个人信息。上述问题使得个人信息安全还必须有一个适度使用的安全原则。

## 8.1.3 威胁网络与信息安全的因素

在网络中，由于操作系统、通信协议以及应用软件等存在的漏洞以及一些人为因素，大量的共享数据以及数据在存储和传输过程中都有可能被泄露、窃取和篡改，网络信息安全威胁无处不在，既包括自然威胁，也包括通信传输威胁、存储攻击威胁以及计算机系统软、硬件缺陷而带来的威胁等，如图8-2所示。

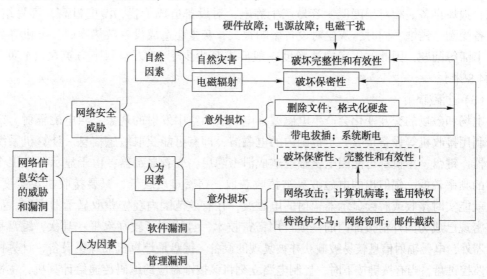

图8-2 网络和信息安全威胁分类及破坏目标

网络安全威胁一般来自网络边界内部或外部，蓄意攻击还可以分为内部攻击和外部攻击，由于内部人员位于信任范围内，熟悉敏感数据的存放位置、存取方法、网络拓扑结构、安全漏洞及防御措施，而且多数机构的安全保护措施都是"防外不防内"，因此，绝大多数蓄意攻击来自内部而不是外部。以窃取网络信息为目的的外部攻击一般称为被动攻击，其他外部攻击统称为主动攻击。被动攻击主要破坏信息的保密性，而主动攻击主要破坏信息的完整性和有效性。主动攻击的主要破坏有篡改数据、破坏数据或系统、拒绝服务及伪造身份连接这四种，主要指避开或打破安全防护、引入恶意代码（如计算机病毒），破坏数据和系统的完整性。被动攻击是非法第三方通过截获、窃取的方法非法获得信息，它只截获数据，但不对数据进行篡改，因此很难检测到。例如，监视明文、解密通信数据、口令嗅探、通信量分析等。

**1. 自然因素**

在以信息为基础的商业时代，保持关键数据和应用系统始终处于运行状态，已成为基本的要求。如果不采取可靠的措施，尤其是存储措施，一旦由于意外而丢失数据，将会造成巨大的损失。存储设备故障的可能性是客观存在的。例如，掉电、电流突然波动、机械自然老化等，网络实体还要经受诸如水灾、火灾、地震、电磁辐射等方面的考验。

（1）供电

稳定可靠的供电是网络运行的基础，因电力原因造成的服务器和其他网络设备非正常开机关机容易导致硬件损坏和数据丢失。

（2）机房环境

计算机网络的服务器、路由器、主交换机、安全防护设备等核心网络设备一般均位于中心机房。中心机房的环境如何，会很大程度影响这些设备效能的发挥，较差的环境能导致设备故障甚至报废，损失巨大。机房的温度、湿度、洁净度以及防雷防火设备都有一定的要求。

网络中央机房设备集中，产热量大，温度上升快。在高温情况下，设备老化快，容易停机、损坏设备。相对湿度低，容易产生静电，对设备造成干扰，湿度过高，容易结露，使设备受潮、锈蚀。同时，灰尘对设备影响很大，灰尘会造成设备散热障碍、电机等活动部件卡滞等问题，因此，机房内洁净度一般要求灰尘少于 30 万粒每平方英尺（1 英尺＝0.304 8 米）。

（3）电磁辐射

电场和磁场的交互变化会产生电磁波，电磁波向空中发射的现象，叫电磁辐射。窃密者若利用接收机等设备接收一定范围内的电磁波，即有可能获取敏感信息。计算机系统中显示器、键盘、主机都可能因电磁辐射造成泄密隐患。先看显示器，由于显示器在工作时发出的频率较低，辐射出的电磁波易被接收获取，窃密难度较低，只要接收机灵敏度高，对方就能实时接收或解读显示器辐射的电磁波，在有效范围内轻松获取显示器内容。显示器窃密现已成为国外情报部门的一项常用窃密技术，且达到了较高水平；其次，键盘是除显示器外，电磁辐射信息较易被截获并被复现的设备。键盘是计算机的外接设备，计算机会实时监控键盘，当有按键按下时，控制电路立刻将该按键对应的编码传递给计算机，主机按照编码对应的指令进行运作。键盘与主机间的数据通信通过电信号完成，必然会产生电磁波。只要有与其频率相同的接收机，在一定范围内通过键盘正在处理的信息就可能被不法分子实时窃取，而造成泄密。主机内含 CPU、硬盘、内存、光驱等众多部件，且电路结构复杂，如此高功率的运行，其辐射是很大的，但由于主机外有全封闭的金属箱，可屏蔽大部分信号，将辐射强度降低到安全范围，但即便如此，只要有辐射，就可能存在泄密隐患。

**2. 人为因素**

由于互联网中采用的是互联能力强、支持多种协议的 TCP/IP，而在设计 TCP/IP 时只考虑到如何实现各种网络功能，没有考虑到安全问题，网络中协议的不安全性为网络攻击者提供了方便。因此在开放的互联网中存在许多安全隐患，例如信息泄露、窃取篡改信息、行为否认、授权侵犯等。黑客攻击往往就是利用系统的安全缺陷或安全漏洞进行的。网络黑客通过端口扫描、网络窃听、拒绝服务、TCP/IP 劫持等方法进行攻击。

（1）非授权访问

指没有预先经过同意，非法使用网络或计算机资源，例如有意避开系统访问控制机制，对网络设备及资源进行非正常使用，或擅自扩大权限，越权访问信息等。它主要有以下几种表现形式：假冒、身份攻击、非法用户进入网络系统进行违法操作、合法用户以未授权方式进行操作等。

（2）信息泄露或丢失

指敏感数据在有意或无意中被泄露出去或丢失。它通常包括信息在传输过程中丢失或泄漏（如"黑客"利用网络监听、电磁泄漏或搭线窃听等方式可获取如用户口令、账号等机密信息，或通过对信息流向、流量、通信频度和长度等参数的分析，推测出有用信息），信息在存储介质中丢失或泄漏，通过建立隐蔽隧道等窃取敏感信息等。

（3）破坏数据完整性

指以非法手段窃得对数据的使用权，删除、修改、插入或重发某些重要信息，以取得有益于攻击者的响应，恶意添加、修改数据，以干扰用户的正常使用。

（4）拒绝服务攻击

指不断对网络服务系统进行干扰，浪费资源，改变正常的作业流程，执行无关程序使系统响应减慢甚至瘫痪，影响正常用户的使用，使正常用户的请求得不到正常的响应。

（5）利用网络传播木马和病毒

指通过网络应用（如网页浏览、即时聊天、邮件收发等）大面积、快速地传播木马和病毒，其破坏性大大高于单机系统，而且用户很难防范。木马和病毒已经成为网络安全中极其严重的问题之一。

**3. 安全漏洞**

（1）软件漏洞

软件漏洞是指在设计与编制软件时没有考虑对非正常输入进行处理或错误代码而造成的安全隐患，软件漏洞也称为软件脆弱性（Vulnerability）或软件隐错（Bug）。软件漏洞产生的主要原因是软件设计人员不可能将所有输入都考虑周全，因此，软件漏洞是任何软件存在的客观事实。软件产品通常在正式发布之前，一般都要相继发布 α 版本、β 版本和 γ 版本供反复测试使用，目的就是尽可能减少软件漏洞。网络协议漏洞类似于软件漏洞，是指网络通信协议不完善而导致的安全隐患。截至目前，Internet 上广泛使用的 TCP/IP 协议族几乎所有协议都发现存在安全隐患。

（2）管理漏洞

从网络安全管理角度看，网络安全首先应当是管理问题。网络安全管理是在网络安全策略指导下为保护网络不受内外各种威胁而采取的一系列网络安全措施，网络安全策略则是根据网络安全目标和网络应用环境，为提供特定安全级别保护而必须遵守的规则。网络安全是相对的，是建立在信任基础之上的，绝对的网络安全永远不存在。许多安全管理漏洞只要提高安全管理意识完全可以避免，如常见的系统缺省配置、脆弱性口令和信任关系转移等。系统缺省配置主要考虑的是用户友好性，但方便使用的同时也就意味着更多的安全隐患。

我国互联网网络安全状况概述

## 8.2 网络与信息安全防范技术

为保障信息系统的安全，需要做到下列几点：

第一，建立完整、可靠的数据存储冗余备份设备和行之有效的数据灾难恢复办法。

第二，建立严谨的访问控制机制，拒绝非法访问。

第三，利用数据加密手段，防范数据被攻击。

第四，系统及时升级、及时修补，封堵自身的安全漏洞。

第五，安装防火墙，在用户与网络之间、网络与网络之间建立起安全屏障。

### 8.2.1 数据加密技术

数据加密指采用数学方法对原始信息（通常称为"明文"）进行再组织，使得加密后在网络上公开传输的内容对于非法接收者来说成为无意义的文字（加密后的信息通常称为"密文"）。数据加密的基本思想就是伪装信息，使非法介入者无法理解信息的真正含义，借助加密手段，信息以密文的方式归档存储在计算机中，或通过网络进行传输，即使发生非法截获数据或数据泄露的事件，非授权者也不能理解数据的真正含义，从而达到信息保密的目的。同理，非授权者也不能伪造有效的密文数据达到篡改信息的目的，进而确保了数据的真实性。如图8-3所示为数据加密示意图。因此，数据加密是防止非法使用数据的一道防线。数据加密技术涉及的常用术语如下：

明文：需要传输的原文。

密文：对原文加密后的信息。

加密算法：将明文加密为密文的变换方法。

密钥：控制加密结果的数字或字符串。

密文 "???...."

"下午冰箱集合" 密钥　　　加密算法　　　密钥 "下午冰箱集合"

图8-3 数据加密示意图

现代数据加密技术中，加密算法是公开的。密文的可靠性在于公开的加密算法使用不同的密钥，其结果是不可破解的。系统的保密性不依赖于对加密体制或算法的保密，而依赖于密钥。密钥在加密和解密的过程中使用，与明文一起被输入给加密算法，产生密文。对截获信息的破译，事实上是对密钥的破译。密码学对各种加密算法的评估，是对其抵御密码被破解能力的评估。攻击者破译密文，不是对加密算法的破译，而是对密钥的破译。不论截取者获得了多少密文，如果在密文中都没有足够的信息来唯一地确定出对应的明文，则这一密码体制称为安全的。

在理论上，目前几乎所有使用的密码体制都是可破的，但是如果一个密码体制的密码不能被可以使用的计算资源所破译，或者破译的成本高于破译后的收益，则这一密码体制称为在计算机上是安全的。

目前，任何先进的破解技术都是建立在穷举方法之上的。也就是说，仍然离不开密钥试探。当加密算法不变时，破译需要消耗的时间长短取决于密钥的长短和破译者所使用的计算机的运算能力。因此，为提高信息在网络传输过程中的安全性，所用的策略无非是使用优秀的加密算法和更长的密钥。按照加密密钥和解密密钥是否一致，加密技术分为对称加密技术和非对称加密技术。

**1. 对称加密技术**

对称加密技术中，加密和解密使用相同的密钥，或是通过加密密钥可以很容易地推导出解密密钥。因此在密钥的有效期内必须对密钥进行安全保管，同时还要保证彼此的密钥交换是安全可靠的。对称加密采用的算法相对较简单，对系统性能的影响也较小，因此往往用于大量数据的加密工作。如图 8-4 所示为对称加密技术示意图。

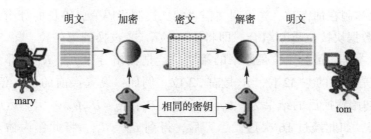

图 8-4　对称加密技术示意图

（1）分组密码算法

分组密码算法中，先将信息分成若干个等长的分组，然后将每一个分组作为一个整体进行加密。典型的分组密码算法有 DES、IDEA、AES 等。

DES（Data Encryption Standard）算法又称为美国数据加密标准，是 1972 年美国 IBM 公司研制的对称密码体制加密算法。该算法于 1977 年被美国国家标准局 NBS 颁布为商用数据加密标准，DES 也是由美国国家标准局公布的第一个分组密码算法，随后 DES 的应用范围迅速扩大至全世界，是目前广泛采用的对称加密方式之一。DES 算法把 64 位的明文输入块变为 64 位的密文输出块，它所使用的密钥也是 64 位，整个算法的主流程如图 8-5 所示。

其入口参数有三个：key、data、mode。key 为加密解密使用的密钥，data 为加密解密的数据，mode 为其工作模式。当模式为加密模式时，明文按照 64 位进行分组，形成明文组，key 用于对数据加密，当模式为解密模式时，key 用于对数据解密。由于 DES 算法的加密密钥是根据用户输入的密钥生成的，该算法把 64 位密码中的第 8 位、第 16 位、第 24 位、第 32 位、第 40 位、第 48 位、第 56 位、第 64 位作为奇偶校验位，在计算密钥时要忽略这 8 位，即每次置换都不考虑每字节的第 8 位，所以实际中使用的密钥有效位是 56 位。

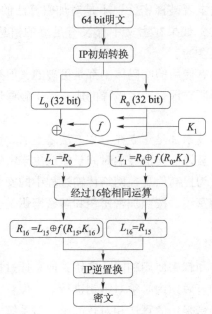

图 8-5　DES 算法主流程

　　DES 密码体制在加密时，先将明文信息的二进制代码分成等长的分组，其功能是把输入的 64 位数据块按位重新组合，即将输入的第 58 位换到第一位，第 50 位换到第 2 位，…，依此类推，最后一位是原来的第 7 位。把输出分为 $L_0$、$R_0$ 两部分，每部分各长 32 位，$L_0$ 是输出的左 32 位，$R_0$ 是右 32 位。例如：设置换前的输入值为 $D_1D_2D_3\cdots D_{64}$，则经过初始置换后的结果为：$L_0 = D_{58}D_{50}\cdots D_8$；$R_0 = D_{57}D_{49}\cdots D_7$。然后分别对每一分组进行加密，如此经过 16 次迭代运算后，得到 $L_{16}$、$R_{16}$，将此作为输入，进行逆置换，即得到密文输出。逆置换正好是初始置换的逆运算。例如，第 1 位经过初始置换后，处于第 40 位，而通过逆置换，又将第 40 位换回到第 1 位。解密时，使用的密钥是加密密钥的逆序排列。

　　DES 密码体制的加密模块和解密模块除了密钥顺序不一样之外，其他几乎一样，所以比较适合硬件实现。由于 DES 密钥很容易被专门的"破译机"攻击，从而使得三重 DES 算法被提出并被广泛采用。三重 DES 算法中使用三个不同的密钥对数据块进行三次加密，其加密强度大约和 112 位密钥的强度相当。到目前为止，还没有攻击三重 DES 的有效方法。

　　IDEA 算法是由瑞士联邦技术学院的中国学者来学嘉博士和著名的密码专家 James L. Massey 于 1990 年提出的，是在 DES 算法的基础上发展出来的，采用 128 位密钥对 64 位的数据进行加密。IDEA 算法设计了一系列加密轮次，每轮加密都使用一个由当前密钥生成的子密钥。同 DES 算法相比，IDEA 算法用硬件和软件实现都比较容易，且同样快速。而且，由于 IDEA 是在瑞士提出并发展起来的，不用受到美国法律对加密技术的限制，这可以促进 IDEA 的自由发展和完善。但是 IDEA 算法出现的时间不长，受到的攻击也很有限，还没有受到长时间的考验。

　　1997 年开始，美国国家标准技术研究所（NIST）在全世界范围内征集 AES 的加密算法，其目的是确定一个全球免费使用的分组密码算法并替代 DES 算法。AES 的基本要求是：比三重 DES 快，至少和三重 DES 一样安全，分组长度为 128 位，密钥长度是可变的，可以指定为 128 位、192 位或 256 位。2000 年，由两位比利时科学家提出的 Rijndael 密码算法最终入选作为 AES 算法。Rijndael 密码算法对内存的需求非常低，而且可以抵御强大的、实时的攻击。

（2）序列密码算法

序列密码对明文的每一位用密钥流进行加密。采用分组密码加密时，相同的明文加密后生成的密文相同。而采用序列密码时，即使相同的明文也不会生成相同的密文，因此很难破解。同分组密码相比，序列密码具有易于硬件实现、加密速度快等优点。正是由于上述优点，使得序列密码被广泛应用于军事领域，而且大多数情况下，序列密码算法都不公开。

对称加密算法实现容易，使用方便，最主要的优点是加密、解密速度快，并且可以用硬件实现。其主要弱点在于密钥管理困难，主要有如下表现：

第一，在首次通信前，双方必须通过除网络以外的安全途径传递统一的密钥。

第二，当通信对象增多时，需要相应数量的密钥也增多。例如，当某一贸易方有"$n$"个贸易关系时，那么它就要维护"$n$"个专用密钥（即每把密钥对应一贸易方）。

第三，对称加密是建立在共同保守秘密的基础之上的，在管理和分发密钥过程中，任何一方的泄密都会造成密钥的失效，存在着潜在的危险和复杂的管理难度。

**2. 非对称加密技术**

在非对称加密技术中，采用了一对密钥：公开密钥（公钥）和私有密钥（私钥）。其中私有密钥由密钥所有人保存，公开密钥是公开的。在发送信息时，采用接收方公钥加密，则密文只有接收方的私钥才能解密还原成明文，这就确保了接收方的身份；另外，发送的信息采用发送方私钥加密，则密文使用对应的公钥可以解密还原成明文，这就确定了发送方的身份。这种机制通常用来提供不可否认性和数据完整性的服务。非对称加密技术的优点是通信双方不需要交换密钥，缺点是加、解密的速度较慢。如图 8-6 所示为非对称加密示意图。

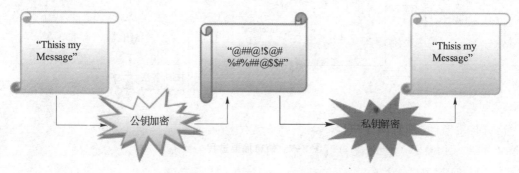

图 8-6　非对称加密示意图

非对称加密算法主要有 Diffie-Hellman、RSA、ECC 等。

针对对称加密技术密钥管理困难的问题，1976 年，美国斯坦福大学学者迪菲（Whitfield Diffie）和赫尔曼（Martin Hellman）提出了一种新的密钥交换协议，允许通信双方在不安全的媒体上交换信息，安全地达成一致的密钥，这就是"公开密钥系统"Diffie-Hellman 算法，这是第一个正式公布的公开密钥算法。

RSA（Rivest Shanir Adleman）是由 Rivest、Shamir 和 Adleman 在美国麻省理工学院开发的，该算法是非对称加密领域内最为著名的算法，它建立在数论中大数分解和素数检测的一种特殊的可逆模指数变换的理论基础之上。两个大素数相乘在计算上是容易实现的，但将该乘数分解为两个大素数因子的计算量很大，大到甚至在计算机上也不可能实现。RSA 算法中采用的素数越大，安全性就越高。目前 RSA 算法广泛应用于数字签名和保密通信。

RSA 算法解决了大量网络用户密钥管理的难题，但是它存在的主要问题是算法的运算速度较慢，较对称密码算法慢几个数量级。因此，在实际的应用中通常不采用这一算法对信息量大的信息（如大的 EDI 交易）进行加密。对于加密量大的应用通常用对称加密方法。

## 8.2.2 信息摘要和数字签名

### 1. 信息摘要

密钥加密技术只能解决信息的保密性问题，对于信息的完整性则可以用信息摘要技术来保证。

信息摘要（Message Digest）又称 Hash 算法，是 Ron Rivest 发明的一种单向加密算法，其加密结果是不能解密的。单向散列（Hash）函数 $H(M)$ 作用于任一长度的消息 $M$，返回一个固定长度的散列值 $h$：

$$h = H(M)$$

所谓信息摘要，是指从原文中通过 Hash 算法（一种单向的加密算法）而得到的一个固定长度（128 位）的散列值，不同的原文所产生的信息摘要必不相同，相同原文产生的信息摘要必定相同。因此信息摘要类似于人类的"指纹"，可以通过信息摘要去鉴别原文的真伪。图 8-7 所示为信息摘要过程。

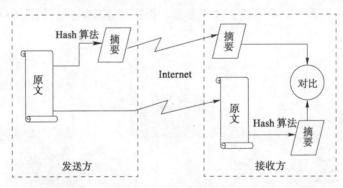

图 8-7　信息摘要过程

对原文使用 Hash 算法得到信息摘要；将信息摘要与原文一起发送；接收方对接收到的原文应用 Hash 算法产生一个摘要；用接收方产生的摘要与发送方发来的摘要进行对比，若两者相同则表明原文在传输过程中没有被修改，否则就说明原文被修改过。

### 2. 数字签名

签名的目的是标识签名人及其本人对文件内容的认可。在电子商务及电子政务等活动中普遍采用的电子签名技术是数字签名技术。数字签名（Digital Signature）是密钥加密和信息摘要相结合的技术，用于保证信息的完整性和不可否认性。因此，目前电子签名中提到的签名，一般指的就是数字签名。数字签名的过程是：对原文使用 Hash 算法得到信息摘要；发送者用自己的私钥对信息摘要加密；发送者将加密后的信息摘要与原文一起发送；接收者用发送者的公钥对收到的加密摘要进行解密；接收者对收到的原文用 Hash 算法得到接收方的信息摘要；将解密后的摘要与接收方摘要进行对比，若相同说明信息完整且发送者身份是真实的，否则说明信息被修改或不是该发送者发送的。如图 8-8 所示为数字签名过程。

由于发送者的私钥是自己严密管理的，他人无法仿冒，同时发送者也不能否认用自己的私钥加密发送的信息，所以数字签名解决了信息的完整性和不可否认性问题。

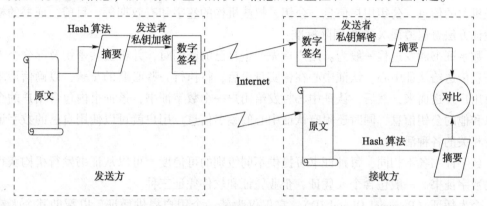

图 8-8 数字签名过程

## 8.2.3 认证技术

仅仅加密是不够的，全面保护还要求认证和识别。在网络经济中，交易双方并不见面，因此，你必须确保参与加密对话的人确实是其本人。同样，当你收到一份合同时，你也必须保证它是由当事人亲自签发的，并且是不可更改的。认证是系统的用户在进入系统或访问不同保护级别的系统资源时，系统确认该用户是否真实、合法的唯一手段。认证技术是信息安全的重要组成部分，是对访问系统的用户进行访问控制的前提。

认证的基本原理就是确定身份，因此必须通过检查对方独有的特征来进行，这些特征包括：

所知：个人所知道的或所掌握的知识，如密码、口令；

所有：个人所具有的东西，如身份证、护照；

个人特征：与生俱来的一些特征，如指纹、DNA。

目前，被应用到认证中的技术有用户名/口令技术、数字证书、生物信息等。

**1. 用户名/口令技术**

用户名/口令技术是最早出现的认证技术之一，可分为静态口令认证技术和动态口令认证技术。静态口令认证技术中每个用户都有一个用户 ID 和口令。用户访问时，系统通过用户的用户 ID 和口令验证用户的合法性。静态口令认证技术比较简单，但安全性较低，存在很多隐患。动态口令认证技术中则采用了随机变化的口令进行认证。在这种技术中，客户端将口令变换后生成动态口令并发送到服务器端进行认证。这种认证方式相对安全，但是没有得到客户端的广泛支持。

### 2. 数字证书

数字证书是一种加强的认证技术，可以提高认证的安全性。为了保证互联网上电子交易及支付的安全性、保密性等，防范交易及支付过程中的欺诈行为，必须在网上建立一种信任机制。这就要求参加电子商务的买方和卖方都必须拥有合法的身份，并且在网上能够有效无误地被进行验证。

数字证书就是标志网络用户身份信息的一系列数据，用来在网络应用中识别通信各方的身份，其作用类似于现实生活中的身份证。数字证书是由权威公正的第三方机——CA证书授权（Certificate Authority）中心发行的，即 CA 中心签发的。证书的内容包括：电子签证机关的信息、公钥用户信息、公钥、权威机构的签字和有效期等。目前，证书的格式和验证方法普遍遵循 X. 509 国际标准。

数字证书颁发过程一般为：用户首先产生自己的密钥对，并将公共密钥及部分个人身份信息传送给认证中心。认证中心在核实身份后，将执行一些必要的步骤，以确信请求确实由用户发送而来，然后，认证中心将发给用户一个数字证书，该证书内包含用户的个人信息和他的公钥信息，同时还附有认证中心的签名信息。用户就可以使用自己的数字证书进行相关的各种活动。

数字证书各不相同，每种证书可提供不同级别的可信度。可以从证书发行机构获得自己的数字证书。一般包含个人凭证、企业凭证和软件凭证三种。

个人凭证（Personal Digital ID）：它仅仅为某一个用户提供凭证，以帮助其个人在网上进行安全交易操作。个人身份的数字证书通常是安装在客户端的浏览器内的，并通过安全的电子邮件来进行交易操作。

企业（服务器）凭证（Server ID）：它通常为网上的某个 Web 服务器提供凭证，拥有Web 服务器的企业就可以用具有凭证的万维网站点（Web Site）来进行安全电子交易。有凭证的 Web 服务器会自动地将其与客户端 Web 浏览器通信的信息加密。

软件（开发者）凭证（Developer ID）：它通常为因特网中被下载的软件提供凭证，该凭证用于和微软公司 Authenticode 技术（合法化技术）结合，以使用户在下载软件时能获得所需的信息。数字证书由认证中心发行。

### 3. 生物信息认证

进行生物信息认证需要采用各种生物信息，包括脸、指纹、手掌纹、虹膜、视网膜、声音（语音）、体形、个人习惯（例如敲击键盘的力度和频率、签字）等，相应的识别技术有人脸识别、指纹识别、掌纹识别、虹膜识别、视网膜识别、语音识别（用语音识别可以进行身份识别，也可以进行语音内容的识别，只有前者属于生物特征识别技术）、体形识别、键盘敲击识别、签字识别等，它们需要相关的生物信息采集设备来配合实现。

生物识别技术被广泛用于政府、军队、银行、社会福利保障、电子商务、安全防务等领域。例如，一位储户走进了银行，他既没带银行卡，也没有回忆密码就径直提款，当他在提款机上提款时，一台摄像机对该用户的眼睛进行扫描，然后迅速而准确地完成了用户身份鉴定，办理完业务。这是美国得克萨斯州联合银行的一个营业部中发生的一个真实的镜头。而该营业部所使用的正是现代生物识别技术中的"虹膜识别系统"。

目前，人脸识别是一项热门的计算机技术研究领域，其中包括人脸追踪侦测、自动调整影像放大、夜间红外侦测、自动调整曝光强度等技术。

人脸识别的应用范围很广，例如：在企业、住宅安全和管理中人脸识别门禁考勤系统、人脸识别防盗门等；电子护照及身份证，这或许是未来规模最大的应用；公安、司法和刑侦中利用人脸识别系统和网络，在全国范围内搜捕逃犯；自助服务，如银行的自动提款机，如果同时应用人脸识别就会避免被他人盗取现金现象的发生；信息安全，如计算机登录、电子政务和电子商务。在电子商务中交易全部在网上完成，电子政务中的很多审批流程也都搬到了网上。而当前，交易或者审批的授权都是靠密码来实现的。如果密码被盗，就无法保证安全。如果使用生物特征，就可以做到当事人在网上的数字身份和真实身份统一。从而大大增加电子商务和电子政务系统的可靠性。但是，对人脸识别技术的应用也要注意个人信息的适度使用原则，2021 年 7 月 28 日上午，最高人民法院召开新闻发布会，发布《最高人民法院关于审理使用人脸识别技术处理个人信息相关民事案件适用法律若干问题的规定》，对我国人脸识别技术的应用做了相关规范。

### 8.2.4 访问控制技术

访问控制是实现既定安全策略的系统安全技术，是通过对访问者的信息进行检查来限制或禁止访问者使用资源的技术，广泛应用于操作系统、数据库及 Web 等各个层面。它通过某种途径显式地管理对所有资源的访问请求。根据安全策略的要求，访问控制对每个资源请求作出许可或限制访问的判断，可以有效地防止非授权的访问。访问控制是最基本的安全防范措施。访问控制是通过用户注册和对用户授权进行审查的方式实施的，这是一种对进入系统所采取的控制，其作用是对需要访问系统及数据的用户进行识别，并对系统中发生的操作根据一定的安全策略来进行限制。用户访问信息资源，需要首先通过用户名和密码的核对；然后，访问控制系统要监视该用户所有的访问操作，要判断用户是否有权限使用、修改某些资源，并要防止非授权用户非法使用未授权的资源。访问控制必须建立在认证的基础上，是信息系统安全的重要组成部分，是实现数据机密性和完整性机制的主要手段。访问控制系统一般包括主体、客体及安全访问策略。主体通常指用户或用户的某一请求。客体是被主体请求的资源，如数据、程序等。安全访问策略是一套有效确定主体对客体访问权限的规则。

#### 1. 密码认证（Password Based）方式

密码认证方式普遍存在于各种操作系统中，例如登录系统或使用系统资源前，用户需先出示其用户名和密码，以通过系统的认证。

密码认证的工作机制是，用户将自己的用户名和密码提交给系统，系统核对无误后，承认用户身份，允许用户访问所需资源。

密码认证的使用方法不是一个可靠的访问控制机制。因为其密码在网络中是以明文传送的，没有受到任何保护，所以攻击者可以很轻松地截获口令，并伪装成授权用户进入安全系统。

#### 2. 加密认证（Cryptographic）方式

加密认证方式可以弥补密码认证的不足，在这种认证方式中，双方使用请求与响应（Challenge & Response）的认证方式。

加密认证的工作机制是，用户和系统都持有同一密钥 $K$，系统生成随机数 $R$，发送给用户，用户接收到 $R$，用 $K$ 加密，得到 $X$，然后传回给系统，系统接收 $X$，用 $K$ 解密得到 $K'$，然后与 $R$ 对比，如果相同，则允许用户访问所需资源。

### 3. 入侵检测

任何企图危害系统及资源的活动称为入侵。由于认证、访问控制不能完全地杜绝入侵行为，在黑客成功地突破了前面几道安全屏障后，必须有一种技术能尽可能及时地发现入侵行为，这就是入侵检测。入侵检测是通过从计算机网络或计算机系统中的若干关键点收集信息并对其进行分析，从中发现是否有违反安全策略的行为和遭到袭击的迹象的一种安全技术。入侵检测作为保护系统安全的屏障，应该能尽早发现入侵行为并及时报告以减少或避免对系统的危害。

### 4. 安全审计

信息系统安全审计主要是指对与安全有关的活动及相关信息进行识别、记录、存储和分析，审计的记录用于检查网络上发生了哪些与安全有关的活动以及哪个用户对这个活动负责。

作为对防火墙系统和入侵检测系统的有效补充，安全审计是一种重要的事后监督机制。安全审计系统处在入侵检测系统之后，可以检测出某些入侵检测系统无法检测到的入侵行为并进行记录，以便于帮助发现非法行为并保留证据。审计策略的制定对系统的安全性具有重要影响。安全审计系统是一个完整的安全体系结构中必不可少的环节，是保证系统安全的最后一道屏障。

此外，还可以使用安全审计系统来提取一些未知的或者未被发现的入侵行为模式。

## 8.2.5　防火墙技术

防火墙是当前应用比较广泛的用于保护内部网络安全的技术，是提供信息安全服务、实现网络和信息安全的重要基础设施。防火墙是位于被保护网络和外部网络之间执行访问控制策略的一个或一组系统，包括硬件和软件，在被保护的内部网络和外部网络之间构成一道屏障，以防止发生对保护的网络的不可预测的、潜在的破坏性侵扰。在逻辑上，防火墙是一个分离器，一个限制器，也是一个分析器，有效地监控内部网和 Internet 之间的任何活动，保证内部网络的安全，如图 8-9 所示。从狭义上讲，防火墙是指安装了防火墙软件的主机或路由器系统；从广义上讲，防火墙还包括了整个网络的安全策略和安全行为。其主要功能包括：过滤网络请求服务、隔离内网与外网的直接通信、拒绝非法访问、监控审计等。作为不同网络或网络安全域之间信息的唯一出入口，能根据企业的安全政策控制（允许、拒绝、监测）出入网络的信息流，且本身具有较强的抗攻击能力。防火墙的安全策略主要有两种：

第一，凡是没有被列为允许访问的服务都是被禁止的。

第二，凡是没有被列为禁止访问的服务都是被允许的。

### 1. 包过滤防火墙

包过滤（Packet Filter）技术是所有防火墙中的核心功能，是在网络层对数据包进行选择，选择的依据是系统设置的过滤机制，被称为访问控制列表（Access Control List，ACL）。通过检查数据流中每个数据包的源地址、目的地址、所用的端口号、协议状态等因素来确定是否允许该数据包转发。

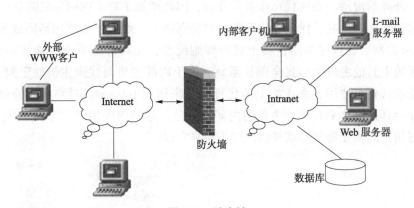

外部 WWW客户

内部客户机

E-mail 服务器

Internet

Intranet

防火墙

Web 服务器

数据库

图 8-9　防火墙

包过滤防火墙的"访问控制列表"的配置文件，通常情况下由网络管理员在防火墙中设定。由网络管理员编写的"访问控制列表"的配置文件，放置在内网与外网交界的边界路由器中。安装了访问控制列表的边界路由器会根据访问控制列表的安全策略，审查每个数据包的 IP 报头，必要时甚至审查 TCP 报头来决定该数据包是被拦截还是被转发。这时，这个边界路由器就具备了拦截非法访问报文包的包过滤防火墙功能。如图 8-10 所示。

安装包过滤防火墙的路由器对所接收的每个数据包做出允许或拒绝的决定。路由器审查每个数据包，以便确定其是否与某一条访问控制列表中的包过滤规则匹配。一个数据包进入路由器后，路由器会阅读该数据的报头。如果报头中的 IP 地址、端口地址与访问控制列表中的某条语句有匹配，并且语句规则声明允许接收该数据包，那么该数据包就会被转发。如果匹配规则拒绝该数据包，那么该数据包就会被丢弃。

包过滤防火墙是网络安全最基本的技术。在标准的路由器软件中已经免费提供了访问控制列表的功能，所以实施包过滤安全策略几乎不需要额外的费用；而且，包过滤防火墙不需要占用网络带宽来传输信息。

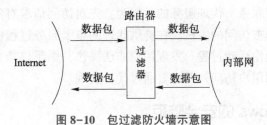

路由器

数据包

数据包

Internet

过滤器

内部网

数据包

数据包

图 8-10　包过滤防火墙示意图

## 2. 代理服务器防火墙

代理（Proxy）技术是面向应用级防火墙的一种常用技术，它提供代理服务器的主体对象必须是有能力访问 Internet 的主机，才能为那些无权访问 Internet 的主机作代理，使得那些无法访问 Internet 的主机通过代理也可以完成访问 Internet，如图 8-11 所示。

这种防火墙方案要求所有内网的主机需要使用代理服务器与外网的主机通信。代理服务器会像真墙一样挡在内部用户和外部主机之间，从外部只能看见代理服务器，而看不到内部主机。外界的渗透，要从代理服务器开始，因此增加了攻击内网主机的难度。

对于这种防火墙机制，代理主机配置在内部网络上，而包过滤路由器则放置在内部网络和 Internet 之间。在包过滤路由器上进行规则配置，使得外部系统只能访问代理主机，去往内部系统上其他主机的信息全部被阻塞。由于内部主机与代理主机处于同一个网络，因此内部系统被要求使用堡垒主机上的代理服务来访问 Internet。对路由器的过滤规则进行配置，使得其只接收来自代理主机的内部数据包，强制内部用户使用代理服务。这样，内部和外部用户的相互通信必须经过代理主机来完成。

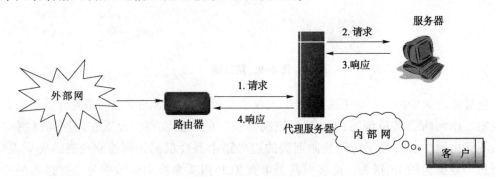

图 8-11　代理服务器示意图

代理服务器在内外网之间转发数据包的时候，还要进行一种 IP 地址转换操作（NAT技术），用自己的 IP 地址替换内网中主机的 IP 地址。对于外部网络来说，整个内部网络只有代理主机是可见的，而其他主机都被隐藏起来。外部网络的计算机根本无从知道内部网络中有没有计算机，有哪些计算机，拥有什么 IP 地址，提供哪些服务，因此也就很难发动攻击。

这种防火墙体制实现了网络层安全（包过滤）和应用层安全（代理服务），提供的安全等级相当高。入侵者在破坏内部网络的安全性之前，必须首先渗透两种不同的安全系统。

当外网通过代理访问内网时，内网只接受代理提出的服务请求。内网本身禁止直接与外部网络的请求与应答联系。代理服务的过程为：先对访问请求对象进行身份验证，合法的用户请求将发给内网被访问的主机。在提供代理的整个服务过程中，应用代理一直监控用户的操作，并记录操作活动过程。发现用户非法操作，则予以禁止；若为非法用户，则拒绝访问。同理，内网用户访问外网也要通过代理实现。

### 8.2.6　Windows 的安全防范

**1. 操作系统的漏洞**

计算机操作系统是一个庞大的软件程序集合，由于其设计开发过程复杂，操作系统开发人员必然存在认知局限，使得操作系统发布后仍然存在弱点和缺陷的情况无法避免，即操作系统存在安全漏洞，它是计算机不安全的根本原因。

操作系统安全隐患一般分为两部分：一部分是由设计缺陷造成的，包括协议方面、网络服务方面、共享方面等的缺陷。另一部分则是由于使用不当导致，主要表现为系统资源或用户账户权限设置不当。

操作系统发布后，开发厂商会严密监视和搜集其软件的缺陷，并发布漏洞补丁程序来进行系统修复。例如，微软公司为 Windows 发布的漏洞补丁程序就不下 10 余种，用于修补诸如 RPC 溢出、IE 的 URL 错误地址分解、跨域安全模型、虚拟机安全检查不严密等漏洞。

**2. Windows 的安全机制**

Windows 操作系统提供了认证、安全审核、内存保护及访问控制等安全机制。

（1）认证机制

Windows 中的认证机制有两种：产生一个本地会话的交互式认证和产生一个网络会话的非交互式认证。

进行交互式认证时，登录处理程序 Winlogon 调用 GINA 模块负责获取用户名、口令等信息，并提交给本地安全授权机构（LSA）处理。本地安全授权机构与安全数据库及身份验证软件包交互信息，并且处理用户的认证请求。

进行非交互式认证时，服务器和客户端的数据交换要使用通信协议。因此，将组件 SSPI（Security Support Provider Interface）置于通信协议和安全协议之间，使其在不同协议中抽象出相同接口，并屏蔽具体的实现细节。组件 SSP（Security Support Providers）以模块的形式嵌入到 SSPI 中，实现具体的认证协议。

Windows 的账户策略中提供了密码策略、账户锁定策略和 Kerberos 策略的安全设置。密码策略提供了如下 5 种：密码必须符合复杂性要求、密码长度最大值、密码最长存留期、密码最短存留期和密码长度最大值。账户锁定策略可以设置在指定的时间内一个用户账户允许的登录尝试次数，以及登录失败后该账户的锁定时间。

（2）安全审核机制

安全审核机制将某些类型的安全事件（如登录事件等）记录到计算机上的安全日志中，从而帮助发现和跟踪可疑事件。审核策略、用户权限指派和安全选项三项安全设置都包括在本地策略中。

（3）内存保护机制

内存保护机制监控已安装的程序，帮助确定这些程序是否正在安全地使用系统内存。这一机制是通过硬件和软件实施的 DEP（Data Execution Prevention，数据执行保护）技术实现的。

（4）访问控制机制

Windows 的访问控制功能可用于对特定用户、计算机或用户组的访问权限进行限制。在使用 NTFS（New Technology File System）的驱动器上，利用 Windows 中的访问控制列表，可以对访问系统的用户进行限制。

网络黑客及防范

## 8.3　计算机病毒

计算机病毒是一段可执行的程序代码，它们附着在各种类型的文件上，随着文件从一个用户复制给另一个用户，计算机病毒也就传播蔓延开来。计算机病毒具有可执行性、隐蔽性、传染性、潜伏性、破坏性等特点，对计算机信息具有非常大的危害。

### 8.3.1　计算机病毒的基本知识

**1. 计算机病毒**

我国于 1994 年 2 月 18 日颁布实施的《中华人民共和国计算机信息系统安全保护条例》第二十八条中对计算机病毒有明确的定义：计算机病毒，是指编制或者在计算机程序中插入的破坏计算机功能或者破坏数据，影响计算机使用，并且能够自我复制的一组计算机指令或程序代码。

也就是说：

①计算机病毒是一段程序。

②计算机病毒具有传染性，可以传染其他文件。

③计算机病毒的传染方式是修改其他文件，将自身的复制嵌入其他程序中。

④计算机病毒并不是自然界中发展起来的生命体，它们不过是某些人专门做出来的、具有一些特殊功能的程序或者程序代码片段。

病毒既然是计算机程序，它的运行就需要消耗计算机的资源。当然，病毒并不一定都具有破坏力，有些病毒可能只是恶作剧，例如计算机感染病毒后，只是显示一条有趣的消息或者一幅恶作剧的画面，但是多数病毒的目的都是设法毁坏数据。

**2. 计算机病毒的产生**

自从 1946 年第一台冯·诺依曼型计算机 ENIAC 诞生以来，计算机已被应用到人类社会的各个领域。计算机的先驱者冯·诺依曼在他的一篇论文里，已经勾勒出病毒程序的蓝图。不过在当时，绝大部分的计算机专家都无法想象会有这种能自我繁殖的程序。到 20 世纪 70 年代，一位作家在一部科幻小说中构想出了世界上第一个"计算机病毒"，一种能够自我复制，可以从一台计算机传染到另一台计算机，利用通信渠道进行传播的计算机程序。这实际上是计算机病毒的思想基础。1987 年 10 月，在美国，世界上第一例计算机病毒巴基斯智囊病毒（Brian）被发现，这是一种系统引导型病毒。它以强劲的执着蔓延开来！世界各地的计算机用户几乎同时发现了形形色色的计算机病毒，如大麻、IBM 圣诞树等。在国内，最初引起人们注意的病毒是 20 世纪 80 年代末出现的"黑色星期五""米氏病毒""小球病毒"等。因当时软件种类不多，用户之间的软件交流较为频繁且反病毒软件并不普及，造成了病毒的广泛流行。后来出现的 Word 宏病毒及 Windows 98 下的 CIH 病毒，使人们对病毒的认识更加深了一步。

今天，计算机病毒的发展已经经历了 DOS 引导阶段、DOS 可执行阶段、伴随和批次型阶段、幽灵和多形阶段、生成器和变体机阶段、网络和蠕虫阶段、视窗阶段、宏病毒阶段、互联网阶段、Java 和邮件炸弹阶段等。

计算机病毒是一种精巧严谨的代码，按照严格的秩序组织起来，与所在的系统网络环境相适应和配合。计算机病毒不会是偶然形成的，并且需要有一定的长度，这个长度从概率上来讲是不可能通过偶然的随机代码产生的。现在流行的病毒是由人为故意编写的，多数病毒可以找到作者和产地信息，从大量的统计分析来看，病毒的作者主要的目的是：程序员为了表现和证明自己的能力；出于对社会环境、生活现状的不满；为了好奇、为了报复、为了祝贺或求爱；为了得到控制口令；为了软件拿不到报酬预留的陷阱等。当然也有因政治、军事、宗教、民族、专利等方面的需求而专门编写的，其中也包括一些病毒研究机构和黑客的测试病毒。

**3. 计算机病毒的特征**

作为一段程序，病毒与正常的程序一样可以执行，以实现一定的功能，达到一定的目的。但病毒一般不是一段完整的程序，而需要附着在其他正常的程序之上，并且要不失时机地传播和蔓延。所以，病毒又具有普通程序所没有的特性。计算机病毒一般具有以下特征。

（1）传染性

传染性是病毒的基本特征。病毒通过将自身嵌入一切符合其传染条件的未受感染的程序上，实现自我复制和自我繁殖，达到传染和扩散的目的。其中，被嵌入的程序叫作宿主程序。病毒的传染可以通过各种移动存储设备，如 U 盘、移动硬盘、可擦写光盘、手机等，也可以通过有线网络、无线网络、手机网络等渠道迅速波及全球，而是否具有传染性是判别一个程序是否为计算机病毒的最重要条件。

（2）潜伏性

病毒在进入系统之后通常不会马上发作，可长期隐蔽在系统中，除了传染以外不进行什么破坏，以提供足够的时间繁殖扩散。病毒在潜伏期不破坏系统，因而不易被用户发现。潜伏性越好，其在系统中的存在时间越久，病毒的传染范围就会越大。病毒只有在满足特定触发条件时才能启动。

（3）可触发性

病毒因某个事件或数值的出现，激发其进行传染，或者激活病毒的表现部分或破坏部分的特性称为可触发性。例如，CIH 病毒 26 日发作，"黑色星期五"病毒在逢 13 号的星期五发作等。病毒运行时，触发机制检查预定条件是否满足，满足条件时，病毒触发感染或破坏动作，否则继续潜伏。

（4）破坏性

病毒对计算机系统具有破坏性，根据破坏程度分为良性病毒和恶性病毒。良性病毒通常并不破坏系统，主要是占用系统资源，造成计算机工作效率降低。恶性病毒主要是破坏数据、删除文件、加密磁盘、格式化磁盘，甚至导致系统崩溃，造成不可挽回的损失。CIH、红色代码等均属于这类恶性病毒。

（5）寄生性

病毒程序通常隐藏在正常程序之中，也有个别的以隐含文件形式出现，如果不经过代码分析，很难区别病毒程序和正常程序。大部分病毒程序具有很高的程序设计技巧、代码短小精悍，一般只有几百字节，非常隐蔽。

（6）衍生性

变种多是当前病毒呈现出的新特点。很多病毒使用高级语言编写，如"爱虫"是脚本语言病毒，"梅丽莎"是宏病毒，它们比以往用汇编语言编写的病毒更容易理解和修改，通过分析计算机病毒的结构可以了解设计者的设计思想和目的，从而衍生出各种不同于原版本的新的计算机病毒，称为病毒变种，这就是计算机病毒的衍生性。变种病毒造成的后果可能比原版病毒更为严重。"爱虫"病毒在10多天内出现30多种变种。"梅丽莎"病毒也有很多变种，而且此后很多宏病毒都使用了"梅丽莎"的传染机理。

随着计算机软件和网络技术的发展，网络时代的病毒又具有很多新的特点，如利用微软漏洞主动传播，主动通过网络和邮件系统传播，传播速度极快、变种多；病毒与黑客技术融合，更具攻击性。

**4. 计算机病毒的类型**

自从病毒第一次出现以来，在病毒编写者和反病毒软件作者之间就存在着一个连续的战争赛跑。当对已经存在的病毒类型研制了有效的对策时，新病毒类型又出现了。计算机病毒可分为单机环境下的传统病毒和网络环境下的现代病毒两大类。

（1）单机环境下的传统病毒

①文件病毒。这是传统的并且仍是最常见的病毒形式。病毒寄生在可执行程序体内，只要程序被执行，病毒也就被激活，病毒程序会首先被执行，并将自身驻留在内存，然后设置触发条件，进行传染。如 CIH 病毒。

②引导区病毒。感染主引导记录或引导记录，而将正常的引导记录隐藏在磁盘的其他地方，这样系统一启动病毒就获得了控制权，当系统从包含了病毒的磁盘启动时则进行传播。如"大麻"病毒和"小球"病毒。

③宏病毒。这是寄生于文档或模板宏中的计算机病毒。一旦打开带有宏病毒的文档，病毒就会被激活，并驻留在 Normal 模板上，所有自动保存的文档都会感染上这种宏病毒。如"Taiwan No.1"宏病毒。

④混合型病毒。这是既能感染可执行文件又能感染磁盘引导记录的病毒。

目前，许多病毒还具有隐形的功能，即该病毒被设计成能够在反病毒软件检测时隐藏自己。还有一些病毒具有多形特性，即每次感染时会产生变异的病毒。

（2）网络环境下的现代病毒

①蠕虫病毒。这种病毒是以计算机为载体，以网络为攻击对象，利用网络的通信功能将自身不断地从一个节点发送到另一个节点，并且能够自动启动的程序，这样不仅消耗了大量的本机资源，而且大量占用了网络的带宽，导致网络堵塞而使网络服务拒绝，最终造成整个网络系统的瘫痪。如"冲击波"病毒、"熊猫烧香"病毒。

②木马病毒。是指在正常访问的程序、邮件附件或网页中包含了可以控制用户计算机的程序，这些隐藏的程序非法入侵并监控用户的计算机，窃取用户的账号和密码等机密信息。如"QQ 木马"病毒。

③攻击型病毒。就是在感染后对计算机的软件甚至硬件进行攻击破坏。如 CIH 病毒。

**5. 计算机病毒的破坏方式**

不同的计算机病毒实施不同的破坏，主要的破坏方式有以下几种。

①破坏操作系统，使计算机瘫痪。有一类病毒用直接破坏操作系统的磁盘引导区、文件分区表、注册表的方法，强行使计算机无法启动。

②破坏数据和文件。病毒发起进攻后会改写磁盘文件甚至删除文件，造成数据永久性丢失。

③占用系统资源，使计算机运行异常缓慢，或使系统因资源耗尽而停止运行。例如，振荡波病毒，如果攻击成功，则会占用大量资源，使 CPU 占用率达到 100%。

④破坏网络。如果网络内的计算机感染了蠕虫病毒，蠕虫病毒会使该计算机向网络中发送大量的广播包，从而占用大量的网络带宽，使网络拥塞。

⑤泄露计算机内的信息。有的木马病毒专门将所驻留计算机的信息泄露到网络中，比如"广外女生""Netspy. 698"；有的木马病毒会向指定计算机传送屏幕显示情况或特定数据文件（如搜索到的口令）。

⑥扫描网络中的其他计算机，开启后门。感染"口令蠕虫"病毒的计算机会扫描网络中的其他计算机，进行共享会话，猜测别人计算机的管理员口令。如果猜测成功，就将蠕虫病毒传送到那台计算机上，开启 VNC 后门，对该计算机进行远程控制。被传染的计算机上的蠕虫病毒又会开启扫描程序，扫描、感染其他的计算机。

各种破坏方式的计算机病毒都是自动复制、感染其他的计算机，扰乱计算机系统和网络系统的正常运行，对社会构成了极大危害。防治病毒是保障计算机系统安全的重要任务。

### 8.3.2　计算机病毒的防治

由于计算机病毒处理过程上存在对症下药的问题，即发现病毒后，才能找到相应的杀毒方法，因此具有很大的被动性。而防范计算机病毒，应具有主动性，重点应放在病毒的防范上。

（1）防范计算机病毒

由于计算机病毒的传播途径主要有两种：一是通过存储媒体载入计算机，比如 U 盘、移动硬盘、光盘等；另一种是在网络通信过程中，通过计算机与计算机之间的信息交换，造成病毒传播。因此，防范计算机病毒可以从这些方面注意。以下列举一些简单有效的病毒防范措施。

①备好启动盘，并设置写保护。在对计算机进行检查、修复和手工杀毒时，通常要使用无毒的启动盘，使设备在较为干净的环境下操作。

②尽量不用移动存储设备启动计算机，而用本地硬盘启动。同时尽量避免在无防毒措施的计算机上使用移动存储设备。

③定期对重要的资料和系统文件进行备份，数据备份是保证数据安全的重要手段。可以通过比照文件大小、检查文件个数、核对文件名来及时发现病毒，也可以在文件损失后尽快恢复。

④重要的系统文件和磁盘可以通过赋予只读功能，避免病毒的寄生和入侵。也可以通

过转移文件位置，修改相应的系统配置来保护重要的系统文件。

⑤不要随意借入和借出移动存储设备，在使用借入或返还的这些设备时，一定要通过杀毒软件的检查，避免感染病毒。对返还的设备，若有干净的备份，应重新格式化后再使用。

⑥重要部门的计算机，尽量专机专用，与外界隔绝。

⑦使用新软件时，先用杀毒程序检查，减少中毒机会。

⑧安装杀毒软件、防火墙等防病毒工具，并准备一套具有查毒、防毒、杀毒及修复系统的工具软件，并定期对软件进行升级、对系统进行查毒。

⑨经常升级安全补丁。80%的网络病毒是通过系统安全漏洞进行传播的，如"红色代码""尼姆达"等病毒，所以应定期到相关网站去下载最新的安全补丁。

⑩使用复杂的密码。有许多网络病毒就是通过猜测简单密码的方式攻击系统的，因此使用复杂的密码，将会大大提高计算机的安全系数。

此外，不要在Internet上随意下载软件，不要轻易打开来历不明的电子邮件的附件。

如果一旦发现病毒，应迅速隔离受感染的计算机，避免病毒继续扩散，并使用可靠的查杀毒工具软件处理病毒。若硬盘资料已遭破坏，应使用灾后重建的杀毒程序和恢复工具加以分析，重建受损状态，而不要急于格式化。所以了解一些病毒知识，可以帮助用户及时发现新病毒并采取相应措施。

（2）计算机病毒发作症状

计算机病毒若只是存在于外部存储介质如硬盘、光盘、U盘中，是不具有传染力和破坏力的，只有当被加载到内存中处于活动状态，计算机病毒才表现出其传染力和破坏力，受感染的计算机就会表现出一些异常的症状。

①计算机的响应比平常迟钝，程序载入时间比平时长。有些病毒会在系统刚开始启动或载入一个应用程序时执行它们的动作，因此会花更多时间来载入程序。

②硬盘的指示灯无缘无故地亮了。当没有存取磁盘，但磁盘驱动器指示灯却亮了，计算机这时就可能已经受到病毒感染了。

③系统的存储容量忽然大量减少。有些病毒会消耗系统的存储容量，曾经执行过的程序再次执行时，突然告诉用户没有足够的空间，表示病毒可能存在于用户的计算机中了。

④磁盘可利用的空间突然减少。这个现象警告用户病毒可能开始复制了。

⑤可执行文件的长度增加。正常情况下，这些程序应该维持固定的大小，但有些病毒会增加程序的长度。

⑥坏磁道增加。有些病毒会将某些磁盘区域标注为坏磁道，而将自己隐藏在其中，于是有时候杀毒软件也无法检查到病毒的存在。

⑦死机现象增多。

⑧文档奇怪地消失，或文档的内容被添加了一些奇怪的资料，文档的名称、扩展名、日期或属性被更改。

根据现有的病毒资料，可以把病毒的破坏目标和攻击部位归纳如下：攻击系统数据区、攻击文件、攻击内存、干扰系统运行、攻击磁盘、扰乱屏幕显示、干扰键盘、喇叭鸣叫、攻击 CMOS、干扰打印机等。

（3）清除计算机病毒

由于计算机病毒不仅干扰受感染的计算机的正常工作，更严重的是继续传播病毒、泄密和干扰网络的正常运行。因此，当计算机感染了病毒后，需要立即采取措施予以清除。

①人工清除。借助工具软件打开被感染的文件，从中找到并摘除病毒代码，使文件复原。这种方法是专业防病毒研究人员用于清除新病毒时采用的，不适合一般用户。

②自动清除。一般用户可利用杀毒软件来清除病毒。目前的杀毒软件都具有病毒防范和拦截功能，能够以快于病毒传播的速度发现、分析并部署拦截，用户只需要按照杀毒软件的菜单或联机帮助操作即可轻松防毒、杀毒。因此安装杀毒软件是最有效的防范病毒、清除病毒的方法。

除了向软件商购买杀毒软件外，随着 Internet 的普及，许多杀毒软件的发布、版本的更新均可通过 Internet 进行，在 Internet 上可以获得杀毒软件的免费试用版或演示版。

如今，计算机病毒在形式上越来越难以辨别，造成的危害也日益严重，单纯依靠技术手段是不可能十分有效地杜绝和防止其蔓延的，只有把技术手段和管理机制紧密结合起来，提高人们的防范意识，才有可能从根本上保护信息系统的安全运行。目前病毒的防治技术，基本处于被动防御的地位，但在管理上应该积极主动。应从硬件设备及软件系统的使用、维护、管理、服务等各个环节制定出严格的规章制度、对信息系统的管理员及用户加强法制教育和职业道德教育，规范工作程序和操作规程，严惩从事非法活动的集体和个人，尽可能采用行之有效的新技术、新手段，建立"防杀结合、以防为主、以杀为辅、软硬互补、标本兼治"的最佳的信息系统安全模式。

## 8.4　信息安全技术中的计算思维

信息安全问题是随着计算机应用的广泛普及和网络通信的日益发达而逐渐浮现出来的，为了解决信息安全问题，由此产生的一系列信息安全技术，无一不体现了人类计算思维的智慧性创造。

常见的信息安全技术，比如认证、访问控制、入侵检测、安全审计等，这些安全技术实际上反映的是一套安全秩序，体现了信息系统安全状态的几个递进层次，从挡在门外到控制进入，再到及时发现、事后监督，表现了信息系统处于不同安全状态时的安全问题解决技术，而这个递进的过程反映出的是对问题可能出现的情况的周密考虑和详尽分析，合理的技术方案既不是完全禁止，也不是全部事后弥补。同样的，人们在处理问题时都应该具有这样的思维方式，分析问题各种可能出现的情况，再考虑相应的解决方案，不要极端复杂化，也不要极端简单化。

数据加密技术的基本思想是信息伪装，将信息通过某种变换方法变得面目全非，这个变换的方法就是加密算法。在现代数据加密技术中，加密算法是公开的，若不公开，加密算法只有作者知道，就失去了其本身的意义，所以加密技术中需要更重要的一个角色——密钥。密文的可靠性在于公开的加密算法使用不同的密钥，其结果是不可破解的。加密技术解决问题的思维方式，就好比保险柜的钥匙，加密算法是保险柜，密钥是保险柜的钥匙，就算得到了保险柜的设计图纸，没有钥匙也不能打开保险柜。

计算机病毒之所以能破坏计算机系统，是因为利用了计算机系统设计中的漏洞，于是最保险的防治病毒的方式应该是设计没有漏洞的计算机系统，但是由于软件规模的庞大、计算机系统的复杂程度，出现漏洞是不可避免的。因此，在病毒防治过程中，采取的方案是反过来利用病毒，从技术上借鉴病毒来完善计算机系统。这是一种逆向思维，从结论往回推，倒过来思考，从求解回到已知条件，反过去想会使问题简单化，这种思维方式往往是解决一些特殊问题的有效手段。

我国的国家信息安全保护制度　　　　　　第 8 章习题

# 参 考 文 献

［1］陶建华，刘瑞挺，徐恪，等. 中国计算机发展简史［J］. 科技导报，2016，34（14）：12-21.

［2］黄心渊. 虚拟现实导论：原理与实践［M］. 北京：高等教育出版社，2018.

［3］［英］Jon Peddie. 增强现实无处不在［M］. 邓宝松，译. 北京：电子工业出版社，2020.

［4］龚沛曾，杨志强. 大学计算机［M］. 7 版. 北京：高等教育出版社，2017.

［5］范晓亮. 基于 FPGA 的双核模型机 CPU 的设计与实现［D］. 东北大学，2008.

［6］陈玥. 基于计算思维的中学信息技术教育的研究［D］. 扬州大学，2012.

［7］化方. 信息技术教育领域计算思维研究的概况与热点——基于中国知网期刊文献的计量分析［J］. 中小学电教，2021（05）：6-9.

［8］靳建设，狄长艳，周庆国. 信息技术的基础教育重在培养计算思维［J］. 人民教育，2020（Z3）：112-113.

［9］杨攀飞. 国产操作系统稳定性测试系统设计与实现［J］. 电子技术与软件工程，2019（13）：26-29.

［10］张威，魏春芳. 大学信息基础［M］. 北京：科学出版社，2020.

［11］韩彦岭，李净. 计算机操作系统［M］. 上海：上海科学技术出版社，2018.

［12］侯德林，徐鉴. Office 2016 办公软件应用［M］. 北京：人民邮电出版社，2021.

［13］杨秀华. 操作系统课程中计算思维能力的培养［J］. 产业与科技论坛，2016，15（1）：198-199.

［14］郝兴伟. 大学计算机——计算思维的视角［M］. 北京：高等教育出版社，2014.

［15］王伟. 计算机科学前沿技术［M］. 北京：清华大学出版社，2012.

［16］刁树民，郭吉平，李华. 大学计算机基础［M］. 北京：清华大学出版社，2012.

［17］贾宗福. 新编大学计算机基础教程［M］. 北京：中国铁道出版社，2008.

［18］计算机高级语言未来主流编程语言，https://jingyan.baidu.com/article/48b37f8d7d82d85b646488bc.html，2020.

［19］尹叶秀，刘定富. 程序设计的本质分析及其教学策略［J］. 软件导刊（教育技术），2008（03）：38-39.

［20］谭浩强，C 语言程序设计［M］. 4 版. 北京：清华大学出版社，2017.

［21］谷震离，杜根远. SQLServer 数据库应用程序中数据库安全性研究［J］. 计算机工程与设计，2007（15）：3717-3719.

［22］周志德. Oralce 数据库的 SQL 查询优化研究［M］. 计算机与数字工程，2010，38（11）：173-178.

［23］ 齐绍文·中国两大期刊全文数据库的对比分析［J］·齐齐哈尔医学院学报 2004，25（8）：915-917.

［24］ 王海军. ORACLE 学习教程［M］. 北京：北京大学出版社，2000.

［25］ 谢希仁. 计算机网络［M］. 8 版. 北京：电子工业出版社，2021.

［26］ 陈伟，张平，戴华，张伟，杨庚. 新型网络安全风险的管控技术与对策［J/OL］. 南京邮电大学学报（社会科学版）：1-10［2021-09-12］.https://doi.org/10.14132/j.cnki.nysk.20210906.002.

［27］ 袁津生，吴砚农. 计算机网络安全基础［M］. 北京：人民邮电出版社，2018，

［28］ 董仕. 计算机网络安全技术研究［M］. 北京：新华出版社，2017.